実験動物の飼養及び保管並びに苦痛の軽減に関する基準の解説

●

環境省自然環境局総務課動物愛護管理室　編集
実験動物飼養保管等基準解説書研究会　執筆

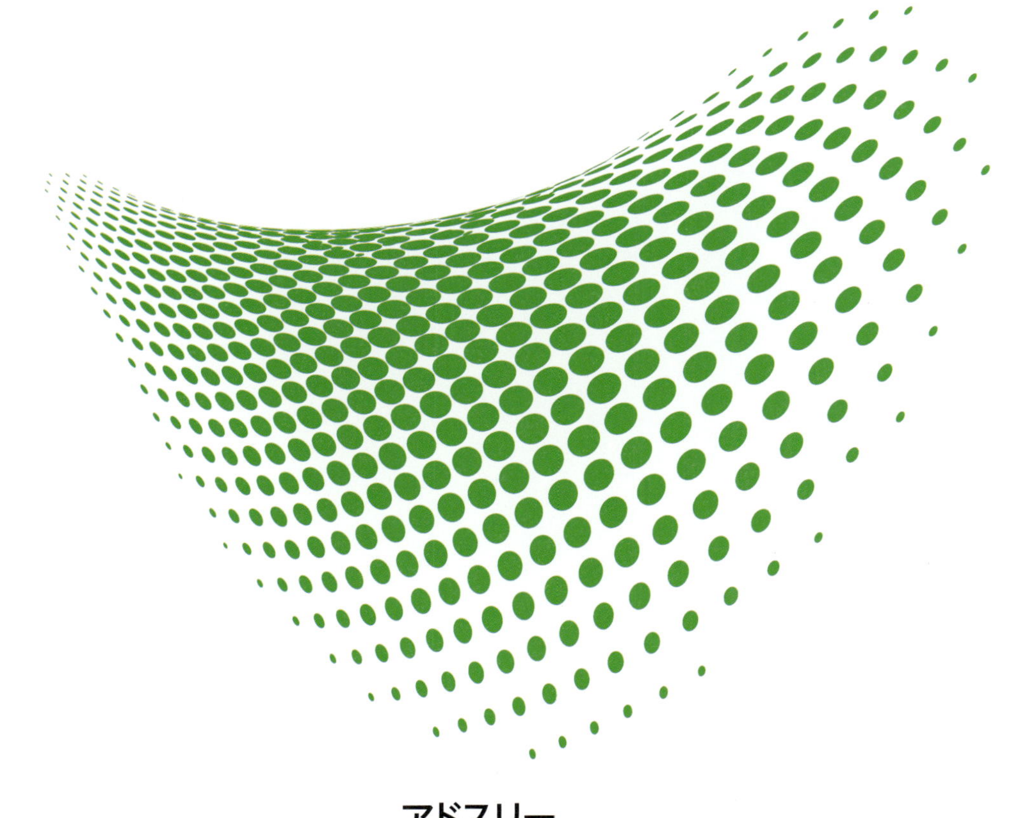

アドスリー

序

動物の愛護及び管理に関する法律（昭和 48 年法律第 105 号、以下「法」という。）において、環境大臣は、関係行政機関の長と協議して、動物の飼養及び保管に関して基準を定めることができるとされており、「家庭動物等」、「展示動物」、「産業動物」及び「実験動物」について飼養及び保管に関する基準が定められているところです。

「実験動物」については、総理府が本法を所管していた昭和 55 年当時に「実験動物の飼養及び保管等に関する基準」（総理府告示第 6 号）が制定されましたが、平成 17 年に行われた法改正で、動物を科学上の利用に供する場合の方法として、「できる限り動物を供する方法に代わり得るものを利用すること（Replacement）」及び「できる限りその利用に供される動物の数を少なくすること（Reduction）」が盛り込まれ、既に規定のあった「できる限り動物に苦痛を与えない方法によること（Refinement）」と併せて 3R の原則が定められたこと等を受けて「実験動物の飼養及び保管並びに苦痛の軽減に関する基準（平成 18 年環境省告示第 88 号。以下、「基準」という。）」が新たに制定され、「3R の原則」や「教育訓練の確保」、「施設廃止時の取扱い」等が追記されました。その後、平成 24 年に行われた法改正を受けて基準が一部改正され、「点検結果について公表すること」及び「外部の機関等による検証を行うよう努めること」等の項目が追記されているところです。

基準の解説書については、昭和 55 年に作成されて以降改訂がされていなかったことから、平成 27 年度に「実験動物飼養保管等基準解説書研究会」を設置し、計 5 回の研究会の開催を経て、本書を作成しました。

本書の編纂にあたって、ご協力、ご尽力いただいた関係各位に対し、ここに改めて厚く感謝申し上げるとともに、本書を通じて、基準への理解が進み、「３Ｒの原則」を踏まえた適切な措置が促進されることを期待します。

平成 29 年 10 月

環境省自然環境局総務課動物愛護管理室

発行にあたって

昭和55年に告示された「実験動物の飼養及び保管等に関する基準」については、同年に本基準についての解説書が、田嶋嘉雄委員長を初めとして合計9名の執筆者により作成され、内閣総理大臣官房管理室の監修の下で実験動物飼育保管研究会の編集により「実験動物の飼養及び保管等に関する基準の解説」として出版されています。その後、前述の通り基準が見直されましたが、当該基準の見直し内容に関する解説書については、今日に至るまで作成されていなかったため、実験動物と動物実験に関係する人々は、見直し内容を含めた解説書を切望している状況にありました。

そのような状況の中、平成27年度に環境省に解説書の作成を検討する研究会が設置されました。研究会では、動物実験を管理する者、動物実験を実施する者、動物を飼養管理する者、これから動物実験を行う学生等、実験動物と動物実験に関わるすべての者が参考とできる、国際的な取組み等も取り入れた解説書となるよう議論を重ね、ようやく本書の完成に至りました。

今後、実験動物と動物実験に関わるすべての方々が、本書を参考にしながら、実験動物を飼養、保管、苦痛軽減し、並びに関係者に教育していただくことになります。そして、適正な実験動物を用いて適切な動物実験を行うことにより、生命科学の進展や医療技術の開発等のための動物実験の場に、本書が大いに貢献することを期待してやみません。

平成29年10月

実験動物飼養保管等基準解説書研究会 委員長
浦野　徹

執筆者一覧

編集

環境省自然環境局総務課動物愛護管理室

執筆

実験動物飼養保管等基準解説書研究会（五十音順）

≪委員長≫

浦野　徹　（自然科学研究機構）

≪副委員長≫

八神 健一　（筑波大学）

≪執筆者≫

浦野　徹　（自然科学研究機構）
大和田一雄　（ふくしま医療機器産業推進機構）
喜多 正和　（京都府立医科大学）
久和　茂　（東京大学）
國田　智　（自治医科大学）
外尾 亮治　（動物繁殖研究所）
三好 一郎　（東北大学）
八神 健一　（筑波大学）
山田 靖子　（国立感染症研究所）
渡部 一人　（中外製薬株式会社）

≪有識者≫

伊佐　正　（京都大学・日本神経科学学会）
打越 綾子　（成城大学・環境省中央環境審議会動物愛護部会）
小幡 裕一　（理化学研究所・日本学術会議）
鍵山 直子　（実験動物中央研究所・動物実験関係者連絡協議会）
坂本 雄二　（千寿製薬株式会社・日本実験動物技術者協会）
髙橋 雅英　（名古屋大学・全国医学部長病院長会議）
福田 勝洋　（日本実験動物協会）

※所属は平成 29 年 3 月末現在

目　次

2章　定　義 ……………………………………………………………………………………23

3章　共通基準 ………………………………………………………………………………33

実験動物の飼養及び
保管並びに苦痛の軽減に
関する基準

実験動物の飼養及び保管並びに苦痛の軽減に関する基準

平成 18 年環境省告示第 88 号
最終改正：平成 25 年環境省告示第 84 号

第１　一般原則

1　基本的な考え方

動物を科学上の利用に供することは、生命科学の進展、医療技術等の開発等のために必要不可欠なものであるが、その科学上の利用に当たっては、動物が命あるものであることにかんがみ、科学上の利用の目的を達することができる範囲において、できる限り動物を供する方法に代わり得るものを利用すること、できる限り利用に供される動物の数を少なくすること等により動物の適切な利用に配慮すること、並びに利用に必要な限度において、できる限り動物に苦痛を与えない方法によって行うことを徹底するために、動物の生理、生態、習性等に配慮し、動物に対する感謝の念及び責任をもって適正な飼養及び保管並びに科学上の利用に努めること。また、実験動物の適正な飼養及び保管により人の生命、身体又は財産に対する侵害の防止及び周辺の生活環境の保全に努めること。

2　動物の選定

管理者は、施設の立地及び整備の状況、飼養者の飼養能力等の条件を考慮して飼養又は保管をする実験動物の種類等が計画的に選定されるように努めること。

3　周知

実験動物の飼養及び保管並びに科学上の利用が、客観性及び必要に応じた透明性を確保しつつ、動物の愛護及び管理の観点から適切な方法で行われるように、管理者は、本基準の遵守に関する指導を行う委員会の設置又はそれと同等の機能の確保、本基準に即した指針の策定等の措置を講じる等により、施設内における本基準の適正な周知に努めること。

また、管理者は、関係団体、他の機関等と相互に連携を図る等により当該周知が効果的かつ効率的に行われる体制の整備に努めること。

4　その他

管理者は、定期的に、本基準及び本基準に即した指針の遵守状況について点検を行い、その結果について適切な方法により公表すること。なお、当該点検結果については、可能な限り、外部の機関等による検証を行うよう努めること。

第２　定義

この基準において、次の各号に掲げる用語の意義は、当該各号に定めるところによる。

(1) 実験等　動物を教育、試験研究又は生物学的製剤の製造の用その他の科学上の利用に供することをいう。

(2) 施設　実験動物の飼養若しくは保管又は実験等を行う施設をいう。

(3) 実験動物　実験等の利用に供するため、施設で飼養又は保管をしている哺乳類、鳥類又は爬（は）虫類に属する動物（施設に導入するために輸送中のものを含む。）をいう。

(4) 管理者　実験動物及び施設を管理する者（研究機関の長等の実験動物の飼養又は保管に関して責任を有する者を含む。）をいう。

(5) 実験動物管理者　管理者を補佐し、実験動物の管理を担当する者をいう。

(6) 実験実施者　実験等を行う者をいう。

(7) 飼養者　実験動物管理者又は実験実施者の下で実験動物の飼養又は保管に従事する者をいう。

(8) 管理者等　管理者、実験動物管理者、実験実施者及び飼養者をいう。

第３　共通基準

1　動物の健康及び安全の保持

(1) 飼養及び保管の方法

実験動物管理者、実験実施者及び飼養者は、次の事項に留意し、実験動物の健康及び安全の保持に努めること。

ア　実験動物の生理、生態、習性等に応じ、かつ、実験等の目的の達成に支障を及ぼさない範囲で、適切な給餌及び給水、必要な健康の管理並びにその動物の種類、習性等を考慮した飼養又は保管を行うための環境の確保を行うこと。

イ　実験動物が傷害（実験等の目的に係るものを除く。以下このイにおいて同じ。）を負い、又は実験等の目的に係る疾病以外の疾病（実験等の目的に係るものを除く。以下このイにおいて同じ。）にかかることを予防する等必要な健康管理を行うこと。また、実験動物が傷害を負い、又は疾病にかかった場合にあっては、実験等の目的の達成に支障を及ぼさない範囲で、適切な治療等を行うこと。

ウ　実験動物管理者は、施設への実験動物の導入に当たっては、必要に応じて適切な検疫、隔離飼育等を行うことにより、実験実施者、飼養者及び他の実験動物の健康を損ねることのないようにするとともに、必要に応じて飼養環境への順化又は順応を図るための措置を講じること。

エ　異種又は複数の実験動物を同一施設内で飼養及び保管する場合には、実験等の目的の達成に支障を及ぼさない範囲で、その組合せを考慮した収容を行うこと。

(2) 施設の構造等

管理者は、その管理する施設について、次に掲げる事項に留意し、実験動物の生理、生態、習性等に応じた適切な整備に努めること。

ア　実験等の目的の達成に支障を及ぼさない範囲で、個々の実験動物が、自然な姿勢で立ち上がる、横たわる、羽ばたく、泳ぐ等日常的な動作を容易に行うための広さ及び空間を備えること。

イ　実験動物に過度なストレスがかからないように、実験等の目的の達成に支障を及ぼさない範囲で、適切な温度、湿度、換気、明るさ等を保つことができる構造等とすること。

ウ　床、内壁、天井及び附属設備は、清掃が容易である等衛生状態の維持及び管理が容易な構造とするとともに、実験動物が、突起物、穴、くぼみ、斜面等により傷害等を受けるおそれがない構造とすること。

(3) 教育訓練等

管理者は、実験動物に関する知識及び経験を有する者を実験動物管理者に充てるようにすること。また、実験動物管理者、実験実施者及び飼養者の別に応じて必要な教育訓練が確保されるよう努めること。

2　生活環境の保全

管理者等は、実験動物の汚物等の適切な処理を行うとともに、施設を常に清潔にして、微生物等による環境の汚染及び悪臭、害虫等の発生の防止を図ることによって、また、施設又は設備の整備等により騒音の防止を図ることによって、施設及び施設周辺の生活環境の保全に努めること。

3　危害等の防止

(1) 施設の構造並びに飼養及び保管の方法

管理者等は、実験動物の飼養又は保管に当たり、次に掲げる措置を講じることにより、実験動物による人への危害、環境保全上の問題等の発生の防止に努めること。

ア　管理者は、実験動物が逸走しない構造及び強度の施設を整備すること。

イ　管理者は、実験動物管理者、実験実施者及び飼養者が実験動物に由来する疾病にかかることを予防するため、必要な健康管理を行うこと。

ウ　管理者及び実験動物管理者は、実験実施者及び飼養者が危険を伴うことなく作業ができる施設の構造及び飼養又は保管の方法を確保すること。

エ　実験動物管理者は、施設の日常的な管理及び保守点検並びに定期的な巡回等により、飼養又は保管をする実験動物の数及び状態の確認が行われるようにすること。

オ　実験動物管理者、実験実施者及び飼養者は、次に掲げるところにより、相互に実験動物による危害の発生の防止に必要な情報の提供等を行うよう努めること。

（ⅰ）　実験動物管理者は、実験実施者に対して実験動物の取扱方法についての情報を提供するとともに、飼養者に対してその飼養又は保管について必要な指導を行うこと。

（ⅱ）　実験実施者は、実験動物管理者に対して実験等に利用している実験動物についての情報を提供するとともに、飼養者に対してその飼養又は保管について必要な指導を行うこと。

（ⅲ）　飼養者は、実験動物管理者及び実験実施者に対して、実験動物の状況を報告すること。

カ　管理者等は、実験動物の飼養及び保管並びに実験等に関係のない者が実験動物に接することのないよう必要な措置を講じること。

(2) 有毒動物の飼養及び保管

毒へび等の有毒動物の飼養又は保管をする場合には、抗毒素血清等の救急医薬品を備えるとともに、事故発生時に医師による迅速な救急処置が行える体制を整備し、実験動物による人への危害の発生の防止に努めること。

(3) 逸走時の対応

管理者等は、実験動物が保管設備等から逸走しないよう必要な措置を講じること。また、管理者は、実験動物が逸走した場合の捕獲等の措置についてあらかじめ定め、逸走時の人への危害及び環境保全上の問題等の発生の防止に努めるとともに、人に危害を加える等のおそれがある実験動物が施設外に逸走した場合には、速やかに関係機関への連絡を行うこと。

(4) 緊急時の対応

管理者は、関係行政機関との連携の下、地域防災計画等との整合を図りつつ、地震、火災等の緊急時に採るべき措置に関する計画をあらかじめ作成するものとし、管理者等は、緊急事態が発生したときは、速やかに、実験動物の保護及び実験動物の逸走による人への危害、環境保全上の問題等の発生の防止に努めること。

4　人と動物の共通感染症に係る知識の習得等

実験動物管理者、実験実施者及び飼養者は、人と動物の共通感染症に関する十分な知識の習得及び情報の収集に努めること。また、管理者、実験動物管理者及び実験実施者は、人と動物の共通感染症の発生時において必要な措置を迅速に講じることができるよう、公衆衛生機関等との連絡体制の整備に努めること。

5　実験動物の記録管理の適正化

管理者等は、実験動物の飼養及び保管の適正化を図るため、実験動物の入手先、飼育履歴、病歴等に関する記録台帳を整備する等、実験動物の記録管理を適正に行うよう努めること。また、人に危害を加える等のおそれのある実験動物については、名札、脚環、マイクロチップ等の装着等の識別措置を技術的に可能な範囲で講じるよう努めること。

6　輸送時の取扱い

実験動物の輸送を行う場合には、次に掲げる事項に留意し、実験動物の健康及び安全の確保並びに実験動物による人への危害等の発生の防止に努めること。

ア　なるべく短時間に輸送できる方法を採ること等により、実験動物の疲労及び苦痛をできるだけ小さくすること。

イ　輸送中の実験動物には必要に応じて適切な給餌及び給水を行うとともに、輸送に用いる車両等を換気等により適切な温度に維持すること。

ウ　実験動物の生理、生態、習性等を考慮の上、適切に区分して輸送するとともに、輸送に用いる車両、容器等は、実験動物の健康及び安全を確保し、並びに実験動物の逸走を防止するために必要な規模、構造等のものを選定すること。

エ　実験動物が保有する微生物、実験動物の汚物等により環境が汚染されることを防止するために必要な措置を講じること。

7　施設廃止時の取扱い

管理者は、施設の廃止に当たっては、実験動物が命あるものであることにかんがみ、その有効利用を図るために、飼養又は保管をしている実験動物を他の施設へ譲り渡すよう努めること。やむを得ず実験動物を殺処分しなければならない場合にあっては、動物の殺処分方法に関する指針（平成７年７月総理府告示第40 号。以下「指針」という。）に基づき行うよう努めること。

第４　個別基準

1　実験等を行う施設

(1) 実験等の実施上の配慮

実験実施者は、実験等の目的の達成に必要な範囲で実験動物を適切に利用するよう努めること。また、実験等の目的の達成に支障を及ぼさない範囲で、麻酔薬、鎮痛薬等を投与すること、実験等に供する期間をできるだけ短くする等実験終了の時期に配慮すること等により、できる限り実験動物に苦痛を与えないようにするとともに、保温等適切な処置を採ること。

(2) 事後措置

実験動物管理者、実験実施者及び飼養者は、実験等を終了し、若しくは中断した実験動物又は疾病等により回復の見込みのない障害を受けた実験動物を殺処分する場合にあっては、速やかに致死量以上の麻酔薬の投与、頸（けい）椎（つい）脱臼（きゅう）等の化学的又は物理的方法による等指針に基づき行うこと。また、実験動物の死体については、適切な処理を行い、人の健康及び生活環境を損なうことのないようにすること。

2　実験動物を生産する施設

幼齢又は高齢の動物を繁殖の用に供さないこと。また、みだりに繁殖の用に供することによる動物への過度の負担を避けるため、繁殖の回数を適切なものとすること。ただし、系統の維持の目的で繁殖の用に供する等特別な事情がある場合については、この限りでない。また、実験動物の譲渡しに当たっては、その生理、生態、習性等、適正な飼養及び保管の方法、感染性の疾病等に関する情報を提供し、譲り受ける者に対する説明責任を果たすこと。

第５　準用及び適用除外

管理者等は、哺乳類、鳥類又は爬虫類に属する動物以外の動物を実験等の利用に供する場合においてもこの基準の趣旨に沿って行うよう努めること。また、この基準は、畜産に関する飼養管理の教育若しくは試験研究又は畜産に関する育種改良を行うことを目的として実験動物の飼養又は保管をする管理者等及び生態の観察を行うことを目的として実験動物の飼養又は保管をする管理者等には適用しない。なお、生態の観察を行うことを目的とする動物の飼養及び保管については、家庭動物等の飼養及び保管に関する基準（平成14年５月環境省告示第37号）に準じて行うこと。

0-1　動物愛護管理法の沿革[†1～7]

†1～7　参考図書を章末に掲載

0-1-1　動物保護管理法の制定前

近代的な法体系に基づく動物愛護管理施策は、明治時代から始まる。

明治6年の東京府の畜犬規則が全国に広がり、各地で飼い犬と無主の犬を区別し、無主の犬の駆除が進む一方で、明治13年の旧刑法では、他者の牛馬や家畜の殺害罪が、他者の財産保護の観点から設けられた。

いわゆる動物虐待が法律で禁じられるのは、明治41年の警察犯処罰令からである。公衆の場での牛馬その他の動物の虐待が禁止されたが、その保護法益は虐待を見ることによって害される公衆の感情が中心であった。虐待防止の規定は、戦後、昭和23年の軽犯罪法に引き継がれ、殴打・酷使等による牛馬等の虐待が禁止された。

0-1-2　動物保護管理法の制定（昭和48年9月）

動物の愛護と管理を目的とした総合的な法律がないなか、犬による咬傷事故の社会問題化、我が国の動物愛護施策の遅れについての海外からの批判が相次いだこと（例：天皇の訪英を前にした、英国の新聞等における「日本に動物愛護に関する法律がなく、犬が虐待されている。」旨の記事の掲載）等を契機に、動物の愛護や管理に関する法制定の気運が高まっていた。

このような状況を踏まえて、昭和48年9月に「動物の保護及び管理に関する法律（昭和48年法律第105号）以下、「動物保護管理法」という」が、我が国初の動物の愛護と管理のための総合的な法制度として議員立法[*1)]により制定され、昭和49年4月1日から施行された。同法は、動物を愛護する気風の招来と動物による人の生命、身体、財産の侵害の防止を目的としている。

実験動物に関係する条文としては、所有者等の責務としての適正な飼養及び保管の規定（法第4条）[*2)]及び動物を科学上に利用する場合に関する規定（法第11条）[*3)]がある。

*1）閣議決定法と議員立法について
法律には、その成り立ちの違いから、閣議決定法と議員立法の2つがある。内閣が提出して制定される法律を「閣議決定法（閣議立法、内閣立法）」といい、法律の多くは閣議決定法による。一方、国会議員が提出して制定される法律を「議員立法」という。

*2）動物の保護及び管理に関する法律（昭和48年法律第105号）（抄）
第4条　動物の所有者又は占有者は、その動物を適正に飼養し、又は保管することにより、動物の健康及び安全を保持するように努めるとともに、動物が人の生命、身体若しくは財産に害を加え、又は人に迷惑を及ぼすことのないように努めなければならない。
2　内閣総理大臣は、関係行政機関の長と協議して、動物の飼養及び保管に関しよるべき基準を定めることができる。

*3）第11条　動物を教育、試験研究又は生物学的製剤の用その他の科学上の利用に供する場合には、その利用に必要な限度において、できる限りその動物に苦痛を与えない方法によってしなければならない。
2　動物が科学上の利用に供された後において回復の見込みのない状態に陥っている場合には、その科学上の利用に供した者は、直ちに、できる限り苦痛を与えない方法によってその動物を処分しなければならない。
3　内閣総理大臣は、関係行政機関の長を協議して、第1項の方法及び前項の措置に関しよるべき基準を定めることができる。

0-1-3 実験動物の飼養及び保管等に関する基準の制定（昭和 55 年）

昭和 48 年に制定された、動物保護管理法の第 4 条及び第 11 条に基づき、実験動物の基準を作成するため、昭和 50 年 12 月より動物保護審議会の下に専門委員会が設けられた。専門委員会において、4 年間にわたる討議を経て、昭和 55 年 2 月に基準案が作成された。その後、審議会で採択され、昭和 55 年 3 月に総理府から、「実験動物の飼養及び保管等に関する基準」が告示された＊4)。

＊4) 総理府告示第 6 号

0-1-4 動物愛護管理法への改正（平成 11 年 12 月）

動物等の虐待事件の社会問題化、動物を巡る迷惑問題の顕在化等の状況を踏まえ、動物の飼養をより適正なものにすることによって、人と動物とのよりよい関係づくりを進めること及びそのことを通じて生命尊重や友愛等に情操面の豊かさを実現していくため、動物の保護及び管理に関する法律が改正され、各会派一致の議員立法で行われた。

昭和 48 年の動物保護管理法は、虐待、遺棄の罰則規定のみであったが、本改正において、動物取扱業の届出制が規定された。

0-1-5 環境省への移管

平成 11 年 12 月 20 日に公布された中央省庁等改革関係法施行法（平成 11 年法律第 160 号）により、平成 13 年 1 月 6 日の中央省庁等の再編が行われ、動物の愛護及び管理に関する法律の事務の所管が旧総理府から環境省に移管された。

0-1-6 動物愛護管理法の改正＊5)（平成 17 年 6 月）

平成 11 年の法改正時に、附則により施行後 5 年を目途として一層の改善について検討すべきこととされていた。また、依然として動物の不適切な飼養や近隣への迷惑問題が見られていたこと等の状況を踏まえ、動物取扱業の適正化、識別措置の推進、危険な動物の適正管理の確保等により動物の愛護管理のより一層の推進を図るため、動物の愛護及び管理に関する法律の改正が各会派一致の議員立法で行われた。

実験動物に関する改正内容としては、既に規定のある「苦痛の軽減」に加え、動物実験の基本的理念である「3 R の原則」が国際的に普及･定着している実態を踏まえ、「代替法の利用」及び「使用数の削減」等、配慮事項が追加された。また、人の生命、身体、財産に害を及ぼす動物として特定動物の飼養保管について許可制

＊5) 動物の愛護及び管理に関する法律の一部を改正する法律（平成 17 年法律第 68 号）（抄）
第 41 条　動物を教育、試験研究又は生物学的製剤の製造の用その他の科学上の利用に供する場合には、科学上の利用の目的を達することができる範囲において、できる限り動物を供する方法に代わり得るものを利用すること、できる限りその利用に供される動物の数を少なくすること等により動物を適切に利用することに配慮するものとする。
2　動物を科学上の利用に供する場合には、その利用に必要な限度において、できる限りその動物に苦痛を与えない方法によってしなければならない。
3　動物が科学上の利用に供された後において回復の見込みのない状態に陥っている場合には、その科学上の利用に供した者は、直ちに、できる限り苦痛を与えない方法によってその動物を処分しなければならない。
4　環境大臣は、関係行政機関の長と協議して、第二項の方法及び前項の措置に関しよるべき基準を定めることができる。

が導入された。

0-1-7 実験動物の飼養及び保管等に関する基準の見直し

動物愛護管理法の改正を踏まえ、平成17年8月、中央環境審議会動物愛護部会の下に実験動物小委員会が設けられ、昭和55年に制定された「実験動物の飼養及び保管等に関する基準」の見直しが検討された。

平成17年12月の動物愛護部会（第14回）において、実験動物小委員会が作成した素案が報告され、パブリックコメント等の手続きを経て、平成18年3月の動物愛護部会（第15回）において採択され、平成18年4月、環境省から「実験動物の飼養及び保管並びに苦痛の軽減に関する基準（環境省告示第88号）」が告示された*6)。

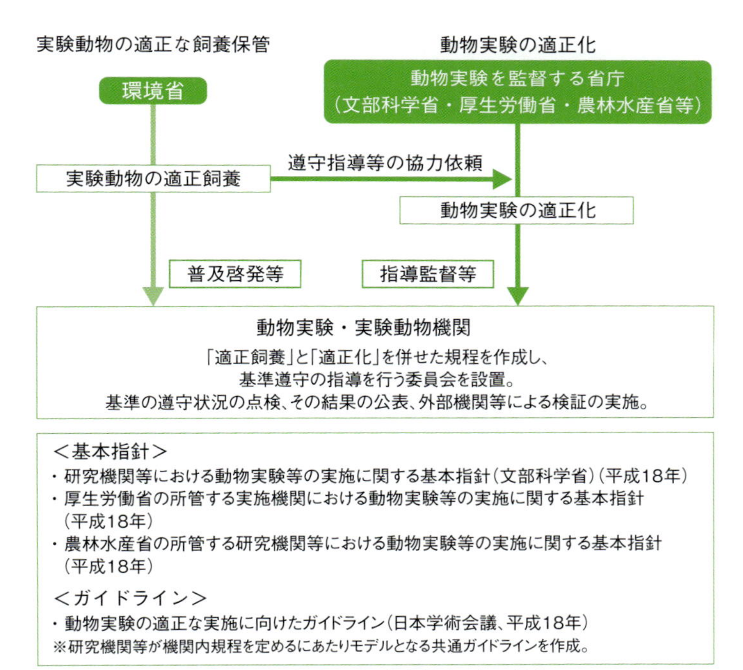

図1　動物実験・実験動物行政の仕組み

0-1-8 動物愛護管理法の改正（平成24年）

平成17年の法改正が行われてから約5年が経過したことから、この間の法の施行状況等を踏まえ、また、平成23年12月に、中央環境審議会動物愛護部会動物愛護管理のあり方検討小委員会がとりまとめた「動物愛護管理のあり方検討報告書」を参考にして、

*6）実験動物の飼養保管等と動物実験の適正化の仕組み
実験動物の飼養保管等の適正化にあわせ、科学研究である動物実験の適正化が行われるよう、文部科学省、厚生労働省及び農林水産省において、動物実験等の実施に関する基本指針が策定されるとともに、日本学術会議より「動物実験の適正な実施に向けたガイドライン」が策定されており、関係省庁がそれぞれ役割分担しながら連携する仕組みとなっている。

動物の愛護及び管理のより一層の推進を図るため、議員立法により、動物愛護及び管理に関する法律の改正が行われた。改正法は平成24年9月5日に公布され、平成25年9月1日から施行された。

直接的に、実験動物に係る規定はないが、関連するものとして、法目的の改正（人と動物が共生する社会の実現等を追加）、基本原則の改正（動物福祉の５つの自由の考え方に則った動物の取扱いを追加）がなされた。

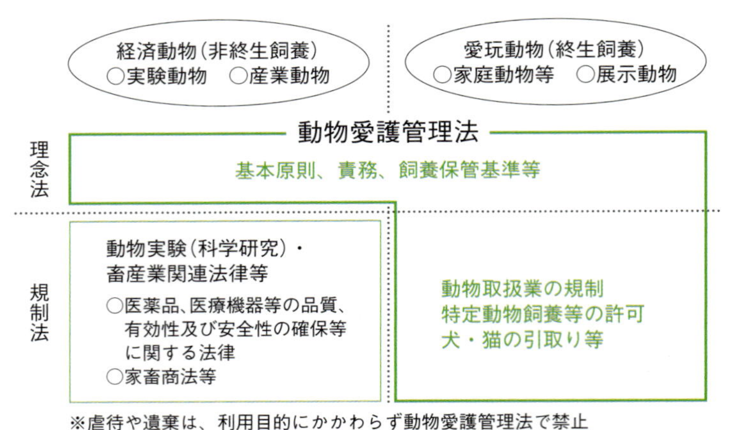

図２　動物愛護管理法の仕組み

0-1-9 実験動物の飼養及び保管並びに苦痛の軽減に関する基準の改正（平成25年度）

動物愛護管理のあり方検討報告書、平成24年法改正時の国会附帯決議等を踏まえ、「実験動物の飼養及び保管並びに苦痛の軽減に関する基準（平成18年環境省告示第88号）」が改正され、基準等への遵守状況の点検及び結果の公表、外部の機関等による検証の努力規定等が追加された。

0-2　国際的動向と我が国の状況[†8～10]

†8～10　参考図書を章末に掲載

近年、動物実験が医学・生命科学研究の不可欠な手段として広く用いられ、その成果が医療技術の開発や人の疾病の克服、健康の維持に貢献する一方で、犠牲となる動物の倫理的な取扱いについても多くの関心が寄せられてきた。

実験動物に関する国際機関である国際実験動物学会議（ICLAS: International Council for Laboratory Animal Science, 当時の呼称はICLA）は、1974年に各国が動物実験に関する基準等を作成する際の参考としてGuidelines for the Regulation of Animal Experimentationを公表した。その後、動物実験に遺伝子組換え技術が導入され、動物実験を行う研究分野がさらに拡大するとともに、動物実験に批判的な社会運動も活発化してきた。

1985年、国際医科学団体協議会（CIOMS: Council for International Organization of Medical Sciences）は医学生物学領域における動物実験に関する国際原則（International Guiding Principles for Biomedical Research Involving Animals）を公表し、実験等に用いられる動物に対する人道的な取扱いや倫理観の普及のため11項目からなる原則を示した。これは動物実験に関する国際的なコンセンサスとして世界各国で認知され、各国は本原則に沿った法令や指針を制定、あるいは改訂した。1986年に、アメリカではILARガイド（Guide for the Care and Use of Laboratory Animals）が改訂され、欧州ではEU指令が出され、イギリスでは100年前からあった動物虐待防止法が大幅に見直され動物科学的処置法として法制化された。日本では、1987年に当時の文部省より大学等の研究機関に対して、動物実験に関する指針を定め、動物実験委員会による実験計画の審査の実施等の行政指導が通知された。さらに、2012年、CIOMSはICLASと協働で上記の国際原則を27年ぶりに改訂し（CIOMS-ICLAS国際原則[*7)]）、内容を再編し、より具体化するとともに原則の遵守状況を点検、評価、監督する制度の導入が追加された。

*7）CIOMS-ICLAS　動物を用いた医科学研究の国際原則
International Guiding Principles for Biomedical Research Involving Animals
http://iclas.org/wp-content/uploads/2013/03/CIOMS-ICLAS-Principles-Final.pdf

動物実験は学術研究や科学技術に関する様々な分野で行われており、その適正化は関連分野の国際機関や団体との協調のなかで推進されてきた。動物福祉に関しては国際実験動物学会議（ICLAS）、医科学分野の研究開発に関しては国際医科学団体協議会（CIOMS）、医薬品や化学物質の開発に関しては日米EU医薬品規制調和国際会議（ICH）や経済協力開発機構（OECD）、獣医事に関しては国際獣疫事務局（OIE）などの組織との協力関係のなかで、動物実験等の適正化に係る国際水準が確保されてきた。これらの国際機関や団体には国内の機関や団体も参加し、例えばICLASやCIOMSには、日本を代表するナショナルメンバーとして日本学術会議が参加してきた。

0-2-1 欧州連合(EU)加盟国

実験動物の取扱いと利用（動物実験）に関する欧州の規制は、欧州経済共同体（EEC）、欧州連合（EU）など欧州の政治、経済の仕組みと密接に関連して変遷し、やや特殊な制度となっている。加盟国間の格差是正を目的として多くの指令（Directive）が制定され、実験動物の取扱いや利用に関しては「実験動物の保護に関する指令」が1986年にEECより、その後、2010年にはEUより出されている（DIRECTIVE 2010/63/EU on the Protection of Animals used for Scientific Purposes）。これらの指令に対して加盟国は自国の法律で対応し、イギリスは「動物（科学的処置）法」を、ドイツは「動物保護法」を定めている。また、1986年には、欧州協定(ETS123:European Convention for the Protection of Vertebrate Animals used for Experimental and Other Scientific Purposes*8)）も出されており、ETS123の付録（Appendix A）を基に欧州実験動物学会連合（FELASA：Federation of Laboratory Animal Science Associations）がガイド（EUROGUIDE*9)）を公表している。欧州におけるEUROGUIDEは、後述するアメリカにおけるILARガイドと同様な位置づけにあると考えられる。

イギリスには、元来、1876年に制定された「動物虐待防止法」があり、これが1986年に大幅に改訂され、動物（科学的処置）法となり、さらに同法の下に実務規範（Code of Practice）が定められている。実験動物施設は内務大臣による認定を要し、動物実験実施者には免許制が適用され、動物実験計画の実施には当局の審議会による審査と内務省長官の承認が必要となる。動物実験計画に対する機関の事前審査（Ethical Review Process）を規定しているが、機関に承認権限は与えられていない。また、行政当局による実験動物施設の査察が実施されている。欧州各国の制度はDIRECTIVEに従い法制化され、イギリスの制度がEU各国における規制の原型と考えられる。

0-2-2 アメリカ

実験動物の取扱い（マウス、ラット、鳥類を除く温血動物）と利用（脊椎動物）はそれぞれ異なった法的枠組みの下で管理さ

*8) ETS 123 (European Convention for the Protection of Vertebrate Animals used for Experimental and Other Scientific Purposes)
http://www.coe.int/en/web/conventions/full-list/-/conventions/treaty/123
これには付録（Appedix A, Appedix B）が付され、Appedix Aは実験動物の管理等に関する詳細なガイド、Appedix Bは実験動物の統計データを得るための解説となっている。

*9) EUROGUIDE
日本実験動物環境研究会監訳:“実験その他科学的目的に使用される動物の施設と飼育に関するガイドブック”, アドスリー（2009）.

れ、対象とする動物の範囲も異なる。すなわち、実験動物の飼養と輸送は「動物福祉法」(Animal Welfare Act)の規制を受け、同法を所管する農務省による査察が行われる。利用(動物実験)に関しては、所管する省庁がそれぞれ規範を有し、医学生物学研究への利用に対しては、保健福祉省公衆衛生局(Public Health Service: PHS)の「実験動物の人道的管理と使用に関する規範」(Public Health Service Policy on Humane Care and Use of Laboratory Animals: PHS Policy)が適用される。PHS Policyは「健康科学拡大法」(Health Research Extension Act)に基づいて定められている。また、PHS policyに基づいて、科学者コミュニティである実験動物研究協会(Institute for Laboratory Animal Research: ILAR)が「実験動物の管理と使用に関する指針」(Guide for the Care and Use of Laboratory Animals)、いわゆるILARガイド*[10]を策定している。この指針に示された数値(ケージサイズ等)は規制値ではなく、専門家の判断や文献的なデータも重視されている。また、畜産動物を用いる試験研究については、医学生物学研究の分野とは異なる特殊事情もあるため、「試験研究における畜産動物の管理と使用に関する指針」*[11]が定められている。

アメリカは機関による自主的管理を基本に適正化を図る方式を採用しており、施設の査察は、上述した農務省による査察とは別に、科学者が構成する非営利団体*[12]による施設認証も容認されている。

0-2-3 我が国の状況

我が国における実験動物及び動物実験に関する法令及び指針等、規制の推移を表1に示す。1980年に動物の保護及び管理に関する法律の下に「実験動物の飼養及び保管等に関する基準」が総理府より告示され、動物の福祉に配慮した実験動物の適正な飼養保管について示された。また、1980年、日本学術会議は、動物実験の信頼性を高め国際的な評価を得ることで人類の生命及び保健に関する諸科学、技術の発展を図るために、動物実験ガイドラインの制定を内閣総理大臣あてに勧告するとともに、ガイドラインの草案を提示した。そして、CIOMS国際原則を受けて、1987年に出された文部省通知「大学等における動物実験について」は、日本学術会議による動物実験ガイドラインの草案を反映したものであった。その後も、日本学術会議は動物実験の適正化と社会的理解の促進を図るため、国際的動向を考慮したうえで「動物実験に対する社会的理解を促進するために*[13]」を提言し、我が国の動

*10) Guide for the Care and Use of Laboratory Animals
日本実験動物学会監訳:"実験動物の管理と使用に関する指針",アドスリー(2011).

*11) 試験研究における畜産動物の管理と使用に関する指針
Federation of Animal Science Societies:"Guide for the Care and Use of Agricultural Animals in Research and Testing", Third edition (2010).

*12) 国際実験動物ケア評価認証協会(AAALAC International)
アメリカに本部をもつ民間の非営利団体で、1965年に米国実験動物管理公認協会(AAALAC)として発足し、現在は実験動物施設の認証を世界各国に展開している。PHS Policy (2015) はAAALACを唯一の認証団体と認めた。

*13) 「動物実験に対する社会的理解を促進するために(提言)」
日本学術会議第7部報告 平成16年(2004年)7月15日
http://www.scj.go.jp/ja/info/kohyo/pdf/kohyo-19-t1015.pdf

表1　我が国の実験動物及び動物実験に関する法令及び指針等

実験動物の飼養保管	実験動物の利用（動物実験）
1973年：動物の保護及び管理に関する法律 1980年：実験動物の飼養及び保管等に関する基準（総理府） 1999年：動物の愛護及び管理に関する法律（動物愛護管理法）の改正 2000年：省庁再編により動物愛護管理法の所管が総理府から環境省へ移管 2005年：動物愛護管理法の改正（最新改正：2012年） 2006年：実験動物の飼養及び保管並びに苦痛の軽減に関する基準（実験動物飼養保管等基準）（環境省告示、最新改正：2013年）	1980年：動物実験ガイドラインの策定について（日本学術会議勧告） 1987年：大学等における動物実験について（文部省通知） 2004年：動物実験に対する社会的理解を促進するために（提言）（日本学術会議第7部会） 2006年： ・研究機関等における動物実験等の実施に関する基本指針（文部科学省告示） ・厚生労働省の所管する実施機関における動物実験等の実施に関する基本指針（厚生労働省）（最新改正：2015年） ・農林水産省の所管する研究機関等における動物実験等の実施に関する基本指針（農林水産省） ・動物実験の適正な実施に向けたガイドライン（日本学術会議第2部会）

物実験の在り方を示してきた。

現在、実験動物の適正な飼養保管については「実験動物の飼養及び保管並びに苦痛の軽減に関する基準」に、実験動物の適正な利用すなわち動物実験については文部科学省、厚生労働省、農林水産省が定めた動物実験基本指針[*14, *15, *16]に従うこととなる（図3）。動物実験基本指針では、研究機関が動物実験に関する機関内規程

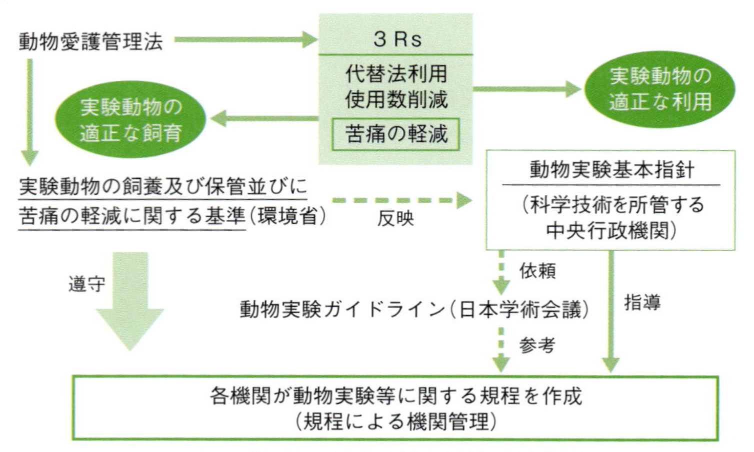

図3　我が国の動物実験に関する法体系

＊14）研究機関等における動物実験等の実施に関する基本指針（文部科学省告示第71号）
http://www.mext.go.jp/b_menu/hakusho/nc/06060904.htm

＊15）厚生労働省の所管する実施機関における動物実験等の実施に関する基本指針
http://www.mhlw.go.jp/file/06-Seisakujouhou-10600000-Daijinkanboukouseikagakuka/honbun.pdf

＊16）農林水産省の所管する研究機関等における動物実験等の実施に関する基本指針
http://www.maff.go.jp/j/kokuji_tuti/tuti/t0000775.html

を定め、機関の長の最終的な責任の下で実験動物の飼養保管や動物実験を行うことが規定され、機関内の規程の作成にあたっては日本学術会議が公表した「動物実験の適正な実施に向けたガイドライン*17)」を参考とすることとした。さらに、実験動物飼養保管等基準の遵守状況及び動物実験基本指針への適合性について点検・評価、外部者による検証いわゆる第三者による評価を受けることも定められ、いくつかの団体による第三者評価が実施されている。実験動物の適正管理は法令で規制され、動物実験の適正化は行政機関の指針で規制されるが、両者は相互に密接に関係し厳密に区分することが難しい面もある。これらは研究機関等の責任において実施されるものであるが、行政、研究者コミュニティ、動物実験関係団体、第三者評価機関等の連携が重要である。

*17) 動物実験の適正な実施に向けたガイドライン
日本学術会議　平成18年(2006年)6月1日
http://www.scj.go.jp/ja/info/kohyo/pdf/kohyo-20-k16-2.pdf
Guidelines for Proper Conduct of Animal Experiments (英語訳)
http://www.scj.go.jp/ja/info/kohyo/pdf/kohyo-20-k16-2e.pdf

表2　実験動物の取扱いに関する各国の制度

制　度	イギリス	フランス	ドイツ	アメリカ	カナダ	日　本
法令・所管等	動物（科学的処置）法 内務省 （ＥＵ指令）	法令2013－118 農務省、高度教育研究省 （ＥＵ指令）	動物保護法 内務省、自治体 （ＥＵ指令）	動物福祉法 農務省 健康科学拡大法 保健福祉省	動物実験州法 オンタリオ州	動物愛護管理法 環境省
行政基準・指針等	飼育管理実務規範 内務省	実験計画の倫理審査と承認令 農務省	実験動物の保護令 内務省、自治体	米国政府の原則 全関係省庁 実験動物の人道的管理と使用に関する規範(政策) 保健福祉省公衆衛生局		実験動物飼養保管等基準 環境省 動物実験基本指針 文科省、厚労省、農水省
科学者による指針	ユーロガイド(ETS123)	ユーロガイド(ETS123)	ユーロガイド(ETS123)	ILAR指針	CCACガイドライン	日本学術会議動物実験ガイドライン
施　設	内務大臣認定	農務大臣認定	自治体獣医局認定	生産施設免許(除マウス、ラット、鳥類) 実験施設登録(除マウス、ラット、鳥類) 農務大臣所掌	CCAC認定	特定動物を飼育・保管する場合は許可必須（自治体の長）
実験者	内務大臣免許	農務大臣免許	自治体免許	教育訓練必須	CCAC認定	教育訓練
実験計画	内務省長官承認	機関承認（最終判断は教育研究省）	自治体承認	機関承認	機関承認	機関承認
検　証	内務省査察	自治体査察	自治体査察	農務省査察（除マウス、ラット、鳥類） 委員会査察と外部検証	委員会査察と外部検証	点検結果の外部検証

平成29年8月29日現在
環境省 自然環境局 総務課 動物愛護管理室

実験動物の管理や動物実験の実施に関する主要国の規制の概要について、表２にまとめて示す。文化、経済、宗教及び社会的要因がそれぞれの法令や指針等に反映されているため、各国の制度には相違点も多い。我が国の法令や指針及びそれらに基づく制度の基本的な枠組みはアメリカの制度を参考にしており、CIOMS-ICLAS国際原則の内容を反映したものとなっている。

0-2-4 解説書作成に当たっての基本的方針

本解説書は、実験動物の管理や動物実験の実施の実務者が現場で行う業務を想定し、実験動物の福祉の向上と動物実験の再現性の確保の視点を考慮して作成した。作成に当たって、第１に実験動物の適正管理の観点を主とするが、動物実験の観点も含めて解説することとした。これは先に述べたように両者が相互に密接に関係し、実験動物の飼養保管あるいは動物実験の現場において、明確な区分の難しい部分も存在するためである。第２に実験動物飼養保管等基準以外にも、動物実験基本指針や日本学術会議の動物実験ガイドラインの内容も必要に応じて取り上げることとした。さらに実験動物の健康管理や動物実験の実施上の配慮等に関しては、最近の科学的な知見や考え方も盛り込むこととし、海外のガイドラインも参考とした。したがって、遵守しなければならない最低限の基準にとどまらず、特定な研究分野で求められる高度な内容まで言及することとした。第３に事例をあげて解説し、典型的な事例だけでなく、解釈の難しい少数事例も考慮し、参考文献や参考図書等を提示することとした。

本基準は、哺乳類、鳥類、爬虫類に属するすべての実験動物を対象とするが、具体的な内容は、動物種や実験等の目的により異なるため、一部で動物種別に解説し、さらに必要に応じて補足説明を加えた。また、霊長類いわゆるサル類に属する実験動物は、主にカニクイザル、アカゲザル、ニホンザル等のマカク属サル類とコモンマーモセット等のマーモセット属サル類に大別されるが、他のサル類もわずかながら使用され、飼養保管等の具体的方法は種ごとに異なる点が多い。ここでは、サル類として一括しマカク属を中心に記述し、マーモセット属については、随時、補足説明した。

また、実験動物飼養保管等基準は、動物愛護管理法第７条第７項と第41条第４項を拠り所として、環境大臣が関係行政機関の長と協議して定めたものであり、基準の構成は複雑である。例えば、「飼養及び保管の方法」や「施設の構造」は、「動物の健康及び安全の保持」と「危害等の防止」の２つの項目の中でそれぞれの観点で記述されている。本解説書では基準の中にある項目ごとに解説したが、解説の理解を助けるために、その項目の趣旨を挿入した。

0-2-5 動物実験等の実施に関連するその他の法令

動物実験等の実施に際し、動物愛護管理法やその関連法令及び動物実験基本指針以外にも、多くの法令や国が定めた指針が関連する。特定な動物の入手、輸入、飼育、施設の設置に際して届出や許可が必要なもの、動物実験等に使用する特定な化学物質等に関する規制、従事者等の労働安全衛生に関するもの、廃棄物処理や生活環境の保全に関するものなど多岐にわたる。いずれの法令等に対しても、該当する場合は遵守しなければならない。主要な法令や指針等を以下に示すとともに、留意すべき点について、本文中で解説した。

特定な動物の逸走等による生態系への影響防止に関わるもの

・遺伝子組換え生物等の使用等の規制による生物の多様性の確保に関する法律
・特定外来生物による生態系等に係る被害の防止に関する法律

動物実験に使用する化学物質の規制に関わるもの

・毒物及び劇物取締法
・化学物質の審査及び製造等の規制に関する法律（化審法）
・麻薬及び向精神薬取締法

従事者等の労働安全衛生に関わるもの

・労働安全衛生法
・放射性同位元素等による放射線障害の防止に関する法律
・特定化学物質障害予防規則（厚生労働省令）
・電離放射線障害防止規則（厚生労働省令）

人や動物の感染症の防止に関わるもの

・感染症の予防及び感染症の患者に対する医療に関する法律
・家畜伝染病予防法
・狂犬病予防法

廃棄物処理、生活環境の保全に関わるもの

・廃棄物の処理及び清掃に関する法律
・水質汚濁防止法

・悪臭防止法
・騒音規制法
・化製場等に関する法律

特定な動物実験（医薬品や医療機器、化学物質等の試験、人由来組織や細胞を用いる実験）に関わるもの
・医薬品、医療機器等の品質、有効性及び安全性の確保等に関する法律（旧薬事法等）
・化学物質の審査及び製造等の規制に関する法律（化審法）
・医薬品の安全性に関する非臨床試験の実施の基準に関する省令（医薬品 GLP 省令）
・医療機器の安全性に関する非臨床試験の実施の基準に関する省令（医療機器 GLP 省令）
・再生医療等製品の安全性に関する非臨床試験の実施の基準に関する省令（再生医療等製品 GLP 省令）
・動物用医薬品の安全性に関する非臨床試験の実施の基準に関する省令（動物用医薬品 GLP 省令）
・特定胚の取扱いに関する指針（文部科学省告示）
・人を対象とする医学系研究に関する倫理指針（文部科学省・厚生労働省告示）

野生動物に関わるもの
・鳥獣の保護及び管理並びに狩猟の適正化に関する法律（旧鳥獣保護法等）

参考図書

1）平成16年2月開催　第一回動物の愛護管理のあり方検討会　資料4（環境省）.
2）佐藤衆介："アニマルウェルフェア", 東京大学出版会（2005）.
3）青木人志："日本の動物法", 東京大学出版会（2009）.
4）仁科邦男："犬たちの明治維新　ポチの誕生", 草思社（2017）.
5）動物愛護管理法令研究会編："改正動物愛護管理法―解説と法令・資料", 青林書院（2001）.
6）動物愛護管理法令研究会編著:"動物愛護管理業務必携", 大成出版社（2006）.
7）動物愛護管理法令研究会編著："改訂版動物愛護管理業務必携", 大成出版社（2016）.
8）ICLA（International Committee on Laboratory Animals）: Guideline for Regulation of Animal Experimentation. ICLA Special Reprint. No. 7, 1974.
9）CIOMS and ICLAS International Guiding Principles for Biomedical Research Involving Animals, CIOMS（Council for International Organization of Medical Sciences）, 2012. http://iclas.org/wp-content/uploads/2013/03/CIOMS-ICLAS-Principles-Final.pdf
10）平成 26 年度動物愛護管理基本指針フォローアップ等調査検討業務報告書, 環境省.

解　　説

1章　一般原則

解説

この一般原則には、実験動物を施設で飼育、保管する場合、施設の管理者、実験動物管理者や飼養者、また実験実施者が心得ておかねばならない基本的な事項が示されている。これは本基準を貫く根本精神であって、動物福祉の視点が主となっているが、動物の適正利用の視点も同時に含まれており、その内容は「基本的な考え方」、「動物の選定」、「周知」及び「その他」からなっている。旧基準の一般原則には実験動物の飼育保管に関する項目が主な内容であったが、現在の基準においては、実験動物の飼養及び保管並びに科学上の利用に対する社会的な理解を促進するために、施設が所属する機関の責任と管理体制、関係機関の連携等を通じた周知の必要性が追加された。

1-1　基本的な考え方

動物を科学上の利用に供することは、生命科学の進展、医療技術等の開発等のために必要不可欠なものであるが、その科学上の利用に当たっては、動物が命あるものであることにかんがみ、科学上の利用の目的を達することができる範囲において、できる限り動物を供する方法に代わり得るものを利用すること、できる限り利用に供される動物の数を少なくすること等により動物の適切な利用に配慮すること、並びに利用に必要な限度において、できる限り動物に苦痛を与えない方法によって行うことを徹底するために、動物の生理、生態、習性等に配慮し、動物に対する感謝の念及び責任をもって適正な飼養及び保管並びに科学上の利用に努めること。また、実験動物の適正な飼養及び保管により人の生命、身体又は財産に対する侵害の防止及び周辺の生活環境の保全に努めること。

趣旨

ここでは、本基準の根拠法である動物愛護管理法第 41 条に規定される動物実験に関する３R の原則、及び同法第７条に規定される適正な飼養及び保管について要約され、本基準の基本的な考え方としている。

解説

生命科学研究に動物実験は不可欠であるが同時に動物福祉の面からも適正な動物実験が実施されなければならない。今日、倫理的な動物実験の実施のため3Rの原則が、世界的に広く認知されている。3Rの原則*1)は、Russell と Burch により1959年に提唱されたもので、動物実験の実施に際してReplacement（代替法の利用）「科学上の利用の目的を達することができる範囲において、できる限り動物を供する方法に代わり得るものを利用すること」、Reduction（使用数の削減）「科学上の利用の目的を達することができる範囲において、できる限り利用に供される動物の数を少なくすること」、及びRefinement（苦痛の軽減）「利用に必要な限度において、できる限り動物に苦痛を与えない方法によって行うこと」のそれぞれRで始まる語に代表される事柄に十分配慮して動物実験を実施しようとするものである。すなわち、3Rの原則に則って動物実験を実施することが倫理的に適正な動物実験の実施につながるのである*2)。

なお、ReplacementとReductionでは「科学上の利用の目的を達することができる範囲において」という前提がある。科学上の利用である動物実験では、実験の精度や再現性が特に重要であり、精度や再現性を確保できる範囲でReplacementやReductionに配慮するべきである。また、Refinementでは「利用に必要な限度において」という前提がある。実験の精度や再現性に影響しない限り、Refinementを実践しなければならない。

動物愛護管理法では「飼養」という用語が使用されているので、本基準においても同語が使用されている。「飼養」とは「動物を飼い養うこと（広辞苑）」であるが、実験動物の分野では一般に「飼育」という用語が使われているので、本基準の解説では、必要に応じて「飼育」という用語を使うことにする。また、「保管」とは「大切なものを、こわしたりなくしたりしないように保存すること（広辞苑）」とされているが、ここでいう「適正な飼養及び保管」とは「実験動物が災害などにより死傷しないように、また人が実験動物のために迷惑を受けないように、さらに実験動物が周辺の住民の生活や環境に悪影響を及ぼさないように、大切な実験動物を一定期間、健康的に安全確実に管理すること」という意味になる*3)。

動物を飼育する場合、その動物種特有の生理、生態、習性につ

*1）3Rの原則（詳細は4章4-1-1 p.113参照）
3Rの原則とは動物実験の基本理念で、「Replacement」「Reduction」「Refinement」を意味し、イギリスの科学者W.M.S. Russell とR.L. Burchが1959 年に著書「人道的動物実験の原則」The Principles of Humane Experimental Technique で提唱した。平成17年の動物愛護管理法の改正において、3R の原則が第41条に明記された。
文献:Russell, W.M.S. and Burch, R.L.: "The Principles of Humane Experimental Technique." Methuen, London (1959).

*2）CIOMS （Council for International Organizations of Medical Science; 国際医科学団体協議会）「動物を用いた医科学研究の国際原則」
1985 年、国際医科学連合Council for International Organizations of Medical Sciences : CIOMS が「動物を用いた医科学研究の国際原則」International Guiding Principles for Biomedical Research Involving Animals を公表し、3Rの原則が盛り込まれた。本原則は2012年にCIOMSとICLAS（国際実験動物科学連合）により改正され、動物実験に関する国際原則として知られている。
http://iclas.org/wp-content/uploads/2013/03/CIOMS-ICLAS-Principles-Final.pdf

*3）「保管」には実験動物を一時的に預かり、飼育し管理することも含まれる。

いての知識と飼育の技術が不可欠であることはいうまでもない。

さらに、実験動物の飼育では、利用の目的である実験の再現性を確保するうえで必要な動物の特性や品質等に関する知識や技術も必要である。実験動物を飼育する施設や設備の整備や管理、給餌や給水等の日常管理、動物の健康管理、実験等の際の動物の取扱いなど、ひとつとして動物の生理、生態、習性などに関する知識並びに取扱いの技術なしではすまされない。

本基準には、動物実験の基本理念である3Rに加えて、動物を飼育する際には動物福祉の基本理念である「５つの自由」*4) も反映されている。これは、1960年代の英国で家畜の劣悪な飼育管理を改善し、家畜の福祉を確保するために定められ、現在では、家畜のみならず、飼育下にあるすべての動物の福祉の基本理念として広く世界的に認められ、実験動物の飼養保管にも適用される。この場合も科学上の利用の目的を達することができる範囲で５つの自由を実践し、５つの自由のいずれかが損なわれる場合は、その期間をできるだけ短くする等の配慮が必要である。

*4) 5つの自由(5 Freedoms)（詳細は3章 3-1-1 p.34参照）
世界獣医学協会（WVA; World Veterinary Association）
(1) 飢え及び渇きからの解放
(2) 肉体的不快感及び苦痛からの解放
(3) 傷害及び疾病からの解放
(4) 恐怖及び精神的苦痛からの解放
(5) 本来の行動様式に従う自由

一方、飼育中の実験動物が、実験動物や動物実験関係者ばかりでなく、周辺の住民の生活や環境に悪影響を及ぼさないよう、責任をもって飼養保管をしなければならない。具体的には、実験動物からの危害防止及び病原体等の感染防止、実験動物の逸走防止、汚水や汚物の処理、悪臭等の防止、災害等の緊急時対応があげられ、これらについては第３章で詳細に解説する。

1-2 動物の選定

管理者は、施設の立地及び整備の状況、飼養者の飼養能力等の条件を考慮して飼養又は保管をする実験動物の種類等が計画的に選定されるように努めること。

趣旨

実験動物は、その利用の目的に応じた特性や品質が重要であり、飼養保管に際してもその特性や品質が維持されなければならない。実験動物を選定するためには、まず、目的に応じた動物種を適正に飼養保管し、その特性や品質を維持するために必要な施設や設備を整備し、必要な人材を配置しなければならない。

ここでは、動物の選定だけでなく、その前提として施設設備や人材等の条件を考慮することにも言及している。

解説

実験に使用する実験動物の種類に応じて、適切な施設の立地及び構造や設備などを整備することは必要最低条件であり、各種実験動物の生理、生態、習性などに関する知識を持った飼養者を実験動物の飼育担当にする必要がある。言い換えれば、使用する実験動物種に適した施設、環境条件等を整備し、飼育担当者を確保しない限り、実験動物の飼育を行うべきではない（3章共通基準を参照）。飼養者の飼養能力とは、その専門的能力や動物数に見合った飼養者の人数を示している。専門能力を示す資格の例として実験動物技術者*5) があるが、必ずしも有資格者でなければ飼養者となれないというわけではない。

また、実験動物の選択に当たっては、その動物実験の目的に沿うように、実験動物の種類、系統、齢、性別並びに遺伝的及び微生物学的品質等を考慮しなければならない。動物実験のデータの精度、再現性などの科学的信頼性は、実験動物の遺伝的品質のみならず、飼育環境による影響を受けやすく、特に飼育環境の微生物学統御は重要である。したがって、実験に供する動物を選ぶ際には、遺伝的品質*6) 及び微生物学的品質*7) に十分留意しなければならない。適切な品質の動物を選択することにより、使用動物数を削減することができ、動物福祉の観点からも重要である。また、可能な限りより下等な生物への代替、組織や株化細胞の使用、あるいは数学的モデルやコンピューターシミュレーション等、生きた動物を用いない実験への代替の可能性を検討すべきである。

実験にどの種の動物が適当であるかの判断は容易ではない。バイオメディカルリサーチ（Biomedical Research 動物実験を手段とする医科学研究）を例にとって見ると、そこでの動物実験は、ヒトと動物との類似した部分をみつけ、その部分について比較研究することである。したがって、比較する器質あるいは機能の各部分について、ヒトと類似した部分を持つ動物種あるいは系統を選ぶことが基本であり、解剖学的、生理学的にその器質や機能が近い実験動物を使用することが理想である。ヒトの疾患に類似したヒト疾患モデル動物は、この考え方に沿って開発された動物である。

*5) 実験動物技術者
公益社団法人日本実験動物協会が認定する資格で、平成29年8月1日現在、1,595人の1級実験動物技術者、10,393人の2級実験動物技術者が登録されている。

*6) 遺伝的品質（詳細は4章4-1-1 p.116参照）
実験動物（特にマウス、ラット等）は遺伝的に統御された系統が樹立されており、基本的に近交系（Inbred strain）、クローズドコロニー（Closed colony）、ミュータント系（Mutant strain）、交雑群（Hybrid）などがある。

*7) 微生物学的品質（詳細は4章4-1-1 p.117参照）
実験動物は微生物学的な統御の程度により、無菌動物（Germfree animal）、ノトバイオート（Gnotobiote）、SPF動物（Specific pathogen-free animal）、コンベンショナル動物（Conventional animal）などに区分されている。

1-3　周　知

実験動物の飼養及び保管並びに科学上の利用が、客観性及び必要に応じた透明性を確保しつつ、動物の愛護及び管理の観点から適切な方法で行われるように、管理者は、本基準の遵守に関する指導を行う委員会の設置又はそれと同等の機能の確保、本基準に即した指針の策定等の措置を講じる等により、施設内における本基準の適正な周知に努めること。

また、管理者は、関係団体、他の機関等と相互に連携を図る等により当該周知が効果的かつ効率的に行われる体制の整備に努めること。

趣旨

ここでは、本基準の遵守を促すための所属機関内の体制と所属機関外の関連学協会や他機関等との連携の強化について言及している。所属機関の体制として、委員会の設置や指針の策定をあげている。実験動物の科学上の利用、いわゆる動物実験については文部科学省、厚生労働省、農林水産省から動物実験基本指針が出され、さらに日本学術会議による動物実験ガイドラインが出されている。後段の文章では、これらの指針等への対応も含めて、連携強化が謳われている。

解説

文部科学省の「研究機関等における動物実験等の実施に関する基本指針（文部科学省基本指針）」、「厚生労働省の所管する実施機関における動物実験等の実施に関する基本指針」並びに「農林水産省の所管する研究機関等における動物実験等の実施に関する基本指針」には、機関内規程の策定並びに動物実験委員会の設置が義務づけられており、動物実験委員会の構成として①動物実験等に関して優れた識見を有する者、②実験動物に関して優れた識見を有する者、③その他学識経験を有する者を含むことが明記されている。また、文部科学省基本指針の「第２　研究機関等の長の責務、２ 機関内規程の策定」には「研究機関等の長は、法、飼養保管基準、基本指針その他の動物実験等に関する法令（告示を含む。以下同じ。）の規定を踏まえ、動物実験施設の整備及び管理の方法並びに動物実験等の具体的な実施方法等を定めた規程

（以下「機関内規程」という。）を策定すること」とあり、「第５ 実験動物の飼養及び保管」には、「動物実験等を実施する際の実験動物の飼養及び保管は、法及び飼養保管基準を踏まえ、科学的観点及び動物の愛護の観点から適切に実施すること」と記載されている。そのため、一般的には、各研究機関では機関内規程を上位規則として、関係細則、要領等*8) を含めており、これらを指針とみなすことで機関の長の責任と実効性を確保することができる。また、機関内規程や関連規則等を本基準に則した指針とみなすことで、動物実験委員会が本基準の遵守指導や遵守状況の把握を実施している。したがって、本基準にある「本基準の遵守に関する指導を行う委員会」は新たに設置しなくても、すでに設置されている動物実験委員会が適切に活動することにより、施設内における本基準の適正な周知を行うことが可能である。

また、実験動物の生産施設のように飼養保管を行うが動物実験を行わない施設では、本基準に対応した動物福祉委員会等の設置や指針の策定を行う場合もある。この場合、動物実験に該当する行為があれば、別に動物実験委員会の設置や動物実験の実施に関する機関内規程の策定が必要となる（４章 4-2 実験動物を生産する施設〔p.149〕参照）。

また、環境省、文部科学省、厚生労働省、農林水産省等の各省庁、研究者コミュニティの代表である日本学術会議、（公社）日本実験動物学会、日本実験動物医学会、日本動物実験代替法学会、日本実験動物環境研究会、国立大学法人動物実験施設協議会（国動協）、公私立大学実験動物施設協議会（公私動協）、厚生労働省関係研究機関動物実験施設協議会、（公社）日本実験動物協会、日本実験動物協同組合（実動協）、（一社）日本実験動物技術者協会、日本製薬工業協会（製薬協）、（特非）動物実験関係者連絡協議会（動連協）等の関係団体と情報交換や相互に連携することにより、本基準の周知が効果的かつ効率的に行われる体制の整備に努めることが必要である。これらの団体による講演会や研修会等を通じて、実験動物の福祉や動物実験に関する最新の情報を収集し、施設内での関係者への指導、教育に活用することも重要である。

*8) 飼養保管マニュアル
一般的には、具体的な実験動物の飼養保管の方法や手順を、マニュアルや手順書として定めることが多い。研究目的や施設の規模、動物種により具体的な作業手順は異なるため、それぞれに応じて作成するが、本基準に沿った内容でなければならない。

1-4 その他

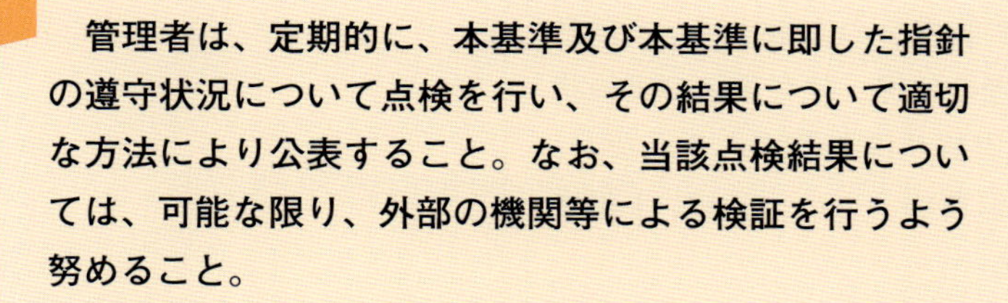
管理者は、定期的に、本基準及び本基準に即した指針の遵守状況について点検を行い、その結果について適切な方法により公表すること。なお、当該点検結果については、可能な限り、外部の機関等による検証を行うよう努めること。

趣旨

「その他」は、平成25年の本基準の改正により追加されたものであり、CIOMS-ICLASの国際原則にある実験動物の飼養や管理に関する点検、監督制度に相当する。また、各省の基本指針で規定される動物実験の実施状況に関する自己点検・評価、検証、及び情報公開の中でも位置づけられている。

解説

前述した文部科学省の「研究機関等における動物実験等の実施に関する基本指針（文部科学省基本指針）」、「厚生労働省の所管する実施機関における動物実験等の実施に関する基本指針」並びに「農林水産省の所管する研究機関等における動物実験等の実施に関する基本指針」にも含まれている内容であり、いわゆる「自己点検･評価」、「情報公開」、「外部検証」のことである。そのため、これら３省庁が所管している研究機関等においてはすでに周知のことであるが、本基準はこれら３省庁所管以外の研究機関や実験動物生産施設等に対しても適用されるため、実験動物を飼養保管し、動物実験を実施している研究機関等は留意しておく必要がある。

文部科学省基本指針においては、基本指針への適合性に関する自己点検・評価及び検証に関して、「研究機関等の長は、動物実験等の実施に関する透明性を確保するため、定期的に、研究機関等における動物実験等の基本指針への適合性に関し、自ら点検及び評価を実施するとともに、当該点検及び評価の結果について、当該研究機関等以外の者による検証を実施することに努めること」と記載されており、（公社）日本実験動物学会が実施している「動物実験に関する外部検証事業」において、自己点検・評価報告書を例示している。実験動物の飼養保管状況の自己点検の内容としては、機関内規程、動物実験委員会、動物実験の実施体制、安全管理に注意を要する動物実験の実施体制、実験動物の飼養保管の体制などの整備状況、並びに、動物実験委員会の状況、動物実験の実施状況、安全管理を要する動物実験の実施状況、実験動物の飼養保管状況、施設等の維持管理の状況、教育訓練の実施状況、自己点検・評価及び情報公開の実施状況などである。なお、点検及びその結果の公表における「定期的」とは、通常、1年に一回程度と解釈することが妥当である。

一方、外部検証については、各省庁が告示あるいは通知している「動物実験等の実施に関する基本指針」及び本基準の規定に基づき、各機関における動物実験の基本指針への適合性及び実験動物飼養保管等基準の遵守状況について、文部科学省所管の機関に対しては（公社）日本実験動物学会*9)、農林水産省所管の機関に対しては（公社）日本実験動物協会*10)、厚生労働省所管の機関に対しては公益財団法人ヒューマンサイエンス（HS）振興財団*11) がそれぞれ検証あるいは認証を実施しており、国際的にはAAALAC International（国際実験動物ケア評価認証協会）*12) による施設認証が一般的である。また、ここでいう「外部の機関等による検証」とは、AAALAC Internationalを含むすべての機関等による検証あるいは認証を意味する。なお、「動物実験等の実施に関する基本指針」が告示あるいは通知されていない省庁が所管する機関等においては、日本学術会議が制定した「動物実験の適正な実施に向けたガイドライン」*13) 等を根拠として、実施体制の構築に努める必要がある。

*9) 動物実験に関する外部検証事業（平成21年度～28年度までは国動協・公私動協が実施していたが、平成29年4月より外部検証事業は（公社）日本実験動物学会に移管された）
http://www.m-kenshou.org/

*10) 実験動物生産施設等福祉認証（〔公社〕日本実験動物協会）
http://www.nichidokyo.or.jp/cyousa.html

*11) 動物実験の外部評価・検証事業（〔公財〕ヒューマンサイエンス（HS）振興財団）
http://www.jhsf.or.jp/project/doubutu_TOP.html

*12) 国際実験動物ケア評価認証協会（AAALAC International）
http://www.aaalac.org/japanese/index.jp.cfm

*13) 動物実験の適正な実施に向けたガイドライン（日本学術会議）
http://www.scj.go.jp/ja/info/kohyo/pdf/kohyo-20-k16-2.pdf

2章 定　義

この基準において、次の各号に掲げる用語の意義は、当該各号に定めるところによる。

(1) 実験等　動物を教育、試験研究又は生物学的製剤の製造の用その他の科学上の利用に供することをいう。

(2) 施設　実験動物の飼養若しくは保管又は実験等を行う施設をいう。

(3) 実験動物　実験等の利用に供するため、施設で飼養し、又は保管している哺乳類、鳥類又は爬（は）虫類に属する動物（施設に導入するために輸送中のものを含む。）をいう。

(4) 管理者　実験動物及び施設を管理する者（研究機関の長等の実験動物の飼養又は保管に関して責任を有する者を含む。）をいう。

(5) 実験動物管理者　管理者を補佐し、実験動物の管理を担当する者をいう。

(6) 実験実施者　実験等を行う者をいう。

(7) 飼養者　実験動物管理者又は実験実施者の下で実験動物の飼養又は保管に従事する者をいう。

(8) 管理者等　管理者、実験動物管理者、実験実施者及び飼養者をいう。

趣旨

ここでは、本基準において使用される主な用語の意味ではなく意義、すなわち内容や概念を示している。定義ではあるが、限定的に表現することが難しい場合もあるため、いくつかの事例をあげて解説する。

解説

2-1　実験等

動物実験のことであり、ここに示された定義は「動物の愛護及び管理に関する法律」の第 41 条（動物を科学上の利用に供する場合の方法、事後措置等）に示されたものと同じである。すなわち、教育、試験研究、生物学的製剤、その他の科学上の利用を目的として動物を利用（飼養及び保管を含む）することである。ここでは「動物」について特別の説明はされていないので、一般常識に従い個体としての動物を指すと考えられる*1)。また、この定義では科学上の利用に供する対象を「実験動物」と限定せず、「動物」と広く指定している。このことは、「実験等」には、動物愛護管理法の対象である動物が含まれることを示唆しており、人が飼養・保管している実験動物以外の動物、つまり産業動物、家庭動物等、展示動物を対象とする動物実験も実験等に含まれると解釈される*2)。この実験等には、他機関の施設等で飼養・保管されている動物を対象とする動物実験も存在する*3)。また、野生状態（非飼育下）にある野生動物については、動物愛護管理法の「動物」に含まれないため、実験等の動物の対象には含まれないと解釈される*4)。

動物実験の目的として、教育、試験研究、生物学的製剤の製造、その他の科学上の利用があげられているが、記載順に少し補足説明する。教育：大学等の高等教育機関は研究、教育を主な業務としているが、医学、薬学、獣医学*5)、農学*6)、理学等を専門とする領域では動物を用いた授業（講義、実習）が行われており、それらは実験等に該当する。試験研究：基礎的な医学生物学研究、新薬の有効性を評価する試験や化学物質の安全性評価試験などは代表的な例である。生物学的製剤の製造：ワクチンは生物学的製剤の１つである。動物個体から臓器や組織を取り出し、そこから得られた細胞を用いてワクチンが製造されることがある。この一連の行為は動物実験である。しかし、市販の動物由来細胞や培養細胞を購入して行う実験は、一般的には動物実験に該当しない*7)。その他の科学上の利用：これら以外でも、科学上の目的を達成するために、動物個体を器具等によって拘束したり、その身体に何らかの処置、例えば、投与、採血・採材、手術などを施したりすることは一般的に動物実験とみなされる。なお、獣医師の診療行為や治療行為においても、投与、採血、採材、手術などを施すことがあるが、これらの行為は動物実験には当てはまらない。

畜産に関する飼養管理の教育若しくは試験研究等、生態の観察を行うことを目的とする場合の適用除外については、「第５章　準用及び適用除外」（p.153）を参照いただきたい。

*1) Scientists Center for Animal Welfare（SCAW）の動物実験処置の苦痛分類では、「SCAWのカテゴリーA:生物個体を用いない実験あるいは植物、細菌、原虫、又は無脊椎動物を用いた実験。」という分類があり、発育鶏卵も含まれている。本基準では孵化前の発育鶏卵は動物個体ではないので、実験動物に該当しない。一方で、英国のAnimals（Scientific Procedures）Act 1986のように妊娠期間の半分（2012年の改正で2/3に修正された）を越えた場合は、動物個体と同等に扱うケースもみられる。発育鶏卵を実験等の利用に供する場合においても、この基準の「基本的な考え方」の趣旨に沿って行うことが望ましい。

*2) 産業動物、家庭動物等、展示動物はそれぞれ、産業動物の飼養及び保管に関する基準（昭和62年総理府告示第22号）、家庭動物等の飼養及び保管に関する基準（平成14年環境省告示第37号）、あるいは展示動物の飼養及び保管に関する基準（平成16年環境省告示第33号）が適用される。

*3) 大学等の研究者が動物園で飼育されている動物を対象とする場合など。

*4) 発信器を用いた調査等、野生下にある動物を用いて実験を行う場合は、「鳥獣の保護及び管理並びに狩猟の適正化に関する法律（平成14年法律第88号）」及び当該法律に基づく、「鳥獣の保護を図るための事業を実施するための基本的な指針（平成28年環境省告示第100号）」を遵守する必要がある。また、文部科学省の「研究開発等における動物実験等の実施に関する基本指針Q&A」では、野生動物を対象とした野外調査でマイクロチップを埋め込むなどして行う場合には動物実験に該当するとされている。

*5) 獣医系大学において飼養・保管されている動物を用いた教育（例えば、外科実習）は、動物実験に該当する。獣医系大学の動物病院における診療行為や治療行為は動物実験には当た

2-2 施 設

本基準では、施設という用語を広義にとらえており、実験動物を飼養・保管する施設・設備あるいは実験動物に実験操作を行う実験室を指している。したがって、実験動物の飼養・保管を行う建物や飼育室を指す場合もあり、飼育ケージ等の設備を指す場合もある。また、飼養・保管を主たる目的とする施設ばかりでなく、利用の目的のために一時的に保管する実験室も含まれる。例えば、国動協の機関内規程の雛形では、施設等は「飼養保管施設等及び実験室をいう。」と定義されており、飼養保管施設等、実験室はそれぞれ、「実験動物を恒常的に飼養若しくは保管又は動物実験等を行う施設・設備をいう。」、「実験動物に実験操作（48時間以内の一時的保管を含む）を行う動物実験室をいう。」と定義されている。なお、施設は各機関が所有しているものを指す。

施設での実験動物の飼養・保管の実施体制は、管理者、実験動物管理者、飼養者で構成されると考えられるが、実質的には実験実施者を含めた管理者等が、施設の管理・運営にかかわっているとみなすのが自然であろう。

2-3 実験動物

本基準では、「実験等の利用に供するため、施設で飼養し、又は保管している哺乳類、鳥類又は爬（は）虫類に属する動物（施設に導入するために輸送中のものを含む。）をいう。」と定義され、２つの条件で限定されている。

最初の条件は、動物実験で使用するために施設で飼養・保管されていること（施設に導入するために輸送中のものを含む）である。例えば、大学の教員が行う動物実験について考えてみる。実験に使用するために遺伝子改変動物を大学の実験動物施設で飼育していれば、その動物は実験動物と考えられる。また、野生動物を対象とした動物実験の場合も、もともと野生動物であったものを捕獲し、動物実験に使用するために施設で飼養・保管している場合は（正確にいえば、輸送中から）、当該動物は実験動物であり、本基準が適用される。なお、動物園で展示されている動物を対象とした動物実験の場合は、その動物は大学の施設で飼養・保管されていないので本基準の実験動物には該当しない。

第２の条件は種についてのもので、動物愛護管理法及び本基準では哺乳類、鳥類及び爬（は）虫類に限定されている。爬虫類に

らない。また、獣医系学生が動物病院等で獣医師の診療行為を研修すること（いわゆる「参加型臨床実習」）は、獣医師による飼育動物の診療業務に相当するとの判断が農水省より示されており（「獣医学生の臨床実習における獣医師法第17条の適用について」、22消安第1514号 平成22年6月30日）、動物実験には当たらない。

*6） 農学系大学において、家畜の身体の構造や機能を理解するために動物個体が教育に用いられることがあるが、そのような実習は動物実験に該当する。また、農学系大学においても実験動物（例えば、疾患モデル動物）としてブタを飼養・保管する場合は、本基準が適用される。

*7） 例えば、市販のヒツジ赤血球を購入し、それを用いて血清反応を実施すること、と畜場からブタの臓器を譲り受け、臓器の構造を観察する教育等は、動物実験には該当しない。

ついては、平成11年の動物愛護管理法の改正により、動物の殺傷、虐待の罰則の対象となる愛護動物の範囲に爬虫類が追加されたことに基づき、平成18年の基準改正で爬虫類が追加されている。除外されている動物種への対応については「第5章　準用及び適用除外」で述べられているが、両生類や魚類についてもこの基準の趣旨に沿って実験等を実施することが望ましい（「第5章　準用及び適用除外」参照）。

動物実験に用いられるすべての動物に対して「実験動物」と表現することもあるが、上記の2つの条件を満たしていない動物は本基準では実験動物に当たらず、本基準は適用されない*8)。

なお、動物愛護管理法において、人が飼養・保管している動物は表1のように4つに分類される。つまり、家庭動物等、展示動物、実験動物及び産業動物に分けられる。なお、終生飼養とは動物が寿命を全うするまで飼い続けることである。実験動物は非終生飼養動物と位置付けられ、実験終了後に安楽死処分されることが一般的である。繰り返しになるが、実験動物以外の動物を動物実験に用いる（転用する）場合は、動物実験に使用するために施設で飼養・保管（正確にいえば、輸送中から）する場合に実験動物となり、本基準が適用される。しかし、これらの動物の品質は必ずしも高くないので、動物実験に用いる際には科学上の目的を達成する上で支障がないか、特に慎重に検討しなければならない。また、転用する場合、飼養環境や飼育方法が大きく変わることが想定されるため、十分な順化期間が必要となる。さらに、研究の目的に合った特性や品質の確認も必要となるため、慎重に計画を立てるべきである。

表1　動物の分類と飼養形態

動物の分類	飼養形態
家庭動物等（伴侶動物・学校飼育動物など）	終生飼養
展示動物（動物園動物など）	終生飼養
産業動物（家畜）	非終生飼養
実験動物（動物実験に利用される動物）	非終生飼養
野生動物（人に飼養・保管されていない動物）	—

注）野生状態（非飼育下）にある野生生物は、動物愛護管理法の規制対象に含まれない。

表2に我が国で動物実験に使われている主な動物を示す。最もよく用いられているのはマウスである。

*8)「動物用医薬品の臨床試験の実施の基準に関する省令」（平成9年10月23日農林水産省令第75号）に則って実施される動物用医薬品の治験は動物実験に該当すると考えられる。大学や医薬品開発受託機関（CRO）などの研究者がそれぞれの機関の施設で飼養・保管されている動物を用いて治験を実施する場合は、当該動物は実験動物であり、本基準が適用される。しかし、治験に供される動物が、実験実施者が所属する機関の施設に飼養・保管されていない（例えば、一般家庭や畜産農家で飼養・保管されている）場合がある。このようなケースでは、治験に供される動物は本基準で定める実験動物には該当せず、当該動物には本基準は適用されない。

表2　我が国で動物実験に使われている主な動物

群	動物
哺乳類	マウス、ラット、ハムスター類、モルモット、その他のげっ歯類、ウサギ、イヌ、ネコ、ブタ、ヤギ、ヒツジ、ニホンザル、カニクイザル、アカゲザル、マーモセット類
鳥類	ウズラ、ニワトリ
爬（は）虫類	
両生類	アフリカツメガエル、イモリ類
魚類	ゼブラフィッシュ、メダカ、コイ、キンギョ
無脊椎動物	ショウジョウバエ、カイコ、その他の昆虫類、ウニ類、カタユウレイボヤ、線虫類、ゾウリムシ

近年、遺伝子改変マウスの使用が増加している。遺伝子改変動物は「遺伝子組換え生物等の使用等の規制による生物の多様性の確保に関する法律」（カルタヘナ法）により規制されているが、遺伝子改変マウスを用いた実験は「研究開発等に係る遺伝子組換え生物等の第二種使用等に当たって執るべき拡散防止措置等を定める省令」（研究開発二種省令）の「動物使用実験」に該当する。同省令においては、動物は「動物界に属する生物をいう。」と定義されており、また動物個体にくわえて配偶子（卵、精子）も法の規制対象となっている。しかし、前述のように本基準では適用範囲を動物個体としており、配偶子や摘出された胎子または発育鶏卵などは含まれていない[*9]。本基準の適用範囲とカルタヘナ法の対象は同一ではないので、混乱しないように注意すべきである。

*9）胎子や発育鶏卵は、基準の適用範囲外であるが、3Rの観点から適切に扱う。

2-4　管理者

実験動物及び施設の管理・運営を行う総括的な責任者であり、施設・設備の維持管理、実験動物の飼養・保管のための人材及び予算の確保にも責任を有する。日本学術会議の動物実験ガイドラインには「機関等の長のもとで、実験動物及び施設等を管理する者（動物実験施設長、部局長など）をいう。」と説明され、機関の長とは別の職務と考えられるが、本基準で具体的に掲げられている事項は施設の適切な整備、適切な実験動物の飼養・保管、適切な人員の配置とその教育訓練及び健康管理、生活環境の保全、実験動物の逸走防止、地震や火災等の緊急時の対策、及び施設の廃止時の対応などの責任などであり、3省の動物実験基本指針に掲げられた機関の長の責務と重複しているところも多い。実際、機関の長の職務に関する権限と責任が管理者に委譲されている例はよくみられる*10)。

国立大学法人の動物実験施設あるいは実験動物施設等のあり様も一昔前と大きく様変わりした。例えば、動物実験施設、遺伝子実験施設、RI施設等を統合してセンター化しているケース（図1参照）や、従前通りの医学部附属動物実験施設として運営されているケースなどがある。医学系以外の場合では、図2の施設Aの例のように研究室単位で実験動物の飼養・保管が行われているケースが多いが、同図の施設Bのように複数の研究室で同一の施設を利用している場合もある（図2参照）。いずれの場合も、その施設・設備を管理・運営する組織（あるいは部局）の長が管理者となると考えられる。○○センターであれば○○センター長が、○○施設であれば○○施設長が、また研究室単位であれば当該研究室の教授が管理者となる場合（図2の施設A）、あるいは複数の研究室が所属する部局の長が管理者となる場合（図2の施設B）も考えられる。私立大学の場合も同様である。

国立の試験研究機関の場合には、実験動物の飼養・保管を行う部門を所掌する室長あるいはこれに代わる者が管理者となることが一般的である（図3参照）。しかし、組織のあり様によっていろいろなケースが想定できる。

製薬企業においては、研究開発を行う研究所の所長が管理者に当たると考えられる（図4参照）。しかし、製薬企業以外にも実験動物の飼養・保管を行っている民間企業はいろいろ存在し、各企業の事業における実験動物の飼養・保管の重要性や組織の規模・あり様によっていろいろなケースがありうる。個々の例をあげるときりがないので省略するが、管理者は実験動物及び施設の管理・運営をつかさどる総括的な責任者である。各施設の実態に即して、適切な人材を充てることが重要である。

*10) 飼養保管基準は、実験動物の飼養保管等を行う施設の管理責任の頂点を管理者としている。3省の実験動物基本指針は、動物実験を実施する機関の管理責任の頂点を機関の長としている。実際には管理者と機関の長が同一の人物である場合と別々の人物である場合がある。機関の主たる事業が実験動物の飼養保管等であるかどうか、機関内の施設の数等により両者の区別や責任の範囲が変わることもあり得るが、重複する点も多い。

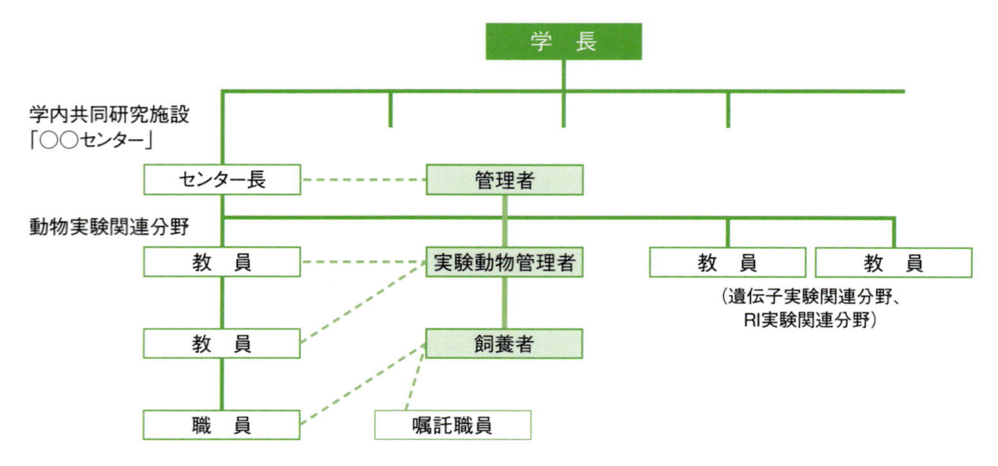

図1　国立大学法人における組織の例（1）

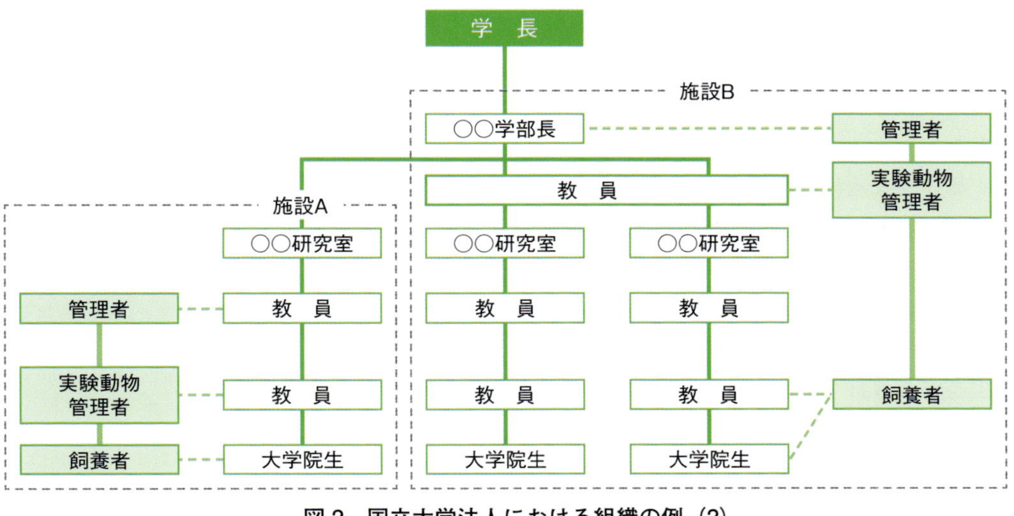

図2　国立大学法人における組織の例（2）

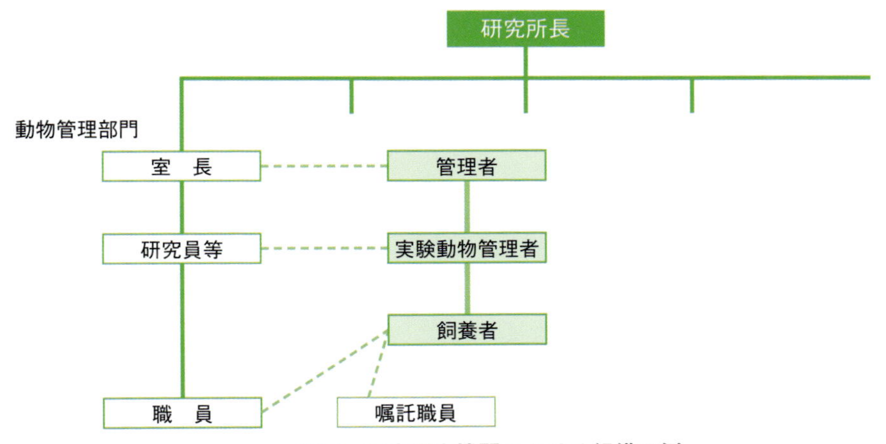

図3　国立研究機関における組織の例

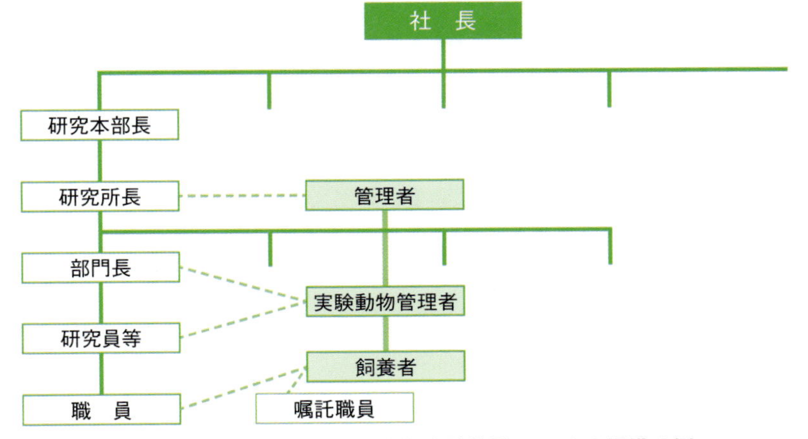

図4　民間企業の動物実験施設における組織の例

2-5　実験動物管理者

管理者を補佐し、実験動物に関する知識と経験を有する実験動物の管理を担当する者である。法令等で定められているわけではないが、具体的な適格者の例として獣医師、特に実験動物医学専門獣医師*11)、あるいは実験動物技術者*12) 等をあげることができる。また、実験動物管理者に対する研修*13) を受講した者も同様に考えてよいだろう。

国立大学法人の学内共同研究施設を例にとると、動物実験関連分野を担当する教員（教授・准教授等）がこれに相当すると考えられる（図1参照）。また、大学等では複数の研究室がそれぞれに小規模な施設を有する場合もあるが、すべての施設において管理者、実験動物管理者、飼養者がいなければならない（図2参照）。このような場合、1人の者が複数の小規模な施設の実験動物管理者を兼ねることもあるが（図2施設Bの例）、形式的ではなく実質的に役割を果たさなければならないことは当然である。

民間の動物実験施設においては、その施設の中において実験動物の管理を主たる業務とする部門の責任者であることが多い（図4参照）。

本基準には実験動物管理者の要件・役割等に関して、以下のように記されている。

- 実験動物管理者は実験動物の適正な飼育、保管及び健康及び安全の保持のために、実験動物の生理、生態、習性等並びに飼育管理方法に関する知識を十分に持ち、かつ実際の経験を持っていなければならない。
- 実験動物管理者は、実験実施者に対して実験動物の取扱方法についての情報を提供するとともに、飼養者に対してその飼養又は保管について必要な指導を行わなければならない。
- 実験動物管理者は管理者と協力し、実験実施者及び飼養者が危険を伴うことなく作業ができる施設の構造及び飼養又は保管の方法を確保しなければならない。
- 実験動物管理者は実験動物を導入する場合、必要に応じて適切な検疫、隔離飼育等を行うことにより、実験実施者、飼養者及び他の実験動物の健康を損ねることのないようにするとともに、必要に応じて飼養環境への順化又は順応を図るための措置を講じなければならない。
- 実験動物管理者は、施設の日常的な管理及び保守点検並びに定期的な巡回等により、飼養又は保管をする実験動物の数及

*11)　国際実験動物医学専門協会（International Association of Colleges of Laboratory Animal Medicine: IACLAM）に所属する、実験動物医学専門医（Diplomates of Japanese Colleges of Laboratory Animal Medicine: DACLAM）

*12)（公社）日本実験動物協会認定実験動物1級・2級技術者

*13)（公社）日本実験動物学会実験動物管理者等研修会

び状態の確認が行われるようにしなければならない。

・実験動物管理者は、実験実施者及び飼養者との間で実験動物及び動物実験に関する情報交換が密に行われ、実験動物による危害が発生しないように努めなければならない。実験動物管理者は、実験実施者及び飼養者とともに、人と動物の共通感染症に関する十分な知識の習得及び情報の収集に努めるとともに、管理者及び実験実施者と協力し、人と動物の共通感染症の発生時において必要な措置を迅速に講じることができるよう、公衆衛生機関等との連絡体制の整備に努めなければならない。

実験動物全般に関する知識、経験が不十分あるいは欠けている者は、実験動物管理者として適格者とはいえず、これらの者は改めて実験動物学の研鑽を積むことが要求される。

なお、施設の規模、内容に応じて、実験動物管理者の数も異なる。また、規模が小さな施設においては、管理者が実験動物管理者を兼ねる*14) ことや、実験動物管理者が実験実施者や飼養者を兼ねることもある。

*14) 施設において指導的立場の者が1人になると、実験動物の飼養・保管がその個人の独善的あるいは偏った知識で旧態依然の方法に陥りやすい。また、立場の異なる複数の者の関与が重要であるため、やむを得ず管理者が実験動物管理者を兼ねる場合、外部の研修会の受講や外部専門家の助言を受ける等の工夫が必要である。

2-6 実験実施者

動物実験を行う者である。文部科学省、厚生労働省、農林水産省の動物実験基本指針の「動物実験責任者」や「動物実験実施者」は本基準の実験実施者に当たる。実験実施者は、実験等の目的を達成するために必要な範囲で実験動物を適切に利用するように努めなければならない。また、実験動物管理者に対して実験等に利用している実験動物についての情報を提供するとともに、飼養者に対し、その飼養又は保管について必要な指導を行うことが求められている。しかし、規模が小さい施設では実験実施者が飼養者を兼ねる場合がよくみられる。

2-7 飼養者

飼養者は実験動物管理者の監督下にあって、実験動物の飼育、保管に当たる者である。したがって、飼養者は、実験動物管理者及び実験実施者に対して実験動物の状況を適切な頻度で報告しなければならない。

担当する動物種の飼養・保管に関する知識、経験を必要とする。飼養者はそれに関する教育・研修を十分に受け、それを専門とする技術者として認定されることが望まれる*15)。また、人と動物の共通感染症に関する十分な知識の習得及び情報の収集にも努めなければならない。

繰り返しになるが、規模が小さな施設では実験実施者が飼養者を兼ねることがある。

また、近年は実験動物の飼養・保管を外部に委託するケースが多くみられ、委託先から派遣された者が飼養者となることがある（図1、3、4参照）。このようなケースにおいても飼養者と実験動物管理者及び実験実施者の間の情報交換が疎かにならないように留意しなければならない。

*15) 前項*12参照。

2-8 管理者等

管理者、実験動物管理者、実験実施者及び飼養者をいう。

本基準においては、施設の管理において管理者、実験動物管理者、実験実施者及び飼養者がそれぞれの役割を果たすことが求められている。極端な例として、1人の者が管理者、実験動物管理者、実験実施者及び飼養者を兼ねるケースが考えられるが、本基準の趣旨から判断すると、このような形態は望ましくない*16)。

*16) 前項*14参照。

3章　共通基準

3-1　動物の健康及び安全の保持[†1～10]

†1～10　参考図書を章末に掲載

趣旨

実験動物の福祉の向上のうえで、動物の健康及び安全の保持は最も重要な項目である。実験動物は科学上の目的に利用するために飼育する動物であり、環境条件を一定に制御するために生活空間には制限が加えられ、実験処置に伴って一定期間の拘束も行われることがある。したがって、実験動物に対しては、実験に支障をきたさない範囲で健康かつ安全に飼育するために特別の配慮が必要である。動物福祉に配慮することに加え、実験の精度や再現性を確保するために、実験動物を健康かつ安全に保持するための適正な飼養・保管が求められる。

実験動物の健康及び安全の保持に必要な、飼養及び保管の方法、施設の構造等、関係者の教育訓練等について、留意すべき事項あるいは遵守すべき事項を、以下に具体的かつ詳細に解説する。

3-1-1　飼養及び保管の方法

趣旨

実験動物の適正な飼養・保管とは、科学的かつ倫理的であることを意味する。科学的でなければ動物実験の再現性は期待できない。倫理的でなければ、動物の健康及び安全の保持は望むべくもなく、結果的に動物実験の再現性も損なわれることになる。ここでは、管理者等が実験動物を適正に飼養・保管するために留意すべき事項とそれに対する具体的な対応方策について記述している。

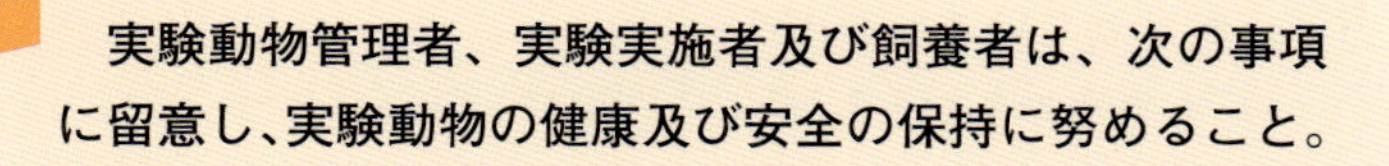

実験動物管理者、実験実施者及び飼養者は、次の事項に留意し、実験動物の健康及び安全の保持に努めること。

解説

実験動物の健康及び安全を保持するための適正な飼養・保管は、ア.給餌・給水を含む飼育環境の確保、イ.傷害・疾病の予防や治療等の健康管理、ウ.導入時の順化・検疫、エ.異種動物・複数動物を収容する場合の組み合せなどの事項に留意することで達成される。また、これらの適正な飼養・保管の方法は、実験動物管理者、実験実施者及び飼養者が協力することによって実現できるものである。特に実験動物管理者は、施設で飼育する実験動物の生理、生態、習性並びに飼育管理方法に関する知識と実際の経験を十分に持ち、実験実施者や飼養者に対して的確な指導、助言を行う役目を担っている。管理者は、このような観点から適格な実験動物管理者を飼養保管施設に配置し、実験動物の管理を行わせるように努めなければならない。

ア　実験動物の生理、生態、習性等に応じ、かつ、実験等の目的の達成に支障を及ぼさない範囲で、適切な給餌及び給水、必要な健康の管理並びにその動物の種類、習性等を考慮した飼養又は保管を行うための環境の確保を行うこと。

解説

実験動物の飼養･保管に当たっては、動物の種、齢、生理、生態、習性等に応じて、適切な給餌・給水並びに健康の管理を行うことが必要である。これに加えて、動物の種や習性等を考慮した飼育環境を確保するため、適切な施設・設備を整備することが要求される。成長過程にある動物は正常に発育し、成熟動物は健康な状態を維持できることが適切な飼養・保管の条件であるが、実験等の場合にはやむを得ず、これらの条件がある程度制限されることもある。重要なことは、そのような場合でも動物福祉についての配慮を忘れないことである。

1）5つの自由

平成24年の動物愛護管理法改正で、動物福祉の「5つの自由」（5 Freedoms）に関する考え方が基本原則に追加された。この法改正に基づいて、平成25年に改正された実験動物飼養保管基準の上記記述にも、5つの自由の考え方が反映されている。この5つの自由とは、飼育動物の福祉についての基本概念の1つとして、イギリス政府設立の家畜福祉協議会（FAWC）によって提起された考え方である*[1)]。これは元々、家畜の飼育環境の改善を目的として生まれたものであるが、その後に世界獣医学協会（WVA）の基本方針の中でも支持され、現在では家庭動物や実験動物を含む飼育動物全般に適用されるべき福祉の指標として国際的に認識されている。この5つの自由とは、①飢え及び渇きからの解放、

*1）“*Press Statement*”, Farm Animal Welfare Council（1979年12月5日）
http://webarchive.nationalarchives.gov.uk/20121007104211tf_/http://www.fawc.org.uk/Default.htm
http://webarchive.nationalarchives.gov.uk/20121010012427/http://www.fawc.org.uk/freedoms.htm

②肉体的不快感及び苦痛からの解放、③傷害及び疾病からの解放、④恐怖及び精神的苦痛からの解放、⑤本来の行動様式に従う自由、の５項目である。実験動物でこれら５つの自由が制限されることは避けられないが、実験等の本来の目的以外で上記の５項目が損なわれることがないように配慮すべきである。

2）給餌及び給水

適切な給餌・給水とは、質と量の両面から充足されていることである。発育過程の動物については十分な発育ができること、成熟動物についてはその健康状態を十分に維持できること、妊娠、哺育中の動物については健康を維持しつつその生理機能が十分に果たせることなどが満足されなければならない。実験動物の飼育では、実験結果へ影響する要因をできる限り少なくするため、栄養条件を一定にすることが求められ、通常は固形配合飼料の給与が望ましい。実験動物種及び発育ステージに応じた固形配合飼料（図１、２）が市販されており、これらの飼料には、タンパク質、炭水化物、脂肪、ビタミン、無機質の必要量が配合されている。飼料の選択を誤ると栄養障害を招くことがあるので注意が必要である。また、飼料や飲水を介して病原微生物や有害化学物質を動物が摂取することを防止するため、飼料及び飲水中の微生物や汚染化学物質の含有等について品質検査を定期的に行うことが望ましい。市販の実験動物用飼料については、品質データが開示されているので、それを確認すればよい。飲水の品質検査としては、飲水配管末端から採取した水について、水道法水質検査の省略不可項目（一般細菌、大腸菌、塩化物イオン、pH などの基本 11 項目）と重金属等（亜鉛、鉛、鉄、銅、蒸発残留物の５項目）を６か月に１回、消毒副生成物（塩素酸、クロロホルム、ホルムアルデヒドなどの 12 項目）を１年に１回の頻度で調べることが推奨される。

給餌方法には、常時摂餌が可能な不断給餌法と、１日あたりの給餌量を制限する制限給餌法がある。マウス、ラット、ハムスター等の小型げっ歯類では不断給餌法が一般的であるが、それ以外の動物種（げっ歯類でも比較的大型のモルモットのほか、ウサギ、イヌ、ブタ、サル類など）では栄養の過剰摂取を防ぐために制限給餌を行う必要がある*2)。給餌器は、採食しやすく、かつひっくり返って飼料がまき散らされたり、汚されたりしない構造のものを使用する。ケージに固定する場合には、動物が楽な体勢で採食できる高さとする。実験目的によって変則的な給水を行うこともあるが、飲水は自由摂取させることが原則である。実験の目的によっては、給餌・給水制限を行うことがあるので、このような

図１　マウス・ラット用固形飼料

図２　ウサギ・モルモット用固形飼料

補助食：サル類や野生動物から転用した実験動物等では、多様な嗜好性や偏食癖から必要な量の固形飼料を食べない場合がある。このような場合は、その個体の嗜好性に合わせて果物、野菜、穀類、鶏卵、小魚等を与えるが、栄養バランスを崩さないよう、十分な観察が必要である。

図３　マウス用自動給水装置

*2）マーモセット類は、１日の必要量を１回の摂餌で取り込むことができず、少量ずつ何回にも分けて摂取する習性がある。活動時間中はいつでも摂餌できるように、給餌回数を増やす等の工夫が必要である。

場合には体重の定期的計測を行って、大幅な減少が起きないように注意する。給水方法としては、自動給水方式（図3、4）と給水瓶方式（図5）があり、飲水量の多い中大型実験動物（イヌ、ブタ、サル等）では自動給水方式が一般的である（図6）。給水装置は、動物が楽な体勢で十分に飲水できるようなものを使用する。また、ケージ内への水漏れ及び渇水・断水に注意する。自動給水方式では配管内の飲水を定期的にフラッシングする、給水瓶方式では定期的に飲水のみならず給水瓶も消毒又は滅菌したものに交換するなど、飲水の微生物汚染を防止する対策が必要である。免疫不全系統などの易感染性動物の飼育等、実験目的や健康管理上の必要性に応じて、滅菌済みの飼料を与えること、滅菌あるいは塩素等の消毒薬を添加した飲水を与えることも考慮する[*3)]。飼料の滅菌方法としては、オートクレーブ滅菌やガンマ線滅菌などが一般的である。オートクレーブ滅菌は、オートクレーブが設置されていれば施設内で実施可能であるが、ガンマ線照射（滅菌）飼料（図7）と比較してビタミンの損耗、飼料の硬化による嗜好性の低下などの影響が大きいという欠点がある。一方、ガンマ線による滅菌には15～50 kGyの照射線量が必要であり、専門業者から照射済み飼料を購入するため未滅菌飼料よりも高価である。完全な滅菌を期待しない場合には、低線量の比較的安価な照射飼料も市販されており、実験目的や施設の微生物統御レベルを勘案して選択するとよい。幼若な動物や施設に搬入直後の動物は、その施設の給餌器や給水装置に慣れていないため、十分な摂餌、摂水ができないことがある。ケージ床面に飼料を置く、ボウルや寒天で給水するなどの配慮を行いつつ、逐次馴らすことが必要である。

飼料の品質を保持するため、飼料の保管条件には注意が必要である。通常の飼料は室温で保存可能であるが、直射日光が当たったりする高温多湿な場所は保管場所として不適切である。各飼料には使用期限があるので、未開封のものでも使用期限内に使い切るようにする。通常の飼料で製造から6か月程度が使用期限の目安となる。飼料の袋を床に直接置くことは、結露による変質やほこり・飼料屑による虫害の原因になるため、棚やスノコの上に置き通気性を保つように配慮する（図8）。開封後の飼料は密閉容器で保管するか、数週間以内に使い切るようにする。

3）飼育管理の方法

実験動物管理者及び飼養者は、動物種固有の生理、生態、習性等を考慮した飼育環境を整備し、実験等の目的の達成に支障を及ぼさない範囲でストレスをできる限り抑えることを目標に飼育管

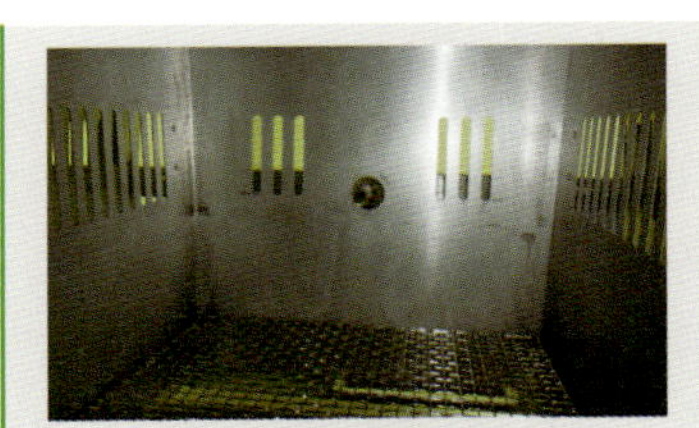

図4　自動給水方式（ウサギ）
ウサギ用ブラケットケージに設置されている自動給水装置のノズル

図5　給水瓶方式（マウス）

図6　ブタ用給餌器・自動給水装置

＊3）動物用飲水の殺菌目的で、次亜塩素酸ナトリウムを5ppm濃度に添加すること、あるいは塩酸添加によりpH3.0程度に酸性化することが有効である。

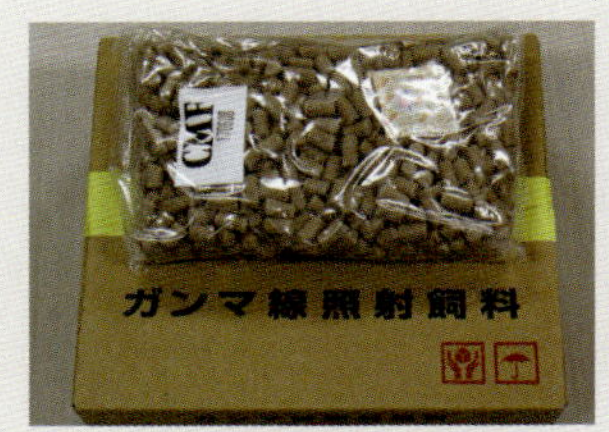

図7　ガンマ線照射（滅菌）飼料

図8　飼料倉庫

理を行う。日常的に実施する飼育管理の手順・方法については、実験動物管理者が作業を担当する飼養者にその方法を周知し、行うべき内容が確実に実施されるよう、飼育管理手順書等の作業マニュアルとして文書化しておく必要がある。飼育室内での飼育管理手順書に含めるべき項目の例としては、以下のような内容があげられる。

①入室方法（入室記録、手指の洗浄・消毒、更衣・個人保護具の着用など）
②飼育室内の点検（温度、湿度、臭気、照明、騒音など）
③動物の観察（外観、行動、排泄物、死亡動物、ケージ外への脱出動物、ケージ数・動物数など）
④ケージ清掃の方法（ケージ交換、ケージ洗浄・消毒など）
⑤給餌・給水（残餌量の点検、給水装置の点検、給餌器・給水装置の交換・清掃、給餌方法、給水方法など）
⑥飼育室の清掃・消毒（飼育棚の清掃・消毒、飼育室床の清掃・消毒、流し台・排水口の清掃・消毒、排気口の清掃・フィルター交換など）

具体的な内容は、多くの専門図書[*4,*5,*6]が参考になるが、各施設の実状や運営管理方針に基づいて決定しなければならない。

4）社会的環境

飼育環境の整備では、動物種ごとの身体的、生理学的及び行動学的要件を満たすことが必要である。同種の動物間において社会的交流をさせることは、動物の正常な発達及び正常な行動発現にとって重要とされている[*6]。実験の目的や相性がよくない等の理由で個別に飼育しなければならない場合は例外であるが、社会性のある動物は相性のよい個体とのペア又は群で飼育することが望ましい。社会性のある動物をやむを得ず個別飼育する場合は、必要最小限の期間に制限し、同種動物と視覚的、聴覚的、嗅覚的及び触覚的接触ができるよう配慮すべきである。一方で、群での飼育は個別飼育に比較して、闘争やいじめによる慢性のストレスや傷害が多発し、実験結果への影響や被害個体が死亡に至ることさえある。安定した集団構成を形成するまでは注意深く観察し、長期にわたる闘争がみられる場合には相性のよくない個体は分離する必要がある。実験動物の飼育環境は、一般的に野生動物や放し飼いの動物に比べて活動が制限されている。人が積極的に交流することにより、ラット、ウサギ、イヌ、ネコ、サル類など多くの動物にとってよい影響を及ぼすことがわかっている[*6]。イヌにおいては、散歩や運動場で走り回らせること、あるいは社会的接

*4）日本実験動物協会編：“実験動物の技術と応用　実践編”，アドスリー（2004）．

*5）大和田一雄監修，笠井一弘著：“アニマル マネジメント 動物管理・実験技術と最新ガイドラインの運用”，アドスリー（2007）．

*6）日本実験動物学会監訳：“実験動物の管理と使用に関する指針（Guide for the care and use of laboratory animals）第8版”，アドスリー（2011）．

触や遊びの機会を与えることが必要である。

イ　実験動物が傷害（実験等の目的に係るものを除く。以下このイにおいて同じ。）を負い、又は実験等の目的に係る疾病以外の疾病（実験等の目的に係るものを除く。以下このイにおいて同じ。）にかかることを予防する等必要な健康管理を行うこと。また、実験動物が傷害を負い、又は疾病にかかった場合にあっては、実験等の目的の達成に支障を及ぼさない範囲で、適切な治療等を行うこと。

解説

実験動物が実験目的と無関係に傷害を負い、又は疾病にかかることを予防するために、必要な健康管理を行わなければならない。また、実験動物が実験目的と無関係に傷害を負い、又は疾病にかかった場合には、実験等の目的の達成に支障を及ぼさない範囲で、適切な治療等を行う必要がある。実験動物の健康管理では、動物種ごとの生理・解剖学的特性や習性を理解し、その正常と異常を区別し、さらに実験処置等による影響とその他の原因による異常を区別する必要がある。異常と診断されたならば、治療の要否や実験への影響を考慮した治療方針を速やかに決定しなければならない。このため、実験動物管理者、動物実験責任者及び飼養者は、実験動物の健康状態に関する情報を相互に提供し、関係者が協力して速やかに必要な措置を講じるよう努めなければならない。また、必要に応じて各動物種や疾病等の専門家に助言を求めるべきである。

1）傷害及び疾病の予防

実験動物の健康管理は、予防衛生に重点がおかれる。健康上の異常は、機械的損傷による傷害とその他の疾病に大別される。実験動物が傷害を負うことを予防するため、ケージ等の飼育器材は実験動物にとって安全であることが必要である。また、動物種特有な傷害予防措置（マカク属サル類雄の犬歯の研磨やブタの断尾など）が動物間の闘争による傷害や取扱者の負傷を防止するために必要な場合もあるが、飼育密度、飼育環境や管理方式等の改善を優先して検討すべきである。一方、疾病は、遺伝的な素因に基づく内因性の疾病と、栄養因子、物理化学的因子、生物学的因子等の環境要因に基づく外因性の疾病に区別される。実験動物の利用目的の１つとして、自然発生の遺伝的変異動物や人為的に遺伝子変異を導入した動物を系統化し、疾患モデル動物として使用することが多い。このような疾患モデル動物では、高血圧、糖尿病、肥満、免疫不全、自己免疫病などの多様な病態を示すため、病態の特性に応じた飼育管理や健康管理が必要となる。外因性の疾病を予防するためには、適切な給餌・給水、温・湿度、換気、照明、騒音などの環境統御、並びに感染症対策に十分な配慮が求められる。特に感染症の発生予防は、動物や人への影響、実験成績への影響等から、実験動物の健康管理において極めて重要である。実験動物の感染症対策としては、動物種や動物実験の目的等に応じて、施設や飼育器材等の衛生対策に加え、導入動物の検疫や飼育動物の微生物モニタリングの実施等について検討する必要がある（表1）。

表1　実験動物の感染症対策

1. 施設・飼育器材などの衛生対策（3-1-2 ウ 1)，2）参照）p.54
2. 導入動物の検疫・清浄化（3-1-1 ウ 2)，3）参照）p.43
3. 微生物モニタリング（3-1-1 イ 2）参照）p.39

2）微生物モニタリング

微生物モニタリングの目的は、施設内で飼育中の実験動物が病原体に感染していないことを定期的な検査で確認することにより、施設及び動物の微生物統御状況を把握し、動物実験の信頼性を微生物学的な側面から保証することである。系統維持や繁殖中の実験動物、並びに動物実験に使用中の動物の健康管理には、動物の症状による異常の早期発見と処置のほかに、定期的な微生物モニタリングによる微生物汚染状況の確認が有効である。特に症状を現さずに実験成績に影響を及ぼす、あるいは実験処置等のストレスが加わって初めて発症するような不顕性感染を摘発するためには、微生物モニタリングが不可欠である。現在、実験動物として使用されているマウス、ラット、モルモット、ウサギ等の小動物は、specific pathogen free（SPF）動物と呼ばれる、特に指定された微生物・寄生虫を保有しない動物がほとんどである。このようなSPF動物だけを導入して飼育している施設であっても、繁殖や試験期間の重複等の理由によって飼育室の収容動物を定期的に全数入れ替えできない場合には、微生物モニタリングによりSPFの状態が維持できていることを確認する必要がある。施設等の感染症対策のみならず、実験動物の授受における健康証明（ヘルスレポート）にも微生物モニタリング成績が役立つ。微生物モ

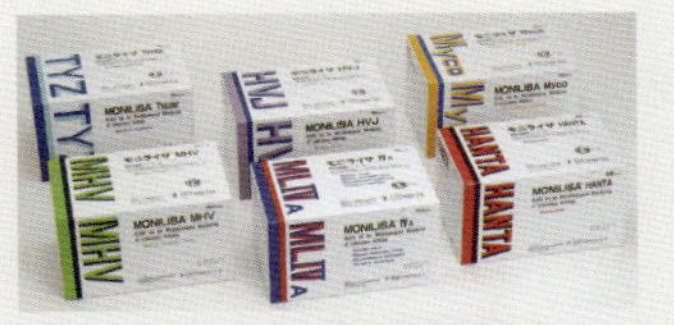

図9　ELISA法による感染症診断キット
下記の感染症を血清診断するためのELISAキットが市販されている。
TZY：Tyzzer菌
HVJ：センダイウイルス
Myco：*Mycoplasma pulmonis*
MHV：マウス肝炎ウイルス
HANTA：ハンタウイルス
https://www.iclasmonic.jp より転載

ニタリングの実施方法や検査対象項目については、多くの専門書や教材があり参考になる[*7, *8, *9]。また、微生物検査を行う専門機関[*10]もある。

3) 獣医学的ケア

実験動物の健康管理は、獣医学的根拠に基づいて行うこと（獣医学的ケア）が原則であり、実験に支障ない範囲で、動物個体について外観、行動及び排泄物の状態などを頻回に観察し、その変化を早期に発見することが必要である（表2）。そのために、実験動物の健康管理に携わる実験動物管理者、実験実施者及び飼養者は、実験動物の疾病や感染症対策に関する知識・経験を有し、これらの習熟に努めなければならない。事故による負傷動物や疾病動物の治療又は安楽死処置は、実験動物管理者と動物実験責任者が協議の上、その指示により実施することとなる。特に、イヌ、ブタ、サル類等の中大動物に対する治療や安楽死処置を含む獣医学的ケアは、獣医師（実験動物医学専門獣医師等）によって、あるいはその指導の下に行われるのが原則である。中大動物の獣医学的ケアでは、日頃から個体別に健康管理を行って疾病予防に努めつつ、疾病にかかった場合に速やかに対処することが重要であ

表 2　臨床症状の観察のポイント

1.　視診の着眼点
- 元気及び食欲（沈鬱, 倦怠, 動作の不活発, 食欲の不振, 嘔吐, 過敏）
- 栄養状態（削痩, 肥満）
- 体格（成長異常）
- 姿勢（異常姿勢, 歩行困難, 起立不能, 斜頸）
- 歩様（麻痺, 痙攣, 運動失調, 跛行, 旋回, 反転）
- 呼吸の状態（呼吸困難, 咳, くしゃみ, 呼吸数, 呼吸音）
- 体表の変化（貧毛, 脱毛, 立毛, 外傷, 潰瘍, 痂皮, 発赤, チアノーゼ）
- 排泄物（眼脂, 紅涙, 鼻汁, 鼻出血, 糞便, 尿, 悪露, 肛門や外陰部周囲の汚れ）
- 動物の習癖（咬癖）

2.　触診の着眼点
- 外部触診（心拍, リンパ節の腫大, 腫瘍）
- 触感（弾力感, 硬固, 浮腫, 気腫）

3.　その他
- 体重
- 体温

日本実験動物学会編："実験動物としてのマウス・ラットの感染症対策と予防", アドスリー（2011）, 表 4-7 より一部改変.

*7）日本実験動物学会監修："実験動物としてのマウス・ラットの感染症対策と予防", アドスリー（2011）.

*8）日本実験動物協会編："実験動物の感染症と微生物モニタリング", アドスリー（2015）.

*9）日本実験動物協会編："マウス・ラットの微生物モニタリング（DVD）", 日本実験動物協会（2014）.

*10）微生物検査を行う国内の専門機関
- （公財）実験動物中央研究所 ICLAS モニタリングセンター（マウス・ラット・ウサギの微生物検査等）
- 日本チャールス・リバー株式会社 モニタリングセンター（マウス・ラットの微生物検査等）
- （一社）予防衛生協会（サル類の微生物検査等）
- 株式会社　LSIメディエンス（イヌ・ネコの微生物検査等）
- 株式会社　食環境衛生研究所（家畜の微生物検査等）

序章
1章 一般原則
2章 定義
3章 共通基準
4章 個別基準
5章 準用及び適用除外
付録

る。それには専門的な診断と治療が必要とされるため、獣医師によるケアが欠かせない[*11)]。中大動物の感染症対策では、獣医師によるワクチンの接種も考慮する必要がある。また、動物の輸出入や譲渡に際して必要となる衛生証明書やヘルスレポートには獣医師の署名が必要である。さらに、予期せぬ死亡の際には、獣医師が死亡動物を剖検し、死因究明に努めるべきである。死因によっては他の動物への波及を防止する対応が必要になるためである。

ウ　実験動物管理者は、施設への実験動物の導入に当たっては、必要に応じて適切な検疫、隔離飼育等を行うことにより、実験実施者、飼養者及び他の実験動物の健康を損ねることのないようにするとともに、必要に応じて飼養環境への順化又は順応を図るための措置を講じること。

解説

実験動物を入手するにあたり、動物の遺伝的品質や微生物学的品質に関する情報、飼育管理上の特性やその他の必要手続きに関わる情報の提供を供給元から受ける必要がある。さらに、動物の導入から実験終了までの各種の情報を、手順書やマニュアルに基づいて、管理者、実験動物管理者、飼養者、実験実施者、獣医師等の関係者間で共有することが重要である。また、実験動物の輸出入に際しては、動物種や輸出入の相手国によって必要な手続きや輸入検疫等の規制が異なるので、特に注意が必要である。

1）実験動物の入手（国内外の動物の授受）

実験動物は合法的に入手しなければならない。遺伝子組換え動物の譲渡では、「遺伝子組換え生物等の使用等の規制による生物の多様性の確保に関する法律」（カルタヘナ法）に基づく情報提供[*12)]や拡散防止措置（逸走防止策）[*13)]が必要であり、輸送容器への表示義務[*14)]がある。特定動物[*15)]（ニホンザル等）の入手に際しては、「動物の愛護及び管理に関する法律」に従って都道府県知事の許可を取得し、飼養施設の構造や保管方法についての基準を遵守することが必要である。特定外来生物[*16)]（カニクイザル、アカゲザル、ウシガエル等）を入手する場合には、「特定外来生物による生態系等に関わる被害の防止に関する法律」に定められた特定外来生物ごとの基準に則った飼養施設を準備し、主務大臣による許可を得なければならない。輸入サル（カニクイザル、アカゲザル等）を飼育する場合、「感染症の予防及び感染症

*11）感染症の予防及び感染症の患者に対する医療に関する法律」に基づく「輸入サルの飼育施設の指定基準等について」に従い、飼育施設の衛生管理に従事する管理獣医師を、施設の申請時に届け出なければならない。

*12）遺伝子組換え生物等を譲渡、提供、又は委託して使用させようとする場合、譲渡者は譲受者に対し、文書、容器等への表示、FAX 又は電子メールのいずれかの方法により、以下の情報を提供しなければならない。①遺伝子組換え生物等の第二種使用等をしている旨、②宿主等の名称及び組換え核酸の名称（名称がないとき又は不明であるときはその旨）、③氏名及び住所（法人にあっては、その名称並びに担当責任者の氏名及び連絡先）。

*13）動物使用実験（遺伝子組換え動物の飼育のみの場合も含む）に当たって執るべき拡散防止措置として、P1A レベルの場合は、通常の動物飼育室の構造・設備に加え、以下の要件が必要である。①組換え動物の習性に応じた逃亡防止のための設備（ネズミ返し等）、②個体識別ができる措置（耳パンチ、組換え核酸の種類ごとの個別ケージ収容など）、③実験室の入口への「組換え動物等飼育中」の表示、④実験室の扉を閉じること、⑤関係者以外の立ち入り制限、⑥実験室から遺伝子組換え動物を持ち出す際の拡散防止又は不活化の措置（逃亡しない構造の輸送容器、安楽死後の搬出）などの 13 項目。詳細は、文部科学省のホームページに掲載されている「拡散防止措置チェックリスト」を参照のこと（http://www.lifescience.mext.go.jp/bioethics/kakusan.html）。

*14）遺伝子組換え動物の運搬に際しては、遺伝子組換え動物が逃亡しない構造の容器に入れ、輸送容器の最も外側の見やすい箇所に「取扱い注意」の旨を表示することが義務づけられている。

の患者に対する医療に関する法律」(感染症法)*17) に則って、厚生労働大臣及び農林水産大臣による飼育施設の指定を受けることが定められている。イヌでは「狂犬病予防法」に基づく予防接種や都道府県への登録、家畜では「家畜伝染病予防法」*18) に基づく移動制限や都道府県への定期報告等に留意する必要がある。また、都道府県の指定区域でブタ・ニワトリ等の家畜やイヌを飼育する場合、「化製場等に関する法律」*19) に基づく都道府県知事の許可が必要な場合もある。

表 3　動物の輸入届出制度の概要

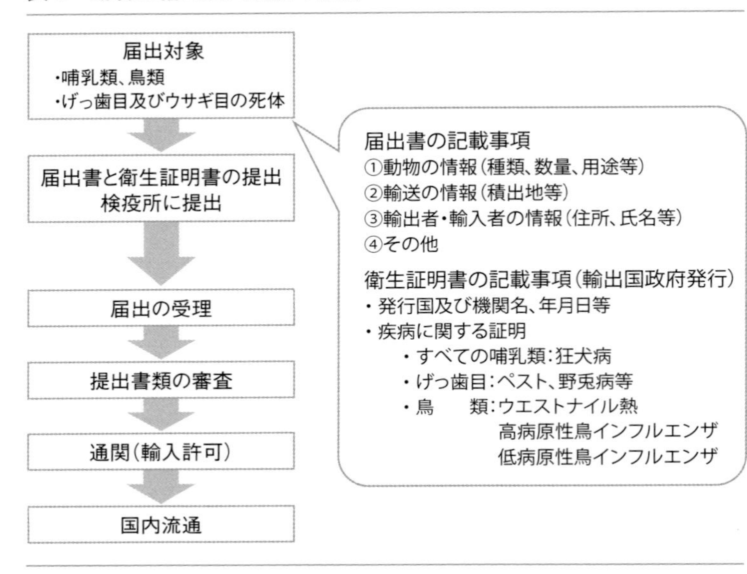

届出書や衛生証明書などに関する詳細情報は厚生労働省のホームページから入手できる(http://www.mhlw.go.jp/stf/seisakunitsuite/bunya/0000069864.html)。

げっ歯類やサル類に属する実験動物の輸入に当たっては「感染症の予防及び感染症の患者に対する医療に関する法律」等の関係法令に従った措置や手続きを執らなければならない。ワシントン条約に基づく輸入証明書が必要な動物(サル類等)もいる。マウス・ラット等のげっ歯類の輸出入では、国により輸入検疫制度が異なるが、輸入通関時に輸出国の獣医師が作成した衛生証明書(health certificate)の添付を求められることが多い。日本へげっ歯類を輸入する場合は、輸出国政府機関が発行した衛生証明書や施設の微生物検査の結果を届出書とともに検疫所に届け出る必要がある(表 3)。サル類や家畜(ウシ・ブタ・ヤギ・ヒツジ・ニワトリ等)の輸入時には、感染症法や家畜伝染病予防法に基づく輸入検疫が動物検疫所や農林水産大臣指定検査場所において行われるが、動物種によって検疫期間等が異なるので、事前に農林水産省動物検

*15) 人に危害を加えるおそれのある危険な動物は、特定動物に指定されており、その飼育には都道府県知事又は政令市の長の許可が必要である。対象動物種や手続きについての最新情報は、環境省のホームページから入手できる(http://www.env.go.jp/nature/dobutsu/aigo/1_law/danger.html)。

*16) 外来種の中には生態系等に影響を及ぼすものがあり、特に影響の大きなものについては特定外来生物に指定し、その取扱いが規制されている。特定外来生物を飼育する際には、主務大臣の許可が必要である。対象動物種や手続きについての最新情報は、環境省のホームページから入手できる(http://www.env.go.jp/nature/intro/index.html)。

*17) 感染症法では、輸入サル(カニクイザル、アカゲザル等)を飼育する場合、厚生労働大臣及び農林水産大臣による飼育施設の指定を受けることが定められている。また、同法に基づいて、サル類の輸入検疫やサル類等における感染症発生時の獣医師による届出が義務づけられている。

*18) 家畜伝染病予防法においては、家畜の伝染性疾病の発生を予防し、家畜伝染病の蔓延を防止するため、(1) 家畜伝染病(法定伝染病)、(2) 家畜伝染病以外の伝染性疾病で省令で定められたもの(届出伝染病)(3) 既に知られている疾病とその病状又は治療の結果が明らかに異なる疾病(新疾病)にかかり又はかかっている疑いがある家畜を発見した獣医師は、遅滞なく、その家畜又はその死体の所在地を管轄する都道府県知事に届け出なければならないと規定されている。家畜伝染病と届出伝染病は合わせて監視伝染病と呼ばれている。

*19) 化製場等に関する法律では、住宅地などで一定数以上の動物を飼育・収容することによって近隣に迷惑がかからないように、一定の要件を満たす施設として許可を取得することが定められている。都道府県の条例で

疫所に問い合わせるとよい。イヌ・ネコの輸入検疫は、マイクロチップ等による個体識別・狂犬病予防接種・狂犬病抗体価検査・180日の待機期間といった輸入条件を満たした輸出国の証明書があれば短時間の輸入検査で終了するが、条件を満たしていない場合は動物検疫所で最長180日間の係留検疫を受けることになる。輸入条件については、動物検疫所のホームページ（http://www.maff.go.jp/aqs/）で確認するか、動物検疫所に問い合わせるとよい。

2）施設への導入

動物実験に使用する動物は、実験動物として合目的に生産され、微生物モニタリング成績若しくは感染症検査成績の添付された動物であることが望ましい。生産場や供給元から提供されるこれらの情報は、実験動物を受け入れるか否かの判断あるいは受け入れ施設で実施される検疫方法等を決定するために役立つ。国立大学法人動物実験施設協議会と公私立大学実験動物施設協議会は「実験動物の授受に関するガイドライン」*[20]を定め、研究機関の間での実験動物の授受に際して共有すべき情報項目や様式を例示しており参考になる。管理者は、施設等の構造や衛生管理状況、動物種や動物実験等の目的に応じて、排除すべき感染症を実験動物管理者の意見を尊重して総合的に判断する。個々の動物実験等に必要な微生物統御については、実験実施者（動物実験責任者*[21]）と実験動物管理者が協議する。搬入した動物はその都度、発注要件（系統・性別・匹数・齢）や外見上の異常などについて検収し、動物種並びに施設の状況に応じた検疫・順化を行う。

3）検疫・順化

施設等への実験動物の導入に当たって、新しく導入する動物の健康状態が確認されるまで、その動物を既存の動物から隔離しておく行為のことを、実験動物分野では検疫と呼んでいる。検疫の目的は、導入動物の健康状態を一定期間の観察によって確認すること、並びに施設内の既存動物や実験実施者・飼養者等の従事者に対して有害な感染病が導入動物とともに侵入するのを防ぐことである。新規導入動物は、実験を開始するまでに住居、栄養、人などの新しい飼育環境に馴らすための準備飼育期間が必要であり、この作業を順化と呼んでいる。順化は、検疫と同時に実施するのが一般的である。

①検疫及び順化の方法

導入される動物は、すべて何らかの方法により検疫されるべきである。検疫の方法は、動物種や動物の由来等を考慮して検討する必要がある。例えば、信頼のおける生産業者等から導入する

定める基準に従い都道府県知事が指定する区域（住宅地や市街地、観光地を含む区域）において、政令で定める種類の動物（イヌ、ブタ、ニワトリなど）を、当該動物の種類ごとに都道府県の条例で定める数以上に飼育する場合には、都道府県知事の許可を受けなければならない。指定区域や許可が必要な動物数については、飼育施設の所在地の地方自治体に確認する必要がある。

*20）国立大学法人動物実験施設協議会と公私立大学実験動物施設協議会が定めた「実験動物の授受に関するガイドライン」は、実験動物（主にマウス・ラット）の授受に際して、譲渡者、譲受者及び双方の施設の実験動物管理者が情報交換を円滑に行うための手続き、項目、様式等を具体的に例示している。本ガイドラインは、譲渡動物の福祉面への配慮、病原微生物の伝播防止、輸送中の事故防止、譲渡動物の系統保持、実験動物開発者の権利保護等を目的に策定されたものであり、国立大学法人動物実験施設協議会と公私立大学実験動物施設協議会のホームページから入手可能である。

*21）実験実施者は、各省の動物実験基本指針では動物実験実施者と同義であり、動物実験実施者の中で実験計画に責任を有する者を動物実験責任者としている。

SPF 動物の場合、供給元から提供される感染症検査証（微生物モニタリング成績など）を確認し、書面上の審査をもって略式の検疫としている場合が多い。

動物実験施設間でのマウス、ラット等の小動物の授受においては、供給元での飼育管理状況や疾病発生状況の情報及び微生物モニタリング成績を入手し、検疫方法を決定する際の参考とする。供給元の微生物モニタリングの成績次第では、導入後の微生物検査を省略し、臨床観察と順化を兼ねて隔離措置をとらずに飼育する場合もある。検疫期間中に微生物検査を実施する場合には、検疫中の動物は既存の動物と隔離し、異なる供給元からの動物が混在しないよう物理的な封じ込めを行う。検疫期間中の微生物検査では、導入動物の一部の個体を用いて抜き取り検査する方法と、検査用の SPF 動物（おとり動物）を導入動物と一定期間同居させたのちに検査する方法がある。供給元の疾病発生状況や微生物モニタリング成績を精査した結果、あるいは検疫中の微生物検査の結果として、導入動物が施設の統御対象としている微生物を保有していることが判明若しくは疑われる場合には、導入の中止又は導入動物の清浄化（微生物クリーニング）が必要となる。微生物クリーニングの方法としては、SPF 受容雌への受精卵の移植、あるいは子宮切断で摘出した胎子を SPF 里親に哺育させる方法がある。この場合、微生物クリーニング前の隔離は当然のことながら、微生物クリーニング後もその成否が検査によって判明するまでは原則として隔離飼育が必要となる。自家施設での実施が困難な場合には、外部委託等の方法もある。

中大動物を対象とする検疫の場合、輸送のストレスや飼育環境の変化等によって導入後に体調変化をきたすことが多く、臨床症状の観察を主体とする検疫が一般に実施されている。ただし、サル類については、人獣共通感染症の原因となる病原体を保有する危険性が高いことから、輸入に当たっての検疫と同様、施設導入時の検疫においても慎重に臨床観察を実施するとともに、必要に応じて微生物検査を行わなければならない。

順化[*22)]は、輸送に伴うストレスからの回復のため、あるいは新しい飼育環境、飼育管理・処置方法、飼養者・実験実施者に慣れさせるために必要な作業である。特に、イヌ、サル類などの高度な情動能力を持つ動物を新たな環境に順応（適応）させるには、頻繁に声をかける、撫でる、餌を手渡しする、遊ぶ、実験処置や装置に慣れさせるなど、十分な時間と手間をかけて動物と人との間に信頼関係を構築することが重要である（図 10）。これによっ

図 10　順化

*22）順化：生物の重要な特性のひとつに恒常性（ホメオスタシス）があり、外部環境の変化に対抗して生体の状態を一定に保つことができる。動物の持つ適応力を最大限に発揮させれば、環境の変化に伴う恐怖、不安、苦悩等の状態を回避あるいは改善できる。順化は時間と手間をかけて動物の適応力を発揮させることといえる。

て実験処置に伴う動物の苦痛や不安を和らげることができ、実験データの精度を高めることにもつながる。

②検疫及び順化の期間

検疫や順化の期間は、動物種や目的を踏まえて計画した検疫・順化の作業内容によって異なってくる。検疫期間は、感染症の潜伏期間や検査に要する期間を考慮して決定するため、一般に1か月から2か月間を要するが、感染症検査証の審査と臨床観察だけの略式検疫の場合には、順化を兼ねて数日から1週間程度を検疫期間として設定することも多い。順化期間は、実験動物が実験に適した生理学的、心理学的、栄養学的な状態に安定するまでの期間を考慮して設定する必要があり、動物種や実験目的、輸送方法と所要時間によって異なる。マウス・ラット等の小動物では数日から1週間程度を順化期間として設定することが多いが、イヌ・サル類等では実験実施者や飼養者、あるいは飼育・実験装置等に慣れさせるために検疫終了後に1か月から数か月間をかけて実施する場合もある。

③検疫の実施体制

検疫等は、実験動物管理者の責務とされている。必要な検疫・順化期間、人や既存の動物に対する危険性、及び検疫中における治療の要否は実験動物管理者が判断する。実験動物管理者は、実験動物の疾病や感染症対策に関する一般的な知識・経験に加え、検疫実務の習熟に努めなければならない。小動物の場合には、このような実務に習熟した者を実験動物管理者に配置することにより検疫作業を遂行することが可能である。しかし、一般に検疫は獣医学的に行われる必要があり、特に中大動物の検疫は獣医師によって直接行われるか、あるいはその指導・監督のもとに行われるのが原則である。必要に応じて各動物種の専門家や獣医師に助言を求められる体制を整備しておくべきである。

エ　異種又は複数の実験動物を同一施設内で飼養及び保管する場合には、実験等の目的の達成に支障を及ぼさない範囲で、その組合せを考慮した収容を行うこと。

解説

実験動物の飼養・保管においては、動物種ごとの隔離飼育を原則とする。これは異種動物間での感染を防止するため、あるいは異種動物の存在を視覚・聴覚・嗅覚的に認知することによって生じる不安やストレスを避けるためである。ある種の動物に対しては病原性が低く不顕性感染で経過する病原体が他の動物種に感染すると発病する事例がある。例えば、センダイウイルスはモルモットやウサギでは病原性を示さないが、マウスで肺炎を発症させる。気管支敗血症菌はラットで通常は病原性を示さないが、モルモットに感染すると肺炎を引き起こす。同じサル類でも、サルレトロウイルス4型に感染したカニクイザルは不顕性感染で経過するが、同ウイルスに感染したニホンザルは致死性の血小板減少症を発症する[*23, *24, *25]。

同種動物であっても、複数動物を同居させる場合には、社会的な順位や個体間の相性をよく観察し、同居個体の組合わせに配慮する必要がある。また、上位の支配的な個体によって飼料や飲水、休息場所などが独占されることがないよう、給餌や睡眠の時間には個別飼育とすること等も考慮する必要がある。同居個体間での上下関係により、生理的状態の個体差が拡大し、実験の結果に影響を及ぼすこともある。サル類やニワトリなどでは、優位個体が劣位個体を激しく攻撃し、重篤な外傷を負わせたり死亡させたりすることもあるため、十分な観察と状況に応じた隔離等の措置が必要である。

3-1-2 施設の構造等

管理者は、その管理する施設について、次に掲げる事項に留意し、実験動物の生理、生態、習性等に応じた適切な整備に努めること。

趣旨

ここでは、動物の健康及び安全の保持に必要な施設の構造等について、動物の居住スペース、温・湿度等の環境条件の確保、衛生管理や動物の傷害防止の視点で記述している。この場合も、動物の生理、生態、習性等への配慮が基本である。なお、施設の構造では、動物の逸走防止の視点も重要であるが、これについては3章 3-3危害等の防止（p.67）で言及している。

解説

ここでの施設とは、主に実験動物の居住環境である飼育ケージあるいは飼育室を指している。実験動物を飼養・保管する施設の基本要件として、1）動物の飼育や実験の目的に適っていること、2）動物に対して安全かつ快適で衛生的な環境条件が維持されること、3）施設内で作業する人や周辺環境に対しても安全かつ快

*23）日本実験動物学会監修：“実験動物としてのマウス・ラットの感染症対策と予防”，アドスリー（2011）.

*24）日本実験動物協会編：“実験動物の感染症と微生物モニタリング”，アドスリー（2015）.

*25）日本実験動物学会編：“実験動物感染症と感染症動物モデルの現状”，アイペック（2016）.

適で衛生的な環境条件が維持されること、があげられる。管理者は、実験動物の健康及び安全が保持できるように、実験動物の生理、生態、習性等に応じた適切な施設の整備に努める必要がある。施設の整備に当たっては、ア．日常的な動作を容易に行える広さ及び空間を備えた飼育設備の確保、イ．適切な温度、湿度、換気、明るさ等を保つことができる構造や資材の確保、ウ．衛生管理が容易で実験動物が傷害等を受けるおそれがない施設の構築と運営、などの事項に留意することが求められる。

また、ケージ等の飼育器材の選定や使用に際しては、以下の配慮や検討が必要である。

①動物種に応じた逸走防止強度を有すること
②個々の実験動物が容易に摂餌・摂水できること
③正常な体温が維持できること
④自然な姿勢維持及び排尿、排便ができること
⑤動物種固有の習性に応じて動物の体表を清潔で乾燥した状態に保てること
⑥動物種に特有な習性に応じた動物間の社会的接触と序列の形成が可能であること
⑦実験動物にとって安全であること
⑧できる限り動物の行動を妨げずに観察できること
⑨給餌・給水作業及び給餌・給水器の交換が容易であること
⑩洗浄、消毒あるいは滅菌等の作業が容易な構造で、それに耐える材質であること
⑪床敷の必要性及びその材質や交換頻度

ア　実験等の目的の達成に支障を及ぼさない範囲で、個々の実験動物が、自然な姿勢で立ち上がる、横たわる、羽ばたく、泳ぐ等日常的な動作を容易に行うための広さ及び空間を備えること。

解説

実験動物の飼育環境は、動物が直接収容されている一次囲いであるケージ内環境（ミクロ環境）とケージが設置されている二次囲いである飼育室内環境（マクロ環境）に区分される。ケージ内環境としては、動物が生活する上で十分な広さと高さを有し、日常的な動作を容易に行えることが条件である。例えば、動物が無理なく方向転換でき、横たわったり、羽ばたいたり、泳いだりす

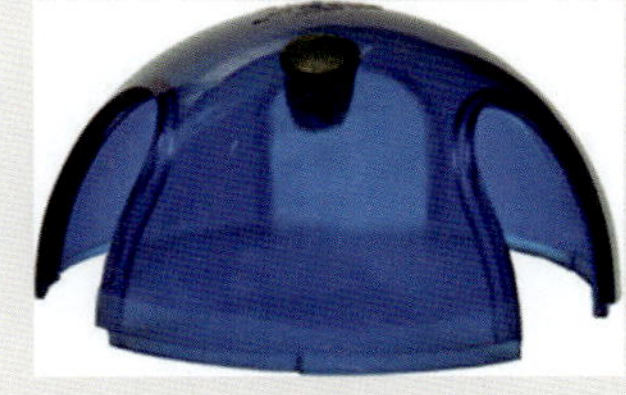

図11　環境エンリッチメント用のマウスイグルー
ケージ内に設置することで隠れ家や巣箱等として機能し、マウスの繁殖成績や攻撃性の緩和など、飼育環境改善に有効とされている。
http://www.falma.co.jp/02product/youto_enrich_classification.html

図12　環境エンリッチメント用の紙製巣箱（マウス）

ることができる程度の広さと、自然な姿勢で立ち上がっても頭がつかえない程度の高さが必要である。サル類やネコなど上下運動を好む生態、習性を持つ動物では、床面から垂直方向への空間を大きく確保できるよう配慮すべきである。

1）環境エンリッチメント

環境エンリッチメントは、環境の豊富化や充実ともいわれ、動物福祉の観点から飼育動物の生活環境を改善して本来の生態環境に近づける具体的な方策のことである。例えば、ケージサイズや構造上の改善、隠れ家や営巣材の提供、飼料や給餌方法の工夫、運動用具や玩具の提供、複数個体での飼育、人が相手になって遊ぶなど、動物種固有の行動を発現させるための様々な刺激や構造物を与える方法が試みられている[*26, *27]。

すべての動物は、動物種ごとの生態や習性、体重、年齢、性別などをふまえた十分な生活空間のみならず、快適な生活環境を維持するために必要な床敷・巣材などの資材、さらには身体的、生理学的、行動学的及び社会的要件を満たすための構造物（休息場所、高所台、止まり木、運動器具、玩具など）を、実験の目的の達成に支障のない範囲で提供した条件で飼育することが望ましい（図11、12、13、14）。中大型の実験動物では環境エンリッチメントの導入が一般的な飼育環境条件として定着してきているが、げっ歯類等の小型実験動物でも単飼育の場合には環境エンリッチメントの導入を検討することが望ましい。

2）飼育スペース（ケージサイズ）

飼育スペースについての統一的な数値基準は国内に存在しないが、国際的な認容性を勘案すると「実験動物の管理と使用に関する指針」[*26]が参考になる。この指針では、群飼育している動物1匹あたりの必要最小床面積及びケージの高さについて、動物種と体重ごとに推奨値を示している（付録 表1～5 p.157 参照）。この推奨値と各施設で使用しているケージのサイズから1ケージあたりの収容匹数を算出し、最大収容匹数の指標として参考にすることができる。飼育スペースは動物福祉の観点から重要項目として捉えられており、専門家の意見及び実験実施上の必要性を考慮の上、自施設の規程や手順書の中に明記することが望ましい。実験実施上の必要性から一般的な数値と異なるケージスペースを採用する場合には、説明できる科学的根拠が必要となるであろう。

飼育スペースが適切であるかどうかの判断には、種々の要因が関与するので、動物の体重やケージサイズだけを考慮したのでは十分とはいえない。単に床面積を広げるより、高さを高くしたり、

図13　エンリッチメント用の木片・かじり棒（マウス、ラット）
http://www.falma.co.jp/02product/youto_enrich_classification.html

図14　エンリッチメント用玩具（ブタ）

*26）日本実験動物学会監訳："実験動物の管理と使用に関する指針（Guide for the care and use of laboratory animals）第8版",アドスリー（2011）.

*27）日本実験動物環境研究会編："研究機関で飼育されるげっ歯類とウサギの変動要因、リファインメントおよび環境エンリッチメント（Variables, Refinement and Environmental Enrichment for Rodents and Rabbits kept in Research Institutions）", アドスリー（2009）.

壁面積を広げたり、避難場所を設けたり、ケージを複雑な作りにすることを必要とする動物種もある（図15）。前述したように、サル類やネコなど上下運動を好む生態、習性を持つ動物では、垂直方向への行動特性を発揮できるようケージの高さに十分配慮するとともに、止まり木や棚などの構造物も準備するとよい。動物の習性や行動を指標にすれば、飼育スペースが適切であるかどうか判定できるであろう。例えば、成獣は若齢個体よりも大型であるが活動量は少ないため、体重あたりの飼育スペースは若齢個体より小さくてもよい。また、社会性のある動物は与えられた飼育スペースを共有することができるため、群が大きくなれば1匹あたりに必要な飼育スペースは減少する。一方、単飼育の場合には、群飼育よりも広い飼育スペースが必要とされる。また、群飼育において闘争回避のための避難場所や環境エンリッチメントとしての飼料探索装置などをケージ内に設置した場合には、活動量が増加するために必要な飼育スペースは増大する。

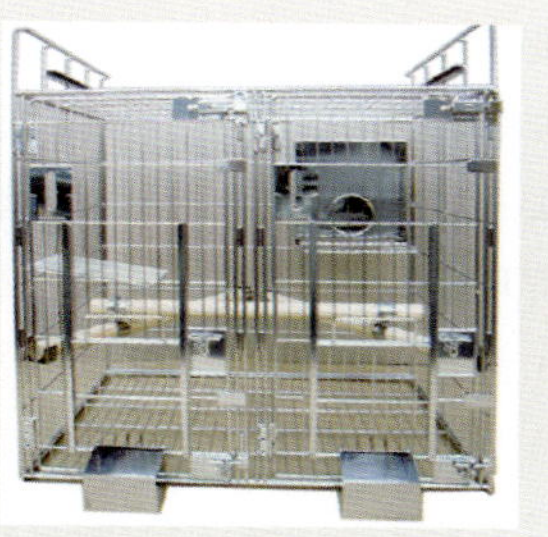

図15　マーモセットケージ
ケージの高さを十分に確保し、ステップ、止まり木、止まり板、巣箱などの複雑な構造物を組み込むことで、マーモセットが本来持っている上下方向への運動特性や隠れ場所を提供するなどの工夫がなされている。写真の飼育装置のように、仕切り板を外すことでケージを連結させ、用途に応じた広い飼育面積を確保できるものもある。

イ　実験動物に過度なストレスがかからないように、実験等の目的の達成に支障を及ぼさない範囲で、適切な温度、湿度、換気、明るさ等を保つことができる構造等とすること。

解説

動物を飼養・保管する施設は、動物への過度のストレスがかからないよう、動物種に応じた適切な温度、湿度、換気、照度等を制御できる空調設備、照明設備を有することが基本である。さらに、実験動物では、利用の目的とする研究分野で必要とする実験の精度や再現性の確保のために、より細部にわたる環境条件が求められる。

バイオメディカル研究領域における一般的な動物実験施設は、「実験動物施設の建築及び設備」*[28]、「NIH建築デザイン・政策と指針」*[29]、「実験動物の管理と使用に関する指針」*[26]などを参考に建設されることが多い。研究の目的や使用する動物種に応じて、適切な空調設備を備えるとともに、各種の環境条件を定める必要がある。

動物には、動物種や齢に応じた適切な飼育環境条件（温度、湿度、換気、明るさ等）がある。このような飼育環境条件からの逸脱が長期に続くと、実験動物の健康に障害をもたらし、実験目的以外

*28）日本建築学会編：“実験動物施設の建築及び設備　第3版”，アドスリー（2007）．

*29）日本実験動物環境研究会編：“NIH建築デザイン・政策と指針”，アドスリー（2009）．

の要因によって実験成績に予想外の影響を及ぼすことがある。そのため、施設等の構造は、適切な飼育環境条件を保つことができるように整備する必要がある。また、施設等の運用に当たっては、飼育環境条件の許容範囲を適切に設定し、その変動を定期的に測定・記録し、異常時にはできるだけ速やかに復旧のための対応を行うよう努めなければならない。ケージ内と飼育室内の環境は通常は連動しているが、飼育装置や飼育条件によって隔たりが生じる場合もある。一般にケージ内環境の温・湿度、臭気、CO_2やアンモニアの濃度、粉塵量などは飼育室内よりも高値を示すので、このことに留意して飼育装置や空調装置の選定と運用、並びに飼育室内環境の設定を行う必要がある。我が国では、上述の「実験動物施設の建築及び設備」の中で環境条件の基準値が示されており、飼育室内環境を設定するに当たって参考にすることができる[*28)]（付録 表6 p.161 参照）。

1）温度及び湿度

できる限り少ないストレスと生理学的変動の下で動物が過ごすには、動物の体温は正常範囲に維持されている必要があり、そのために飼育環境の温度及び湿度は一定の範囲内とする必要がある。動物種ごとに適切な温度と湿度の範囲は異なる。恒温動物が体温を維持するためにエネルギーを費やさずに済む環境温度の範囲を温熱中間帯という。一般に飼育室の温度は、活動期における高温ストレスを避けるために動物の温熱中間帯の下限値よりも低い温度に設定する。したがって、休息期に体温調節をできるような床敷・巣材等を動物に提供すべきである。特に新生子の温熱中間帯は成体よりもかなり高く範囲も狭いため、新生子にとっては体温調節のための適切な巣材や局所的な加温装置の提供が欠かせない。科学的根拠に基づく飼育室内の温度の推奨値が、動物種ごとに示されている[*26)]（付録 表6,7 p.161 参照）。これらを参考に、使用する飼育装置や資材、飼育管理の条件、動物の特性、収容匹数なども考慮して適切な温度設定を行う必要がある。

湿度も制御すべき環境因子の１つであるが、多くの動物種にとって、温度ほど狭い範囲に制御する必要はない。特別な生態を持つ熱帯や乾燥地域の動物以外の大部分の動物では、通常30～70%が湿度の許容範囲と考えられている。

温度や湿度の測定方法としては、大規模施設における中央監視装置の温湿度センサー、自記温湿度記録計（図16）あるいは温湿度データロガー（図17）を飼育室ごとに設置し、連続測定することが望ましい。中央監視方式は、温・湿度の許容範囲を設定して

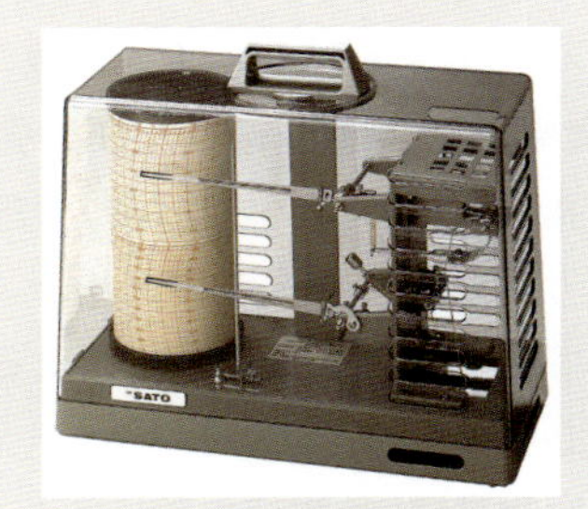

図16　自記温湿度記録計
https://www.sksato.co.jp/modules/shop/product_info.php?cPath=24_33&products_id=202

逸脱警報を発報させることで、常時監視が可能であるという利点がある。連続測定に対応できない施設でも、温湿度計を設置して1日に1回は温・湿度を点検・記録することで、温・湿度の異常を早期に発見し、長時間にわたる温・湿度の逸脱を防ぐ手順を確立しておく必要がある。

2）換　気

換気の目的は、十分な酸素を供給し、動物・照明・機器などから発生する熱負荷を除去し、アンモニア等の刺激性ガスやアレルゲン・病原体等が付着した微粒子を希釈し、温・湿度を調節し、隣接区域との間に静圧差（一方向気流）を形成することである。一般的に、飼育室と廊下等の間には飼育室を陽圧とした差圧を設け、気流の静圧差により、空気を介する病原微生物の侵入を防止している。実験動物の飼育環境や動物実験実施者及び飼養者の作業環境を適切に維持するために、空調系は極めて重要である。飼育室の温・湿度や差圧を日常的に実測・記録するとともに、換気回数やアンモニア濃度等についても定期的に測定することが望ましい。差圧の測定方法としては、差圧計（マノメーター）の設置による自動計測や目視点検、差圧ダンパーの設置による目視確認などがあるが、これらがない場合でも発煙管（スモークテスター）で気流の方向を確認することは可能である。換気の指標である換気回数は、給気口で測定した風速から1時間あたりの給気量を求め、これを室内容積で割ることで算出できる。アンモニア濃度は、アンモニアガス専用の検知管を使用して測定され、実験動物や作業者並びに実験等への影響を考慮し、日本建築学会のガイドライン[*28)]では 基準値を20ppm以下としている。また、空調機器については、日常的な運転状況の確認に加え、その性能維持や不具合の早期発見のために定期的な保守点検が必要である。

もう一点重要なことは、飼育室の換気が必ずしもケージ内の換気状況を保証するものではないということである。ケージや飼育装置の種類は、ケージ内の換気と飼育室内の換気の間に大きな差異を及ぼす。例えば、動物が開放型のケージで飼育されている場合は、その差異はごくわずかであるが、個別換気ケージや静圧アイソレータケージを使用した場合は、その差異はかなり大きい。特に近年の普及が著しい個別換気ケージシステムは、気流速度などのミクロ環境が従来の飼育装置と大きく異なるので、従来のデータとの十分な比較検討が必要である。飼育室内環境を快適に維持し、かつケージ内の空気の品質も保証するためには、毎時10～15回の換気回数が一般的に有効とされている。個別換気ケー

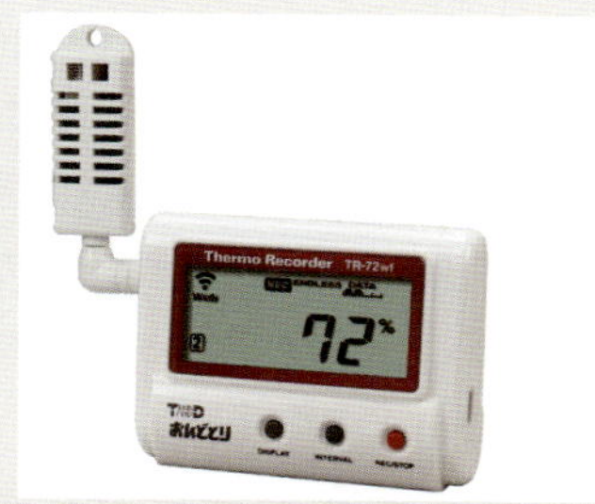

図17　温湿度データロガー
https://www.tandd.co.jp/product/tr7wfnw_series.html

ジ等の特殊な飼育装置では、強制的にケージ内の換気を行うため、飼育室内の換気回数を増やすことなくケージ内の換気に関する要件を効率よく満たすことができる（図 18）。また、一方向気流方式や個別換気ケージ（図 19）のような強制換気システムを備えた飼育装置は、ケージからの排気を施設の排気系に直接排出するため、動物由来の微生物、臭気、塵埃が飼育室の空間に出にくいという利点がある。このような換気方式は、飼育室内の熱負荷の軽減による省エネに有効であるのみならず、臭気防止や動物アレルギーの防止にも役立つ。

一方で、強制換気の方式によってはケージ内の動物が直接速い風速の空気にさらされることにも注意を払うべきである。体温調節機能が低い新生子や無毛の動物では、保温のために巣材を提供するなど特別な配慮が必要である。

*30）個別換気型ケージ・ラックシステムは、ケージ間の相互感染を防ぐ利点に加え、強制的にケージ内の換気を行うことで飼育室内の換気回数を増やすことなくケージ内の換気条件を効率よく満たすことができ、省エネルギー効果もある。さらに、ケージからの排気を施設の排気系に直接排出することができるため、臭気防止や動物アレルギーの防止にも役立つ。

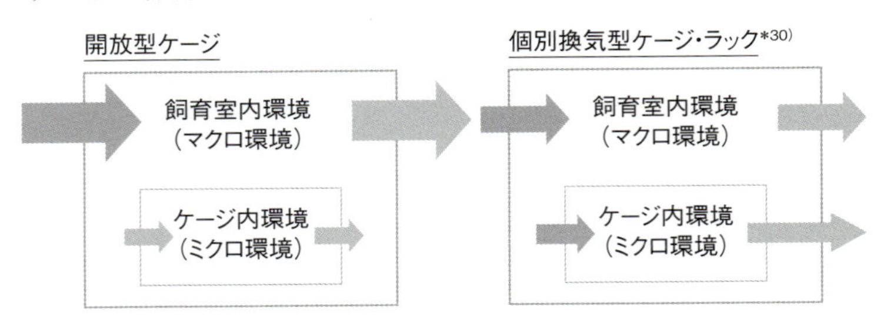

図 18　マクロ環境とミクロ環境の換気

3）照　明

照明は、動物の生理、生態、行動に影響を及ぼす。飼育環境として適切に制御すべき照明に関連する要因として、明暗周期や照度、光線スペクトルがあげられる。明暗周期は、多くの動物種において生殖行動の重要な調節因子であり、規則正しい概日リズムを確保するために、飼育室は自然光が入らない無窓構造とし、照明の点灯と消灯をタイマーで制御するのが一般的である。照明時間の急激な変動や偏りはストレス要因であり、繁殖行動に大きな影響を及ぼす。マウス・ラットを含む多くの動物種で 12 時間ごとの明暗周期が一般的だが、明期を 14 時間に延長してマウスの繁殖効率が向上した例もある。暗期に動物を光に暴露することは避けるべきであり、周辺環境からの光の漏洩にも注意が必要である。光線スペクトルも概日リズムの調節因子とされている。

実験動物として多用されるげっ歯類の大部分は夜行性であり、一般的に低い照度を好む。特にアルビノのげっ歯類は光毒性網膜症の感受性が高いため、飼育室の照度の基準を設定する根拠となっている。床上 1m において 325 ルクスの照度が飼養者の作業には十分

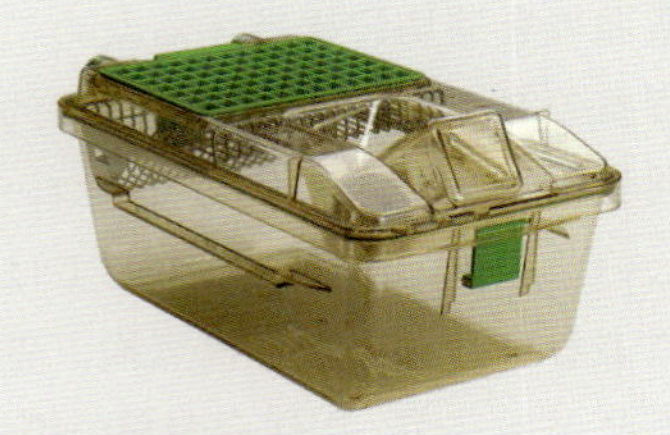

図 19　個別換気ケージ
上２つ http://www.tecniplastjapan.co.jp/products.html

であり、アルビノラットに対しても光毒性網膜症の症状を引き起こさないレベルとされている。さらに、若齢マウスは成体よりも低い照度を好むことが知られている。照度は照度計（図 20）で簡便に測定できる。床上 85 ～ 100cm の高さでの測定に加え、飼育ラックの最上段や最下段の位置あるいはケージ内部でも測定し、実際の飼育環境の照度を把握して照明器具の選定や設定に反映させるとよい。

4）騒音及び振動

施設・設備の稼働に伴う騒音や振動は避けることができないものであるが、過度の騒音や振動は、動物の生化学的検査値や生殖行動の変動要因になる。多くの動物種は音の可聴域が人とは異なる。例えば、げっ歯類は超音波に対する感受性が高く、その感受性に系統差があることや若齢動物は特に感受性が高いことが知られている。また、騒音を発生するイヌ、ブタ、霊長類、ある種の鳥類等などの飼育施設では、周辺の動物や環境への影響を考慮した隔離・防音措置や作業者による聴覚保護具の装着が必要になることもある。イヌ、ブタ、霊長類等の飼育ケージでは、振動対策としてケージの固定や防振ゴムの取り付けなどが有効である。騒音や振動による動物や人の健康への影響が懸念される場所については、騒音計や振動計を用いて定期的に測定することが望ましい。

図 20 照度計
https://www.konicaminolta.jp/instruments/products/light/t10a/index.html

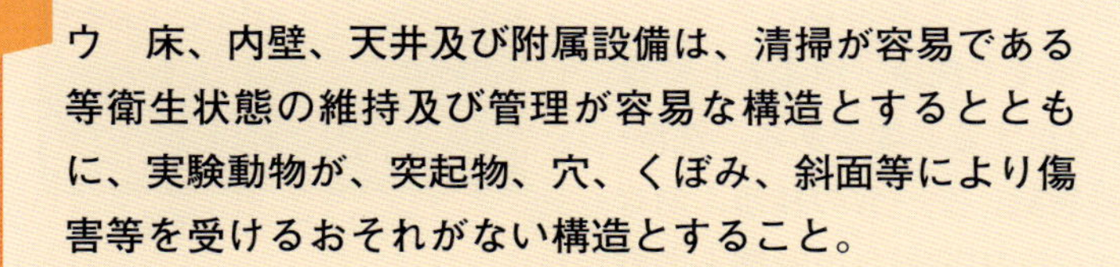

ウ 床、内壁、天井及び附属設備は、清掃が容易である等衛生状態の維持及び管理が容易な構造とするとともに、実験動物が、突起物、穴、くぼみ、斜面等により傷害等を受けるおそれがない構造とすること。

解説

飼育室内環境を衛生的に維持するため、施設等の床、内壁、天井及び付属設備は、清掃や消毒が容易である等、衛生状態の維持・管理が容易な構造とする必要がある。飼育室の床材質としては耐水・耐薬・耐摩耗性の塩化ビニルシート等を用い、床と壁の境界部には床材シートの立ち上げ施工、床の隅にはアール加工やコーキング加工を施すことが望ましい。内壁や天井には、き裂が生じにくく、耐水・耐薬・耐摩耗・耐衝撃性のケイ酸カルシウム塗装ボード等の材質を使用し、天井裏から室内への汚染を防ぐために、天井面や壁面の気密性に配慮した仕上げとする。また、器材の洗浄・消毒あるいは滅菌を行うための衛生設備を設置する。水の使用量が多く、床を流水洗浄することの多い中大型実験動物の飼育室や洗浄室は、勾配をつけたエポキシ樹脂塗装等の完全防水床とする。飼育室や実験室、洗浄室等は、定期的に清掃・消毒する必要がある。そのため、これらの部屋の床は、消毒薬による拭き取りや噴霧に適した耐水性・耐薬性の材質とする。内壁や天井等も消毒が容易な耐水性・耐薬性の材質が望ましい。

また、動物の生理、生態、習性、行動、さらに動物の齢やサイズを考慮し、傷害等が発生しにくい構造の飼育設備を選択することも重要である。さらに、日常的な点検によって施設・設備の破損箇所の発見に努め、破損した飼育設備等は速やかに修理する必要がある。

1) 衛生管理

飼育室内環境を衛生的に維持するためには、上述のような構造上の配慮に加え、作業者及び物品の動線管理が重要である。施設等に入室する際には、専用の衣類や履物、及び手袋・マスク・帽子などの防護具を着用し、動物と人の間での相互汚染の防止に努めるべきである（図 21）。作業者は施設等で取扱う動物と同一種の野生動物、家庭動物、及び他施設の実験動物との接触に十分に注意しなければならない。物品の移動に際しては、使用前後の物品や隔離して運用すべき物品が混在して相互汚染することがないよう注意が必要である。

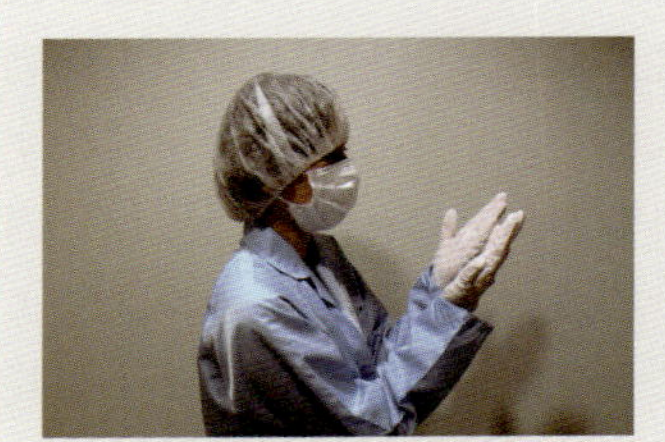

図 21　実験衣・帽子・マスク・手袋

ケージ内環境を快適かつ衛生的に維持するためには、ケージ・給餌器・給水瓶等の飼育器材は適切な頻度で洗浄・消毒若しくは滅菌し、床敷等の資材も適切な頻度で交換する必要がある。洗浄・消毒・交換の頻度は、動物種、収容動物数、ケージの種類、飼育管理の方法等によって異なるため、ケージ内環境への影響を考慮して適切に調整すべきである。ケージ・給餌器・給水瓶等の飼育器材は頻繁に洗浄、消毒、あるいはオートクレーブ等により滅菌されるため、これらの処理に耐えられる素材で十分な強度を有することが求められる（図 22、23）。

図 22　ケージ洗浄機

2) 消毒と滅菌

滅菌とは、すべての微生物を対象として、それらをすべて殺滅または除去する処理方法である。これに対して消毒とは、有害微生物や対象とする細菌・ウイルス等を感染症が惹起されないレベルまで殺滅又は減少させる処理方法である。したがって、消毒に際しては、対象とする微生物の種類や減少させたいレベルを勘案して、薬剤やその使用方法を選択する必要がある。

図 23　オートクレーブ扉閉（上）・扉開（下）

飼育室の入退室時には、手指の洗浄・消毒を行うのが一般的である。この作業は、ヒトによる汚染の持ち込みや拡散を防止するために役立つ。同様に、飼料・実験用器具・機器等を搬入する際にも、飼料の外装を消毒する、器具を滅菌あるいは消毒する、機器の表面を消毒するなどして汚染の持ち込みを防ぐ対策が必要である。また、飼育室内の消毒は、飼育環境を清潔に保つために欠かせない作業である。飼育室やそれに付属する施設（洗浄室・廊下・処置室など）は原則として毎日清掃し、これに加えて消毒薬による拭き掃除又は噴霧消毒を週1回以上は行うことが推奨される（図24、25）。

実験動物施設で一般的に用いられる消毒・滅菌方法を表4に示した。飼育環境の清浄度レベルや対象物に応じて、消毒・滅菌の必要性と方法、さらに薬剤を使用する場合にはその種類を選択する必要がある。消毒は、その効力の水準によって分類されており（表5）、消毒薬ごとに有効な微生物と無効な微生物が異なるので、

図24　アルコール噴霧器

図25　噴霧消毒器

表4　実験動物施設で一般的に用いられる消毒・滅菌方法

方法		種類	対象物
消毒	加熱法	高温洗浄・高温乾燥	ケージ
	紫外線法	紫外線照射	実験器具，物品外装
	薬剤法	消毒薬の噴霧・清拭・浸漬	ケージ，実験器具，物品外装，室内外
滅菌	加熱法	高圧蒸気滅菌	ケージ，床敷，飼料，手術器具，衣類
	ガス法	エチレンオキサイドガス	実験器具，手術器具，衣類，紙
	薬剤法（滅菌レベルのガス殺菌法）	ホルマリン，過酢酸，二酸化塩素，オゾン，過酸化水素	施設燻蒸（微生物除染），アイソレータ，実験機器

日本実験動物学会編：“実験動物としてのマウス・ラットの感染症対策と予防”アドスリー（2011），表4-12より一部改変.

表5　消毒水準分類

分類	定義	薬剤
高水準消毒	芽胞が多数存在する場合を除き、すべての微生物を死滅させる	過酢酸，二酸化塩素
中水準消毒	芽胞以外の結核菌、栄養型細菌、多くのウイルス、真菌を殺滅する	次亜塩素酸ナトリウム，消毒用エタノール，イソプロピルアルコール，ヨードホール
低水準消毒	ほとんどの細菌、ある種のウイルス、真菌は殺滅するが、結核菌や芽胞などを殺滅しない	塩化ベンザルコニウム，塩化ベンゼトニウム，クロルヘキシジン，両性界面活性剤

消毒薬の選択には注意が必要である。

消毒薬の作用は、濃度が高く、温度が高く、時間が長いほど通常効力が増大するが、エタノールやイソプロパノール等のアルコール系消毒薬のように100%に近い高濃度ではかえって効力が弱まる場合がある。それ以外にも、次亜塩素酸ナトリウムやヨードホールを有機物による汚れの存在下で使用した場合、その効力が著しく低下することも知られている。消毒薬には動物に対する有害作用（皮膚・眼・呼吸器系粘膜等の刺激性や化学損傷など）があるので、噴霧消毒時には実験動物や取扱者への影響が生じないよう注意する必要がある。また、低水準消毒薬は耐性菌が発生しやすく、希釈調整済みの消毒薬を保存しておくと消毒液内で細菌繁殖することがあるため、複数種類の消毒薬をローテーションで使用すること、注ぎ足し禁止や用事調整を徹底することも大切である。表6に代表的な消毒薬の日常飼育管理作業での使用例を

表6　飼育管理作業での消毒薬の使用例

対象物	消毒薬	使用方法
ヒトの手指・ 手袋	アルコール系（70～80%エタノール） 第四級アンモニウム塩（0.05%塩化ベンザルコニウム） 0.05%クロルヘキシジン	噴霧
飼料袋 実験器具	アルコール系（70～80%エタノール） 第四級アンモニウム塩（0.05%塩化ベンザルコニウム） 0.05%クロルヘキシジン	噴霧 清拭
飼育ラック 飼育室・ 廊下の床	次亜塩素酸系（0.04%次亜塩素酸ナトリウム） 第四級アンモニウム塩（0.05%塩化ベンザルコニウム） 0.05%クロルヘキシジン	清拭
大型 ペンケージ	第四級アンモニウム塩（0.05%塩化ベンザルコニウム） 0.05%クロルヘキシジン	洗浄・散布
小型ケージ	第四級アンモニウム塩（0.05%塩化ベンザルコニウム） 0.05%クロルヘキシジン 両性界面活性剤（0.1%塩酸アルキンジアミノエチルグリシン） 次亜塩素酸系（0.04%次亜塩素酸ナトリウム）	洗浄・浸漬
清掃器具 （モップなど）	次亜塩素酸系（0.1%次亜塩素酸ナトリウム）	浸漬

示すので参考にされたい。

滅菌・消毒においては、これらの処理が確実に行われたことの確認作業も重要である。滅菌の場合には、温度や薬剤濃度に応じて変色するテープ式やカード式のケミカルインジケーター（図26）で毎回確認し、定期的にバイオロジカルインジケーター（図27）を使用して菌の死滅を直接確認する方法が推奨される。消毒の効果判定は、落下菌や付着菌の培養検査あるいはATPふき取り検査（図28）により実施可能である。また、室内外の定期消毒や感染症発生後の除染目的で施設燻蒸を行うこともある。その際には、飼育中の動物や実施者が薬剤に暴露されないよう、対象区域の気密確保や防護具の着用などの安全対策について十分に注意しなければならない。

3）傷害の防止

実験動物が傷害を負うことを予防するため、ケージ等の飼育器材は実験動物にとって安全であることが必要であり、鋭利な突起部や体の一部が挟まれるような隙間がないこと等を確認して使用しなければならない。飼育ケージ等に起因する傷害の例として、床、スノコ、扉、格子、壁、天井等の隙間や穴等に頭部や四肢を挟むことにより、動物が傷害を受けることや死亡することがある。破損した金網等による外傷、大型動物では床のくぼみや斜面での転倒による四肢の骨折等も発生し得る。傷害ではないが、給水ノズルの不具合（漏水・断水）によるマウスの衰弱や死亡も発生しやすい。これらの傷害や事故を防ぐため、付属設備・器材の点検や補修、並びに飼育開始時の観察を注意深く行う必要がある。

また、一部の動物種（モルモット・ウサギ・イヌ・ブタ・サル類）の飼育や特定の飼育・実験目的（ラットの交配確認、マウス・ラットの絶食処置や代謝実験での糞尿採取など）で使用されている網床ケージは、体重の重い動物や長期間の飼育では四肢に負担がかかること、保温性が悪く哺育には適さないことが知られている。そのため、網床ケージの使用に際しては、樹脂加工した網（図29）や多孔板の使用、休憩板の設置、実験上必要な期間に限定した使用などの配慮が求められる。

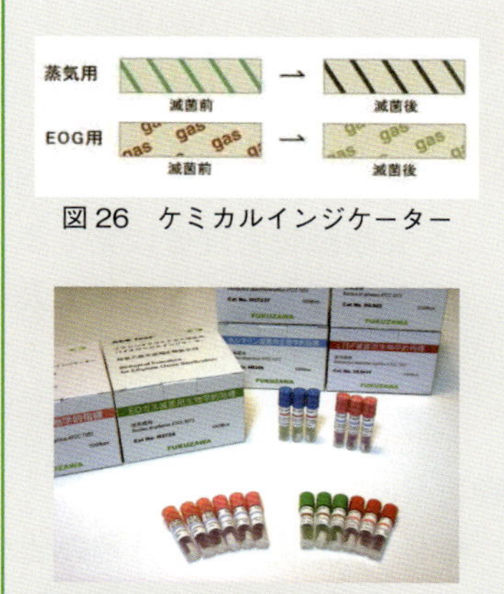

図26　ケミカルインジケーター

図27　バイオロジカルインジケーター

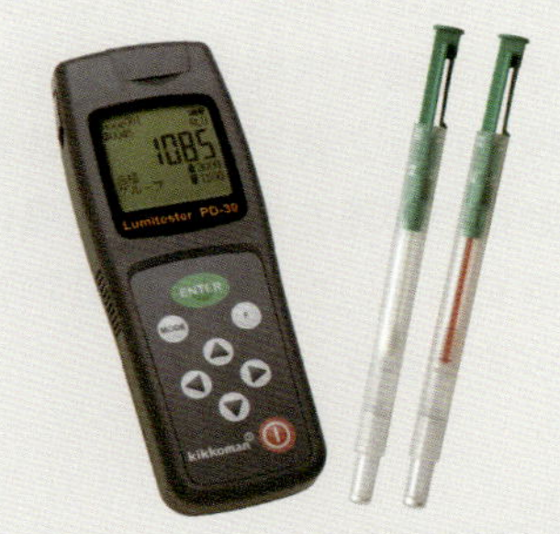

図28　ATPふき取り検査装置
http://biochemifa.kikkoman.co.jp/products/kit/atpamp/

図29　イヌケージ（上）と樹脂加工した網床（下）

3-1-3 教育訓練等

管理者は、実験動物に関する知識及び経験を有する者を実験動物管理者に充てるようにすること。また、実験動物管理者、実験実施者及び飼養者の別に応じて必要な教育訓練が確保されるよう努めること。

趣旨

様々な実験動物には、その種あるいは系統に特有な生理、生態、習性及び実験の目的に合った特性を有している。それぞれの実験動物を適正に飼養・保管し、動物の健康及び安全を保持するためには、実験実施者や飼養者が十分な知識を持つよう、必要な教育訓練を行う必要がある。実験動物管理者は、管理者を補佐して実験動物の管理を担当する立場にあり、教育訓練においても重要な役割を持つ。また、実験動物管理者自身の教育訓練の機会を確保すべきである。

解説

管理者は、施設において実験動物が適正に飼養・保管されるよう、また実験等が適正に実施されるよう体制を整備しなければならない。そのために、管理者は実験動物管理者、実験実施者及び飼養者にそれぞれの職務に適した教育訓練の場を設けなければならない。

教育訓練は機関内で行われるものと機関外の学協会等が主催するものに分けられるが、両者はともに重要である。また、座学として実施されるものや実際の手技の練習を伴うものがある。

日本実験動物学会が実施している「実験動物管理者等研修会」は実験動物管理者の教育に資するために作られたプログラムであり、実験動物管理者はこのような研修会を利用し、研鑽を積むべきである（2章 定義2-5 実験動物管理者〔p.30〕参照）。

また、実験実施者は動物の特性を理解した上で、動物実験の実際の方法について知識を得るとともに経験を積む必要がある。そのための教育訓練が必要である。

飼養者に関しても、各種実験動物の生理、生態及び習性を理解し、また飼養・保管の方法に関する知識と経験が必要であり、そのための教育訓練が必要である。日本実験動物協会は実験動物技術者の教育及びその認定を行っている。また、日本実験動物医学専門医協会は実験動物医学を専門とする実験動物医学専門医（実験動物医学専門獣医師）の教育・認定を行っている。

これ以外にも様々な実験動物あるいは動物実験関連団体が実験動物・動物実験に関連する教育プログラム、セミナー、講習等を実施している*31)。管理者は機関内での教育訓練に加えて、これらの機関外での教育訓練の場に関係者を積極的に参加させ、機関における実験動物・動物実験に関する知識・経験のレベルアップを図るべきである。

また、国立大学法人動物実験施設協議会のホームページ*32)には有用な情報が資料として掲載されているので参考にするとよい。

実験動物を飼養・保管する、あるいは動物実験を実施する機関は、どのような教育訓練を実施したか、あるいは管理者等が機関外で受講したか記録として保存しておくことも重要である。

*31）関連団体が実施している教育プログラム、資格認定、セミナー、講習等（平成29年現在）
・（公社）日本実験動物学会
　実験動物管理者等研修会　など
・（一社）日本実験動物技術者協会
　実験動物実技講習会　実験動物の感染症と検査および微生物クリーニング　など
・（公社）日本実験動物協会
　実験動物技術者資格認定試験（1級、2級）
　教育セミナーフォーラム　など
・日本実験動物医学会
　ウェットハンド研修会　など
・日本実験動物医学専門医協会
　実験動物医学専門医資格認定試験
・国立大学法人動物実験施設協議会
　高度技術研修会　など
・公私立大学動物実験施設協議会
　実験手技の研修会
　実験動物管理者研修会　など

*32）国立大学法人動物実験施設協議会 HP
http://www.kokudoukyou.org/

3-2　生活環境の保全† 3,4〜19

† 3,4〜19　参考図書を章末に掲載

管理者等は、実験動物の汚物等の適切な処理を行うとともに、施設を常に清潔にして、微生物等による環境の汚染及び悪臭、害虫等の発生の防止を図ることによって、また、施設又は設備の整備等により騒音の防止を図ることによって、施設及び施設周辺の生活環境の保全に努めること。

趣旨

実験動物の飼養保管に際しては、動物の排泄物や動物死体等の保管中にそれらに存在する微生物の増殖、それに伴う腐敗、変敗、さらに悪臭の発生や害虫の誘引等、周辺環境への悪影響が懸念される。また、動物の鳴き声や施設・設備からの騒音の発生もある。これらを防止し、人や動物の生活環境の保全に努めなければならない。

特に、多数の実験動物を飼養保管する施設では、これらの問題に対応する設備は大がかりになり、法的規制も細部にわたることから、施設の設置段階で十分に検討すべきである。

解説

生活環境の保全のために行う具体的対応には、廃棄物や環境の保全に関する様々な規制を知る必要がある。環境基本法*33) においては、環境の保全に関する理念が定められ、各種環境基準が定められている。

*33)　平成5年11月19日法律 第91号、最終改正：平成26年5月30日　法律第46号
http://law.e-gov.go.jp/htmldata/H05/H05HO091.html

実験動物の飼育と密接に関連する主な事項として、実験動物の飼養保管施設からの汚水、騒音や悪臭の発生などがあげられる。これらはその各々について法律、条例等で規制があり、その適用を受ける。図30に実験動物と動物実験に由来する生活環境の保全に関わる法規制の概要を示す。具体的な規制の内容、対処の方法などについては、それを所管する都道府県並びに政令指定都市、各市町村の担当窓口にて確認するとよい。

また、動物実験に特有なものとして、遺伝子組換え実験、放射線を用いる実験、毒物、劇物、病原体を用いる実験、有害化学物質を用いる実験などが想定されるが、それらについても廃棄物処理や環境への影響防止の視点で個々に規制法があるので、適切に対応する必要がある。

生活環境の保全に関し、管理者等が責任を負い、又は実践しなければならない事項について、以下の順に解説する。

①汚物、汚水等の適切な処理
②微生物等による環境の汚染防止
③悪臭の発生防止
④害虫の発生防止
⑤騒音の防止

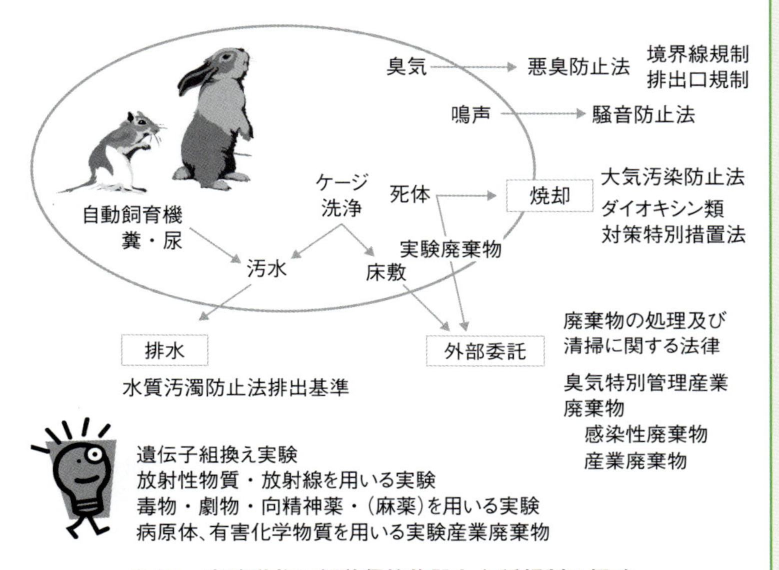

図 30　実験動物の飼養保管施設と各種規制の概略

大和田一雄監修, 笠井一弘著：“アニマルマネジメントⅢ 動物実験体制の円滑な運用に向けてのヒント”, アドスリー (2015) p.115 より転載.

3-2-1 汚物、汚水等の適切な処理

(1) 汚物等の処理

実験動物の飼育に由来する廃棄物として、糞尿、動物死体等があげられる。糞尿は動物種により形状や量が異なり、それぞれに適した方法で回収し、一時保管後に最終処理施設に運搬するのが通常である。マウスやラット等のげっ歯類では、糞尿を床敷に吸収させて回収する方法、床に設置したスノコを通してトレイで回収する方法が一般的である。ウサギ、イヌ、サル等、ブタ等では、スノコ（図 31）を通してトレイや排水溝で固形便や飼料残渣を回収する方法が一般的で、トレイに床敷やペットシーツを敷いて糞尿を回収することもある。多数の動物を飼育する施設では回収作業を自動化した自動洗浄式の飼育装置を使用することもある。回収した糞尿、床敷等は密封できるポリ袋等に入れ、最終処分場に

図 31　スノコ（ブタ）

運搬するまで施設内に一時保管する*[34]。なお、糞便の回収やケージ等に付着した糞便の洗浄には大量の水を使うため、動物に水がかからないよう配慮することも重要である。

動物死体、実験のために摘出した組織等は、密封できるポリ袋に収容し、フリーザーに一時保管する*[35]。血液や体液が漏れ出ないよう、必要に応じて二重袋や専用の保管容器を使用する。

動物死体や汚物等の固形廃棄物は、各自治体における廃棄物の分類に従って適正に処理する。これらを一時的に保管する場合、悪臭の拡散や衛生昆虫等の飛来を防止するため、保管場所の選定も重要である*[36]。

動物実験に使用した注射筒や注射針は、感染性の医療廃棄物として専用の容器（図32、33、34）に回収し、内容物の飛散等が生じないように厳重に保管し、各自治体の条例等に従って処理する。都道府県を超えるときは、業者の事業範囲を確認する。廃棄物に関する責任は排出者にある。表7に動物実験施設から排出される廃棄物の種類と廃棄方法及び関連法規について示す。

表7　廃棄物の種類と廃棄方法及び関連法規

実験廃棄物	廃棄方法	関連法規
動物死体など	安楽死後、廃棄物処理業者へ	廃棄物の処理及び清掃に関する法律*[37]
遺伝子組換え動物	指定された病原体が含まれる場合は病原体を不活化（滅菌）後、廃棄業者へ	遺伝子組換え生物等の使用等の規制による生物の多様性の確保に関する法律*[38]
医療廃棄物（注射針、血液付着物ほか）	医療廃棄物容器に入れ、廃棄業者へ	廃棄物の処理及び清掃に関する法律*[37]
感染性廃棄物（微生物付着物ほか）	滅菌後産業廃棄物として廃棄業者へ	廃棄物の処理及び清掃に関する法律*[37]

実験動物飼養保管施設から出される一般的な廃棄物の処理法を以下に示す。

①施設で発生した動物死体はフリーザーで一時保管後、自治体による引き取り又は自治体の許可を得た専門業者に引き渡す。

②使用済み床敷なども上記と同様の方法によるが、自治体により処理の手続きが異なるので確認が必要である。

③一般廃棄物の分類、内容、分別処理などについても各自治体によって異なる場合があるので確認が必要である。

*34）固形の廃棄物は、特に短時間に限っての集積、保管でないかぎり低温あるいは防腐剤使用による保管が必要である。また、マウスやラットの生産施設から出る大量の床敷等は、堆肥化して使用する場合もある。

*35）動物死体等は搬出時まで冷凍庫で凍結させておくのが一般的である。

*36）自家焼却の際の保管の場合も同様の考慮が必要である。

*37）廃棄物の処理及び清掃に関する法律（昭和45年12月25日法律第137号）最終改正：平成27年7月17日法律第58号
http://law.e-gov.go.jp/htmldata/S45/S45HO137.html

*38）遺伝子組換え生物等の使用等の規制による生物の多様性の確保に関する法律（平成15年6月18日法律第97号）最終改正：平成27年9月18日法律第70号
http://law.e-gov.go.jp/htmldata/H15/H15HO097.html
感染性廃棄物の処理については、「廃棄物処理法に基づく感染性廃棄物処理マニュアル」を参照。
https://www.env.go.jp/recycle/misc/kansen-manual.pdf

④産業廃棄物は以下の点に留意し、指定場所で一時保管した後、専門業者に引き渡す。
- ・プラスチック、ガラス類などは厚手の袋又は箱に入れる。
- ・病原微生物、遺伝子組換え生物（細胞、ウイルス等を含む）等又はそれを含むおそれのある廃棄物は処分前に必ず滅菌する。

⑤医療系廃棄物（注射針、メス、注射筒、血液付着物など）は専用廃棄物容器に入れて指定場所で保管する。

⑥廃棄薬品、廃液等は種類ごとに廃液専用ポリ容器に入れ内容物表示票を貼付して指定場所に保管する。

⑦県（都道府県）間移動を伴う場合は搬出する側と搬入する側、双方の自治体であらかじめ許可がいるので担当部署並びに専門業者に確認しておくこと。

⑧人獣共通感染症の原因となる病原微生物が含まれているおそれのあるときは、あらかじめ滅菌・消毒により無害化したうえで保管あるいは処理をする。

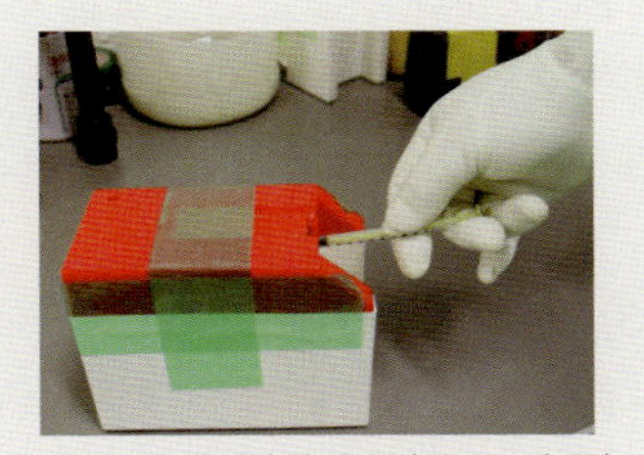
図32　注射針廃棄容器（針すて容器）

図33　注射針廃棄容器

図34　感染性医療廃棄物処理容器（シャープスコンテナ）

なお、家庭等から排出される一般のごみ（一般廃棄物）は市町村に処理責任があるのに対し、産業廃棄物は排出事業者に処理責任がある。法的に取扱いが異なるため、廃棄に当たっては、市町村等の一般廃棄物用の処理施設での処理・処分をすることはできない。産業廃棄物を処理・処分できる許可を受けた産業廃棄物処理事業者へ処理・処分委託することとなっている。

また産業廃棄物のうち、原油などの爆発性、廃酸、廃アルカリなどの毒性、感染性など人の健康又は生活環境に係る被害を生ずるおそれがあるものを特別管理産業廃棄物といい、さらに、廃ポリ塩化ビフェニル（PCB）、及びその汚染物、廃石綿、ばい塵などは特定有害産業廃棄物という。

(2) 汚水処理

動物実験施設から汚水として排出される糞尿、洗浄汚水は、下水道の完備されている地域では、下水道に排出すればよいが、下水道の完備されていない地域では、必ず浄化槽を設け、浄化処理を行った上で排出しなければならない[*39)]。水質汚濁防止法[*40)]では、排出水の汚染状態に関する基準が定められている。

実験動物飼育の際には、特にBOD（Biological Oxygen Demand: 生物学的酸素要求量）及び大腸菌群数が基準を上回ることが多いので注意する必要がある。

*39）科学技術に関する研究等を行う事業場の洗浄施設等は、廃棄物処理法の特定施設とされており、特定施設の設置に当たっては、設置の60日前に都道府県知事に届け出なければならない。

*40）水質汚濁防止法：
（昭和45年12月25日法律第138号）
最終改正：平成28年5月20日法律第47号
（http://www.env.go.jp/water/impure/haisui.html）
排出基準：
BOD：160mg/L，
（日間平均 120mg/L）
大腸菌群数：
（日間平均 3000個 /cm^3）

BODが高くなることを防ぐためには、できる限り糞便等の固形物を除くことが必要であり、固液分離法などにより液体部分のみを排水する方法がとられることもある。

(3) 汚物保管場所

動物死体、汚物等の保管場所は飼育室とは離して設け、自家焼却にせよ業者委託にせよ、処理までの一時保管に当てる。保管場所には冷凍庫（室）、冷蔵庫（室）及び消毒設備を設けることが必要であり、搬出するまで冷蔵あるいは冷凍した状態で保管する。

また、防虫、防鼠設備を設け、保管室（エリア）は水洗、消毒あるいは滅菌が可能な構造であることが望ましい。

3-2-2 微生物による環境の汚染防止

実験動物施設で飼育されるマウスやラット等は微生物学的に高度な清浄環境で飼育されることが多く、検疫や微生物モニタリング検査により病原微生物の感染がないことが一般的である。実験の目的上、高度な清浄環境を要しない実験動物も実験の目的以外の疾病に罹患しないような健康管理がなされている。しかし、健康な動物由来の汚物等でも保管時に腐敗や変敗を起こしやすい。

微生物等による環境の汚染の防止は、汚物等の保管時の腐敗や変敗の防止、周辺環境へ汚物等が漏れ出ることの防止が基本である。そのための具体的方法を手順書等に明記することが有効である。

また、実験動物では、実験の目的のため人や動物に対する病原体に感染させる場合もある。病原体の感染実験や遺伝子組換え実験においては、病原体あるいは動物自体を封じ込める対策が必要であり、陰圧制御とし、病原体の拡散防止あるいは動物の逸走防止措置を必要とする。感染実験等はバイオセーフティー実験委員会、組換えDNA実験は遺伝子組換え実験安全委員会などにより安全が確認され、承認された実験のみが実施できる。詳細は3章共通基準 3-4 人と動物の共通感染症に係る知識の習得等（p.85）を参照されたい。

3-2-3 悪臭の発生防止

動物飼育室内で発生する臭気は、動物種によって異なる。物質濃度ではアンモニアが最も高く、その他の悪臭成分は微量である。動物飼育室内の臭気は室内の温・湿度が高くなるほど、また収容密度が高いほど増加し、換気回数が多くなるに従って減少する。

一方向気流などの換気効率のよい方式ほど減少する。清掃の頻度、床敷交換回数や水洗式飼育装置の水洗回数とも関係する＊41)。

「悪臭防止法施行令」＊42) では、悪臭物質として22種類の物質が取り上げられ、規制地域内の事業場から排出されるこれらの物質の濃度基準が定められている。実験動物飼育室では、アンモニア濃度が一応の悪臭基準の指標となる。

悪臭の発生を低減させるには、適正な飼育管理、特に清掃の頻度や動物の収容密度に留意することが重要である。また、排泄物や汚水の処理を適切に実施し、空調設備により適切な飼育環境を維持するとともに、動物種や飼育・実験の目的に合わせた換気を行う。

排気に当たっては脱臭フィルター等の脱臭装置により除臭後排出する。

また、悪臭の拡散を防止することも重要であり、住宅街に近い施設では実験動物を開放的に飼育することは避け、また屋内飼育でも、排気については十分な注意が必要で、排気口の位置、方向、排気装置の構造などに留意する。

3-2-4 害虫の発生防止

一般に動物飼育の場所では、害虫が多発するといわれる。これらの害虫は周辺から集まってくる場合もあるし、内部で発生する場合もある。空調により恒温恒湿に制御された室内、こぼれた餌は四季を通じてハエ、カなどの発生を助長し、ゴキブリ（クロゴキブリ、チャバネゴキブリなどが主なものである）やチャタテムシ＊43) などの増殖を促す。給餌器内の飼料に水がかかってふやけ、そこに害虫が集まっているのを見ることがある。

害虫の発生及び侵入を防止するために、窓や出入口に防虫網を張るなどして、害虫の侵入防止に努めるとともに、ネズミ返しなどの物理的な障壁を作り、野ネズミやゴキブリなどの侵入も防止する。

また、床敷の頻繁な交換、ケージ、床などの水洗、清掃、必要に応じて消毒を行う。なお、汚物等の保管時間が長いと腐敗や変敗が進み、害虫を誘引することにつながるため、廃棄物の処理は迅速かつ確実に実施する。

害虫の侵入をみた場合にはできるだけ速やかに補足し駆除する。殺虫剤を使う場合には、飼育中の実験動物及び実験結果に悪影響のないことを確認しておかなければならない。

清掃や消毒は施設の衛生的な維持に欠くことのできない基本的

＊41) 人が不快に感じる悪臭以外にも、他の動物種を不快あるいは不安にさせる臭気も問題である。実験結果に影響を及ぼす場合もあるため、実験動物では空気の流れを制御することで臭気の拡散を防ぐ。

＊42)「悪臭防止法施行令」（昭和47年5月30日総理府令第39号、最終改正：平成23年11月30日環境省令第32号）
http://www.houko.com/00/02/S47/207.HTM

＊43) チャタテムシ；
昆虫綱咀顎目（Psocodea）のうち、寄生性のシラミ、ハジラミ以外の微小昆虫の総称。一度飼料室に入り込むと駆除するのが難しいため、飼料搬入時の消毒と飼料保管場所を冷涼で乾燥気味に保つことが必要である。

な作業であり、害虫等の発生防止にもつながる。したがって、施設は消毒等が実施しやすい構造であることも必要である。

3-2-5 騒音の発生防止

騒音規制法*44) 及び条令によって、地域あるいは時刻ごとに規制の基準が定められており、騒音はその規制の範囲内にしなければならない。しかし、動物の鳴き声などは数量的に規制することは難しく、基準内の音量であったとしても、外部に迷惑をかけるおそれがあり、その発生を極力防止するように努めることが必要である。

日本建築学会による動物実験施設のガイドライン*45) における騒音の基準値は、動物を飼育していない状態で60dBを超えないこととされている。

実験動物による直接的な騒音としては、動物の鳴き声（イヌ、ブタ等)、あるいはサル類がケージを揺する音、イヌが食後、空の食器をもてあそび、その食器が床にぶつかる音、ヤギなどが角をケージにぶつける音などがしばしば問題になる*46)。

また、直接的ではないが、飼育管理作業時にはドアの開閉や器具の落下時など予期しない騒音が発生する。飼育室の空気調和の設備や洗浄設備から発生する機械音も騒音として問題になることがある。

動物自身が発する音については、例えばイヌなどの鳴き声を全く出させないようにすることは不可能である*47) ことから、その飼育室はそれ相応の防音構造とすることが望ましい。そのためには、密閉できる窓、扉を設け、建物の回りを遮音壁で囲む等の工夫が必要である。

なお、実験動物が器具等に触れて出す音については、ケージを固定するとか、食器類の回収を食後早急に行うとか、ケージに音の出にくい材料を使うとかの工夫が必要である。

通常、実験動物の飼育施設では空気調和設備を備えており、建物は断熱構造、窓なし（あっても密閉）のものが多いが、このような施設では、換気口など屋外に直接簡単に通じるルートがあり、これから騒音が漏れ、問題になることがあるので、換気口の設置場所、構造などに配慮が必要である。クーリングタワーなどは、設置場所に注意し、必要に応じ防音壁を設ける。

*44）騒音規制法
（昭和43年6月10日法律第98号）
最終改正：平成26年6月18日法律第72号
http://law.e-gov.go.jp/htmldata/S43/S43HO098.html

*45）最新版ガイドライン
日本建築学会編：“実験動物施設の建築及び設備”, p.46, アドスリー（1996）より引用

*46）激しい騒音や振動は、マウスやラットの繁殖成績や行動に影響を及ぼすことがある。また、超音波に敏感なマウス系統も知られており、洗浄機などから発生する高周波の影響で死亡した例も報告されている。

*47）過去には、イヌの鳴き声が出ないように、声帯切除手術を施すことがあったが、動物の福祉の観点より、行うべきではない。

3-3 危害等の防止[† 3,4～19]

† 3,4～19 参考図書を章末に掲載

趣旨

ここでは、動物による人への危害等の防止の観点から、（1）施設の構造並びに飼養保管の方法、（2）有毒動物の飼養保管、（3）動物の逸走時の対応、（4）緊急時の対応について述べている。実験動物の適正な飼養保管として、人への危害等の防止は重要な要素のひとつである。なお、施設の構造や飼養保管の方法は、3章 共通基準 3-1 動物の健康及び安全の保持（p.33）においても、動物の福祉の観点から述べられている。両者の観点の違いに注意が必要である。

3-3-1 施設の構造並びに飼養及び保管の方法

管理者等は、実験動物の飼養又は保管に当たり、次に掲げる措置を講じることにより、実験動物による人への危害、環境保全上の問題等の発生の防止に努めること。

解説

実験動物による人への危害、環境保全上の問題の発生を防止するために講じるべき措置として、以下のア～カの6点をあげている。人への危害の事例として、人獣共通感染症、アレルギー、咬傷、掻傷等、動物に直接的に由来するものに加え、動物の飼養保管等の作業に伴い発生する外傷、疾病等も存在する（表8 p.69）。また、環境保全上の問題として、動物の施設外への逸走による生態系への影響も考慮しなければならない。

ア　管理者は、実験動物が逸走しない構造及び強度の施設を整備すること。

解説

実験動物の施設外への逸走を防止するための施設整備は管理者の責任である。動物の施設外への逸走（逃亡）を防止するためには、飼育室あるいは実験室を含む施設だけでなく、飼育ケージなどの設備面での対応も重要であり、その構造や強度を十分に検討しなければならない。また、動物種に特有な行動や習性、運動能力、さらには個体特有の習癖を理解する必要もある。例えば、げっ歯類の中でもハムスターはケージの蓋の隙間に頭を差し入れて持ち上げてしまうため、確実に蓋を固定させる必要がある。また、サル類ではケージ扉の止め金具を外してしまうこともあるため、動物の手が届かない部位に留め具を装置したり、二重に留め具や鍵を装着する等の工夫が必要である*48)（図35）。

飼育室や実験室からの逸走防止策として、前室を設け、「二重扉」とすることが推奨される。遺伝子組換えマウスやラットでは二重扉に加え、「ネズミ返し」（図36）を設置するのが通常である*49)。

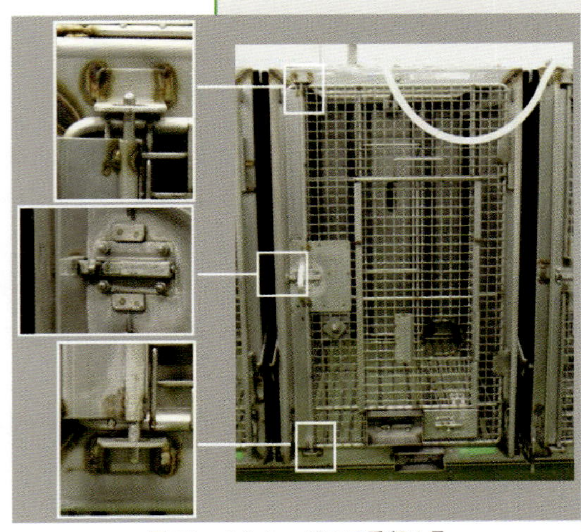

図35　サルケージの二重留め具

*48）飼育設備からの動物の脱出事例のほとんどは、飼育者や実験実施者の不注意が原因である。すなわち、ケージの蓋や扉が完全には閉まっていなかったり、出入口の扉が開け放しになっていたりするために起こる。作業終了時には、ケージの蓋や出入口の扉が閉まっていることを必ず確認しなければならない。

*49）前室や後室でマウスが逃げた場合、直ちに捕獲できる状態が必要であり、乱雑に器材等が置かれていることのないようにしなければならない。

遺伝子組換え動物の管理においては、組換え動物の幼子が床敷に紛れて、気がつかないうちにそのまま管理区域の外に出されてしまった例もあるので、床敷交換の際には十分な確認が必要である。

仮に逸走が確認された場合は以下の事項を記録しておくこと。

【逸走時に記録しておくべき事項】

- 逸走を確認した日時
- 飼養保管施設の名称
- 動物種・系統名・匹数・性別・毛色
- 対応する拡散防止処置
- 動物実験責任者・動物実験実施者（所属・氏名）
- 動物実験承認番号
- 遺伝子組換え実験承認番号
- 逸走事故の状況
- 対応の経過

サル類では、前室を設けることに加え、飼育室の内部を見ることができる「のぞき窓」を扉に設置する。飼育室に入室する際には、「のぞき窓」から内部の様子を観察し、動物がケージから脱出していないことを確認した後、入り口の扉を開ける。これにより、飼育室内に脱出した動物に気づかず、扉を開けた途端に動物が飼育室外に逸走することを回避できる*50)。また、サル類の飼育室に窓や換気口を設ける場合は、頑丈な格子や網入りガラスを装着するなど、特に注意が必要である。また、動物愛護管理法第26条では、人に危害を加えるおそれがある危険な動物を「特定動物」として、その飼養や保管には都道府県知事又は政令市の長の

図36　ネズミ返し

*50）マーモセット等の小型サル類では、ケージから脱出した動物を見つけにくいことがある。扉の外から飼育室内を見渡せる大きめの窓の設置が有効である。

許可が必要なことを定めている[*51)]。実験動物として使用される主な動物種では、ニホンザルがこれに該当する。

イ　管理者は、実験動物管理者、実験実施者及び飼養者が実験動物に由来する疾病にかかることを予防するため、必要な健康管理を行うこと。

解説

ここにある健康管理は、実験動物の飼養保管や動物実験の実施に関する関係者に対する健康管理である。実験動物に由来する疾病として、人獣共通感染症、動物アレルギー、咬傷、掻傷などがあり、このほか、動物の飼養保管等の作業に伴い発生する外傷や疾病等も存在する（表8）。機関の長及び管理者は、労働安全衛生[*52)]上の危険因子を把握し、関係者に対して同法に基づく必要な健康診断[*53)]を受けさせなければならない。また、サル類の場合は結核や麻疹などヒトから動物に感染する疾病もあるので、従事者がこれらの疾病に感染していないことが重要である。以下に、それぞれについて解説する。

表8　動物実験施設で起こりやすい事故・危険因子

状　況	主な原因
感染症	感染動物からの感染、人獣共通感染症
アレルギー	動物アレルギー、ラテックスゴムアレルギー
動物による咬傷・掻傷[*54)]	不確実な保定、動物の習性の把握不足、動物が精神的に不安定な状態のため
刺し傷、切り傷	注射針による投与時、キャップ脱着時の刺し傷、メス、ガラス器具、ケージ洗浄時のベルト巻き込み
転倒、すべり	消毒剤で濡れた床での転倒、ネズミ返しでのつまずき
火傷	オートクレーブやケージ洗浄機使用時の保護具の不着用
腰痛、腱鞘炎、眼結膜炎	重量物の扱いや繰り返し作業による腰痛、手首の腱鞘炎、殺菌灯による眼結膜炎
難聴	イヌの鳴き声、ケージ洗浄機の騒音
落下	不適切な踏み台の使用

*51）
・動物の愛護及び管理に関する法律施行規則（平成18年環境省令第1号）
http://law.e-gov.go.jp/htmldata/H18/H18F18001000001.html
・特定飼養施設の構造及び規模に関する基準の細目（平成18年環境省告示第21号）
http://www.env.go.jp/hourei/18/000288.html
・特定動物の飼養又は保管の方法の細目（平成18年　環境省告示第22号）
http://www.env.go.jp/hourei/18/000289.html

*52）労働安全衛生法（昭和47年法律第57号：最終改正：平成27年5月7日法律第17号）
http://law.e-gov.go.jp/htmldata/S47/S47HO057.html

*53）定期健康診断（労働安全衛生規則第44条）
http://law.e-gov.go.jp/htmldata/S47/S47F04101000032.html

*54）咬傷はラットやサル類に多く、掻傷はウサギやネコに多いことが知られており、これら動物の特性をよく知っておくために事前の教育訓練が大事である。

１）人獣共通感染症

人と動物の共通感染症（人獣共通感染症）には多くの事例が知られており、実験動物に由来する人の感染例も国内外で報告されている。エボラ出血熱、Ｂウイルス病、ラッサ熱、狂犬病などといった致死的なものから、一般的な外傷の化膿や呼吸器感染症等にも動物に由来するものが存在する。産業医や定期健康診断の担当医師に動物との接触について伝えることも重要である（詳細は3章 3-4 人と動物の共通感染症に係る知識の習得等（p.85）を参照されたい）。

２）動物アレルギー

飼育室の粉塵、動物の尿、被毛などに動物アレルギーの原因となるアレルゲンが含まれている。これらに起因する動物アレルギーは職業病の一つともいえる[*55)]。動物アレルギー予防のための着衣交換、手袋、マスク等の着用が推奨される。動物や動物の排泄物に接触する業務に従事する者にはあらかじめ動物アレルギーの有無を確認するとともに、必要に応じて抗アレルギー薬を常備しておく。

動物に起因するものではないが、実験動物施設ではラテックスゴム手袋に起因するアレルギーの発生が報告されている。ラテックスゴムの代わりに合成ゴムのニトリルゴムの手袋が代用される。

*55）動物室に入ることにより、くしゃみが出たり、涙が出たりする場合は動物アレルギーが疑われる。

３）動物による咬傷・掻傷

咬傷はラットやサル類から、掻傷はウサギやネコから受けることが多い。特に、サル類では重度な傷になることもあり、十分注意が必要である。サル類等から咬傷を受けた場合は、応急処置として直ちに傷口を流水で洗い流すことが奨励される。動物種の習性、個々の個体の習癖を理解し、それらの情報を従事者間で共有する。経験の浅い飼養者や実験実施者への教育も重要である。また、咬傷や掻傷等の発生に備え、救急医薬品を常備するとともに、緊急時に受診可能な医療機関への連絡体制を確保しなければならない。

４）職員に対する定期健康診断

職員に対する定期健康診断については、労働安全衛生法[*56)]により、年１回行うことが義務づけられている。

サル類や人に危険性のある病原体や危険物質を投与された実験動物を取り扱う職場では、健康診断の回数を増やすとともに必要な検査項目を加えることが望ましい。

健康管理の項目としては、上記の健康診断のほか、次のような

*56）昭和47年法律第57号。
最終改正：平成27年5月7日法律第17号
http://law.e-gov.go.jp/htmldata/S47/S47HO057.html

ものがあげられる。

① 新規に採用した飼養者及び実験実施者（特にサル類業務関係者）については、血清を採取保存しておく。人獣共通感染症発生の場合参考となる。

② いわゆる風邪のようなささいな異常も報告させ、必要事項については記録にとどめておくことが望ましい。

③ モルモットやウサギに近づくだけで強烈な鼻炎を起こす人がいるので、アレルギー体質の飼育者には特に注意する。

④ 特定化学物質や有機溶剤、電離放射線などを業務で使う場合は特殊健康診断を実施することが義務づけられている。

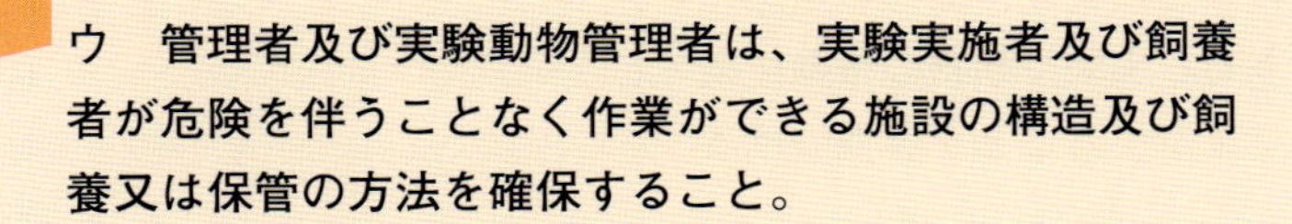

ウ　管理者及び実験動物管理者は、実験実施者及び飼養者が危険を伴うことなく作業ができる施設の構造及び飼養又は保管の方法を確保すること。

解説

実験動物の飼養保管や施設の維持管理に関わる作業では、動物に直接的に由来する危険因子以外に、間接的な危険因子もある。ここでは労働安全衛生上の問題を回避できるよう、安全な作業環境および方法の確保について述べている。

具体的には、飼育室や洗浄室など滑りやすい床での転倒、高圧蒸気滅菌に伴う火傷、重量物の取扱いや繰り返し作業による腰痛、騒音による難聴等のリスクがあり、防護具の採用や作業時間の短縮等の対応が考えられる。産業医や衛生管理者*57) の指示や指導に従わなければならない。

エ　実験動物管理者は、施設の日常的な管理及び保守点検並びに定期的な巡回等により、飼養又は保管をする実験動物の数及び状態の確認が行われるようにすること。

解説

実験動物管理者は、人への危害防止の観点から、動物の数やケージからの動物の脱出の有無、飼育室や飼育設備の逸走防止措置の状況等を日常的な管理、定期的な保守点検や巡回により確認し、実験動物の保管設備外さらには施設外への逸走を未然に防がなければならない。実験動物の逸走の防止は、実験動物管理者の重要

*57）衛生管理者
労働衛生法において、常時50人以上の労働者を使用する事業所においては、衛生管理者を選任し、衛生管理者は巡視や労働災害を防止するための措置を講じることなどが定められている。

な任務のひとつである。

多数の実験動物を飼養保管する施設では、実験実施者や飼養者も日常的な管理や動物の数や状態の確認を行う場合もあるが、この場合も異常を発見したら直ちに実験動物管理者に連絡する体制を作るべきである。

なお、3章 共通基準3-1動物の健康及び安全の保持（p.33）において、実験動物の健康状態の観察が求められており、一般的には動物の健康及び安全の保持と危害防止の2つの観点から、日常的な動物の観察や飼育設備の点検が行なわれる。

動物の数の確認のため、げっ歯類ではケージ単位で日々のケージ交換時に数を数え、それ以外の動物では個体ごとに番号を付け、記録しておくことが重要である。このことにより、動物の逸走の有無や状態などがより正確に把握できる。実験や動物の移動作業の開始時や終了時に、必ず動物の数を確認することを習慣づけることが必要である。

また、飼育装置の留め金や鍵、飼育室の扉、窓、排気口等の逸走防止設備の状態を、実験の実施時や日常的なケージ交換時に確認することも有効であり、手順書等に明記することが望ましい。

オ　実験動物管理者、実験実施者及び飼養者は、次に掲げるところにより、相互に実験動物による危害の発生の防止に必要な情報の提供等を行うよう努めること。

(ⅰ) 実験動物管理者は、実験実施者に対して実験動物の取扱方法についての情報を提供するとともに、飼養者に対してその飼養又は保管について必要な指導を行うこと。

(ⅱ) 実験実施者は、実験動物管理者に対して実験等に利用している実験動物についての情報を提供するとともに、飼養者に対してその飼養又は保管について必要な指導を行うこと。

(ⅲ) 飼養者は、実験動物管理者及び実験実施者に対して、 実験動物の状況を報告すること。

解説

人への危害防止においては、実験動物の飼養保管及び動物実験の実施に関わる者が、当該動物の危険因子について共通の情報を持つことが重要である。このため、実験動物管理者、実験実施者及び飼養者は相互に情報の共有を行う。図37に実験動物管理者、実験実施者、飼養者の情報連絡体制を例示する。

サルを用いた感染動物実験を想定すると、実験動物管理者は使用するサルの種ごとあるいは当該個体の習性や行動等の取扱い上の危険因子について、実験実施者に情報を提供する。実験実施者は、感染させた動物の危険因子に関する情報（病原体の危険度、感染動物からの病原体の排出時期や排出部位など）を実験動物管理者に提供する*58)。これにより、実験動物管理者と実験実施者は病原体に感染させたサルの取扱いに関する危険性について情報を共有する。

*58）試料が病原体の場合は、実験実施者は、その感染経路、排出経路、人や動物に感染した場合の症状や予後、治療法、有効な消毒薬の種類と使用法、有効なワクチンの有無なども示す必要がある。毒性物質の場合は、動物からの排出経路、人や動物が摂取した場合の症状や予後、治療法、その物質の安全な処理方法などの情報が必要である。

実験動物管理者は、共有した情報をもとに感染したサルの飼養保管上の留意点等を飼養者に指導する。同様に、実験実施者にも予想されるサルの症状や異常等について指導する。

飼養者は、飼育中の動物の症状や異常の有無を実験動物管理者や実験実施者に報告する。動物に起因する危害、実験内容に起因する危害、いずれにおいても3者の間での情報共有が不十分な場合に発生しやすい。また、このような関係者の情報共有は実験中の動物の健康管理や術後管理においても同様に重要である。

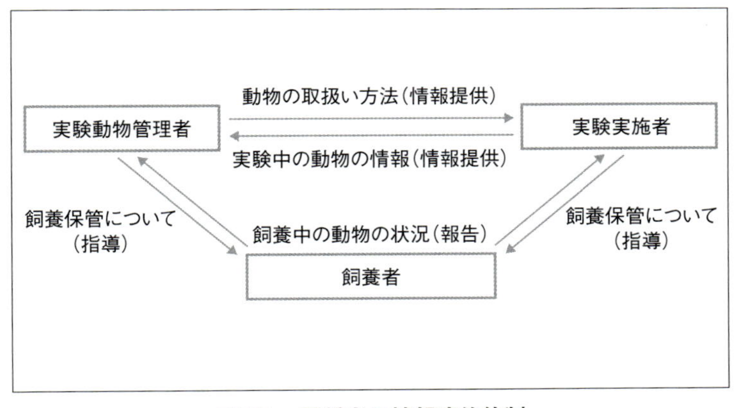

図37　関係者の情報連絡体制

カ　管理者等は、実験動物の飼養及び保管並びに実験等に関係のない者が実験動物に接することのないよう必要な措置を講じること。

解説

実験のために維持されている多くの動物は偶発的な原因で感染しやすいため、実験動物への接近は厳密に制限されなければならない。適切な教育、訓練を受け、立ち入りが認められている関係者だけが許可される。このことは動物からヒトへの感染を防止し、バイオハザード予防の観点からも重要である。

有害物質を用いた研究に使用する動物の飼養保管施設に立ち入る前には特別な注意が必要である。施設に入る関係者は、機関の労働安全衛生に関する訓練を終了していなければならない。

一方、実験動物の利用の目的から、品質や特性の維持も重要であり、SPF のマウスやラット、遺伝子改変動物などの飼育はバリアシステム内で厳重に管理されている。関係者以外の者に対する立ち入り規制は、危害防止の観点だけでなく、利用の目的に合った実験動物の品質や特性の維持の上でも重要である。立ち入り制限のための施設のセキュリティー管理システムとして、電気錠、ID カード等によることが多い。キーカードは立ち入り制限に加えて、時間や場所を記録し、入場者を個別に識別できるが、カードの貸し借りができることから、より厳重な管理のために生体認証機器（親指、掌、手甲静脈叢、網膜等）も使用される。指紋は洗浄作業後や手袋使用後には認証されないこともあるため、暗証番号を併用するとよい*59)。

*59）実験動物の飼養保管、動物実験、施設等の維持管理に関係のない者が施設あるいは敷地内に立ち入らないよう、明確に「関係者以外立ち入り禁止」等の表示あるいは掲示をすることも重要である。

3-3-2 有毒動物の飼養及び保管

毒へび等の有毒動物の飼養又は保管をする場合には、抗毒素血清等の救急医薬品を備えるとともに、事故発生時に医師による迅速な救急処置が行える体制を整備し、実験動物による人への危害の発生の防止に努めること。

趣旨

実験動物として有毒動物を飼養保管することは極めて稀であるが、毒ヘビ等を科学上の利用に供することはあり得る。この場合、危害防止の観点より、施設設備や飼養保管の方法により事故発生を予防することに加えて、事故発生時の対応や体制の整備が求められる。

解説

(1)代表的な有毒動物の種類

科学上の利用が想定される有毒動物としては、毒ヘビ（マムシ、ハブ、ウミヘビ等）、魚類（フグ、オコゼ等）、爬虫類・両生類（ドクトカゲ、ドクガエル等）、鳥類（ズグロモリモズ等）や刺胞動物（クラゲ、イソギンチャク等）が知られている。特に毒ヘビに関する飼育繁殖や咬症に関する調査研究及び抗毒素の品質管理・治療法に関する情報は（一財）日本蛇族学術研究所*60)の報告が参考になる。また、（公財）日本中毒情報センター*61)では、有毒動物に限らず社会一般における化学物質、医薬品、動植物の毒などによって起こる急性中毒について、事故発生の情報提供や応急手当及び事故の予防方法について紹介されている。

これらの有毒動物は、事故防止を念頭に逸走防止と危害防止のために安全設備（二重扉等）を完備した施設で飼育しなければならない。飼育施設の設計・工夫及び有毒動物の取扱いに関して、別途定められている環境省「展示動物の飼養及び保管に関する基準」*62)及び「解説」*63)も参考にすること。

(2)治療法が既知の有毒動物

取り扱う有毒動物に対する有効な（無毒化若しくは弱毒化）抗血清等が存在し入手可能な場合は、救急医薬品として施設に適切に保管・常備し、定期点検して品質の維持管理を行うことが求められる。

しかし、これらの抗血清等の使用に際しては、実状として医師が常勤していない施設が多く、事故発生時に現場で即時に治療行為を行うことができない（若しくは制限される）ケースが多いことも認識しておくべきである。また、有効な抗血清等が存在するが、入手が困難で各施設に常備できないケースも考えられる。よって、現実的には事故発生時に現場で如何に迅速かつ的確な救護を行い、速やかに治療可能な医療機関へ搬送できるかが緊急時の重要な事項である。施設内の関係部署及び施設外の医療機関との緊急連絡体制の整備と日常的な確認、従事者への事故発生時の対応訓練の徹底などに努めることが、人への重大な危害発生を未然に

*60）一般財団法人 日本蛇族学術研究所
http://www.sunfield.ne.jp/~snake-c/

*61）公益財団法人 日本中毒情報センター
http://www.j-poison-ic.or.jp/homepage.nsf

*62）展示動物の飼養及び保管に関する基準（環境省告示第25号）

*63）展示動物の飼養及び保管に関する基準の解説（環境省）
https://www.env.go.jp/nature/dobutsu/aigo/2_data/pamph/display.pdf

防ぐ実用的な手段（意識づけ）である。

（3）治療法が未知の有毒動物

一方、有毒動物を用いた実験研究の実態としては、有効な抗血清や適切な治療薬が現存しない毒ヘビ等を対象とする場合もある。これら救急措置や治療法が確立されていない、非常に危険な有毒動物を取り扱う場合は、毒の中和剤等*64) を常備し、より厳しい個別基準（標準操作手順等）を設けて実験を実施することはいうまでもない。該当する有毒動物の生態・行動特性及び危害性の知見等を熟知した専門家の配置、若しくは適宜に獣医学的な見地から指導や助言を受けられる体制を整えておくことが重要である。当然ながら、上記の治療法が既知の場合と同様に、事故発生に備えて現場での救護及び医療機関への緊急搬送等の体制整備と日常の教育訓練を徹底する必要がある。

*64）一般的に、毒の中和剤として毒ヘビや毒トカゲに対しては、5%のタンニン酸溶液が有効とされている（展示動物の飼養及び保管に関する基準の解説（p.37）参照）。

3-3-3 逸走時の対応

管理者等は、実験動物が保管設備等から逸走しないよう必要な措置を講じること。また、管理者は、実験動物が逸走した場合の捕獲等の措置についてあらかじめ定め、逸走時の人への危害及び環境保全上の問題等の発生の防止に努めるとともに、人に危害を加える等のおそれがある実験動物が施設外に逸走した場合には、速やかに関係機関への連絡を行うこと。

趣旨

「3章 共通基準 3-3-1- ア 管理者は、実験動物が逸走しない構造及び強度の施設を整備すること（p.67）」においては、実験動物の施設外への逸走を防止するための施設整備を管理者の責任として示している。一方、ここでは管理者、実験動物管理者、実験実施者、飼養者がそれぞれに保管設備等から逸走（飼育ケージ等から脱出）しないよう必要な措置を求めている。

また、管理者に対して、あらかじめ実験動物が逸走した場合の捕獲等の措置を定めること、人に危害を加える等のおそれがある実験動物が施設外に逸走した場合に関係機関に連絡することを求めている。

実際の現場では、実験動物の逸走防止は、飼育ケージ、飼育室や実験室、それらを含む施設で、すべての関係者に求められることであるが、ここでの記述が、管理者の責任と関係者それぞれが講じるべき措置、飼育ケージ等からの逸走（脱出）と施設外への逸走を区別されている点に留意すべきである。

解説

（１）実験動物の逸走防止の重要性

管理者等は実験動物の逸走防止及び逸走時の捕獲対応マニュアル等を策定し、関係者への周知と教育訓練を徹底するとともに、飼養保管施設の改築改修や運用変更の際には当該マニュアル等の改訂を適宜行うことが必要である。適正な動物実験を実施する上で、実験動物の逸走時に人へ危害が及ぶことを防止し、周辺環境の保全や自然界の生物多様性への影響等の発生防止に努めることは極めて重要な事項である。

（２）逸走防止策

① 管理者等は実験動物の種類、習性、生態、行動特性等に応じた施設、設備環を整備し、実験動物の飼養保管及び実験操作技術を関係者に習得させ、継続的な教育体制を整えることが重要である。
「実験動物が逸走しない構造及び強度の施設」については、3章 共通基準 3-3-1 施設の構造並びに飼養及び保管の方法 （p.67）を参照のこと。

② 実験現場においては、常に飼育動物数、個体識別の実施状況等を把握しておき、動物が逸走し、あるいは逸走動物を捕獲した場合に、個体の特定が可能な措置（個体識別、記録類の管理等）を講じておく。飼育区域（動物飼育室や実験室等に逸走防止措置（ネズミ返し、二重扉、前室の設置等）を講じるとともに、逸走した動物を捕獲するための捕獲罠（シャーマントラップ（図38)、ネズミ用粘着マット（図40、41）等）や捕獲に有効な器具（捕獲網（図39)、袋、軍手、ほうき等）を常備する。また、逸走時の捜索、捕獲が容易となるよう、飼育室、実験室、前室等を常に整理整頓しておくことも重要である。

（３）逸走時の対応マニュアル

以下に実験動物の逸走時の対応マニュアルの要点を述べる。

① 逸走時若しくは逸走動物を発見した場合：直ちに当該飼育室等を閉鎖し、管理者等（実験動物管理者、実験実施者等、

図38 シャーマントラップ

図39 サル用捕獲網

図40 ネズミ粘着シート

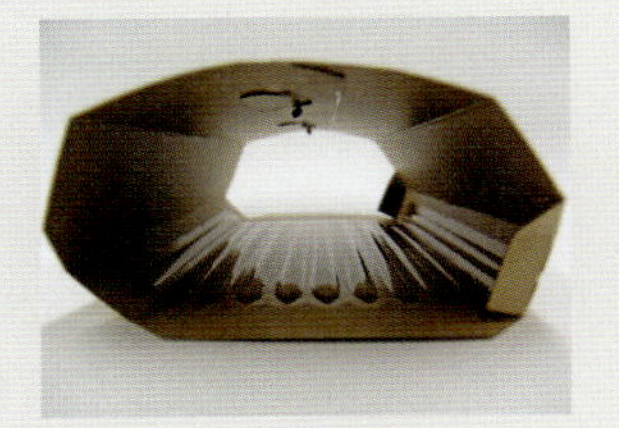

図41 ネズミ粘着ハウス

あらかじめ施設内の連絡先を定める）及び施設関係者に連絡した上で、逸走動物を当該室内で捕獲することに努める。

② 捕獲した動物の取扱い：逸走時点が判明しており、個体識別が可能、かつ逸走したことが実験遂行・評価に影響しないと実験実施者が判断できる場合は、継続して実験に供試することも可能であろう。一方、個体識別は可能でも逸走事故（事態）が実験遂行・評価へ及ぼす影響が否定できないと考える、若しくは個体識別が不可であったり、逸走時点が不明確な逸走動物は速やかに殺処分することが望ましい。

③ 施設外で発見、捕獲した逸走動物の取扱い：実験実施者及び実験内容等を特定した後、速やかに殺処分するべきである。特定できない場合も殺処分を原則とし、動物死体を保管し可能な限り動物の特定に努める。

④ 動物の逸走事故が発生若しくは発生するおそれのある事態を発見した場合：動物捕獲の有無にかかわらず所定のルート（例えば、発見者→実験実施者・責任者→施設関係者→管理者）を通じて速やかに報告する。実験責任者及び施設関係者は詳細な状況（発生区域、実施者、実験内容、事故内容・対応等）を把握し、再発防止に向けた対策を協議し、関係者の教育訓練にフィードバックする。

（４）環境への影響や人への危害防止

① 遺伝子組換え動物が管理区域外に逸走した場合、機関の実験責任者は遺伝子組換えに関する安全委員会に報告する。機関において事故と判断された場合、直ちに応急の措置を執るとともに、文部科学省へ速やかに連絡する。なお、遺伝子組換え動物を産業利用する際には、拡散防止措置の確認を受けた担当省庁へ速やかに連絡する。

② 環境への影響や人に危害を加える等のおそれがある実験動物が施設外に逸走した場合：逸走動物の種類（例えば、特定外来生物・特定動物・感染動物やイヌ・輸入サル類等）に応じた生態・行動特性・予測される逸走範囲や危害性の知見等を基に、的確な情報を近隣の施設に通知するとともに、関係諸機関（警察署、消防署、地方自治体等）へ速やかに連絡し、連携して捕獲に努める。表９に動物種の区分と所管官庁の連絡先を示した。これら諸機関への連絡体制を日常的に確認し、連絡網等（各機関の担当部署及び電話番号等を明示）を各所に掲示・周知しておくことが肝要である。

表 9　逸走動物の区分と所管官庁の連絡先一覧表（2017 年 7 月 現在）

区　分	連絡先	電話番号
遺伝子組換え動物*65)	文部科学省研究振興局ライフサイエンス課 厚生労働省大臣官房厚生科学課 農林水産省消費・安全局農産安全管理課 経済産業省商務情報政策局生物化学産業課 環境省自然環境局野生生物課	03-6734-4113 03-3595-2171 03-6744-2102 03-3501-8625 03-5521-8344
感染症法に基づく獣医師が届出を行う動物*66)	最寄りの保健所*67)	
感染症法で規定された特定病原体等を感染させた動物*68)	厚生労働省健康局結核感染症課	03-3595-3097
外来生物法に基づき許可を得ている動物*69)	環境省地方環境事務所*70)	
動物愛護管理法に基づき許可を得ている特定動物*71)	地方自治体 動物愛護管理行政担当*72)	
家畜伝染病法で規定された家畜伝染病病原体及び届出伝染病等病原体を感染させた動物*73)	農林水産省消費・安全局動物衛生課	03-3502-5994

3-3-4 緊急時の対応

管理者は、関係行政機関との連携の下、地域防災計画等との整合を図りつつ、地震、火災等の緊急時に採るべき措置に関する計画をあらかじめ作成するものとし、管理者等は、緊急事態が発生したときは、速やかに、実験動物の保護及び実験動物の逸走による人への危害、環境保全上の問題等の発生の防止に努めること。

趣旨

管理者は、関係行政機関と連携しつつ地域防災計画、機関としての防災計画等との整合を図りつつ、地震、火災等の緊急時にと

*65) 文部科学省 ライフサイエンスにおける安全に関する取組
http://www.lifescience.mext.go.jp/bioethics/anzen.html#kumikae
農林水産省 生物多様性と遺伝子組換え
http://www.maff.go.jp/j/syouan/nouan/carta/seibutsu_tayousei.html

*66) 厚生労働省 感染症法に基づく獣医師が届出を行う感染症と動物について
http://www.mhlw.go.jp/stf/seisakunitsuite/bunya/kenkou_iryou/kenkou/kekkaku-kansenshou/kekkaku-kansenshou11/02.html

*67) 厚生労働省 保健所管轄区域案内
http://www.mhlw.go.jp/stf/seisakunitsuite/bunya/kenkou_iryou/kenkou/hokenjo/index.html

*68) 厚生労働省 感染症法に基づく特定病原体等の管理規制
http://www.mhlw.go.jp/stf/seisakunitsuite/bunya/kenkou_iryou/kekkaku-kansenshou17/03.html

*69) 環境省 特定外来生物等一覧
http://www.env.go.jp/nature/intro/2outline/list.html

*70) 環境省 地方環境事務所等
https://www.env.go.jp/nature/intro/3breed/reo.html

*71) 環境省 特定動物リスト
https://www.env.go.jp/nature/dobutsu/aigo/1_law/sp-list.html

*72) 地方自治体動物愛護管理行政担当連絡先一覧
https://www.env.go.jp/nature/dobutsu/aigo/3_contact/index.html

*73) 農林水産省 病原体の所持等について
http://www.maff.go.jp/j/syouan/douei/eisei/e_koutei/kaisei_kadenhou/pathogen.html

るべき対応計画を定めなければならない。緊急時に採るべき措置は、実験動物の保護（生命の維持）、動物の逸走による人への危害防止、環境保全上の問題発生の防止の３点を考慮するべきである。

解説

（１）緊急時への備えと適切な対応の重要性

近年、未曾有の大地震等の災害経験から多くのことを学び、実験動物を飼養している施設等における緊急時の適切な対応と迅速な復旧を行うことの重要性はますます増している。地震、水害、土砂災害等の自然災害及び火災や長期停電等の緊急事態に備え、各施設では事前に対応マニュアルを立案・策定・整備して周知・訓練しておくことが定められている。緊急時には、まず実験実施者、施設関係者の安全確保を最優先とし、その上で実験データの信頼性確保、実験遂行及び動物福祉、周辺環境の保全等に努めることが重要な事項である。

災害・緊急時の厳しい状況の中、管理者にとって認識するべき重要なポイントは「法遵守と動物福祉の精神に基づいて、適切に業務の維持・管理に努める」ことである。そのためには、日頃から管理者・実験実施者・施設関係者が緊密に連携して適正な動物実験を実施することはもとより、緊急時の対応に備えて施設全体の整理整頓及び合理化に努めておくことも、緊急時の業務継続を容易にするために重要な事前の準備である。

災害・緊急時には、通常時とは異なる運用変更に柔軟に対応する（例えば、諸手続きの簡略化・事後処理の容認、迅速・簡易検査の適用、動物飼養に必要な物資等の保管・使用許容範囲の緩和等）こと、また停電時に施設の機能維持や通信手段の確保に有用なシステムの導入（例えば、自家発電・太陽光発電及び公衆回線や業務無線、内線 PHS 利用等）も有効な手段である*74)。さらに、災害範囲が多岐にわたり被害が甚大な場合には、別途定めるパンデミック時の対応マニュアル（新型インフルエンザ等の流行時）も準用するなどして最大限の努力を行うが、最悪のケースには施設の閉鎖も決断せざるを得ない事態も想定しておかなければならない。

*74）公共の上水道は、大規模災害等による断水が予想外に長期化することがある。その際にも、電源（非常電源を含む）が確保できれば、地下水をくみ上げる井水システムを作動させることで、長期の断水に対処できた事例がある。

（２）関係行政機関及び地域防災計画等と連携

各機関での実験動物の飼養・保管施設は、それぞれ立地、規模、使用形態、飼養動物種等が一様ではないことから、一律に緊急時の対応マニュアルを基準・指針等で定めることは困難であるが、参考までに、以下に代表的な項目と留意事項を例示する。各動物施設の特殊性を考慮して、個々の災害（例えば、停電、火災、断水等）に細分化した対応マニュアルを整備することもあり得る。

これら緊急時の対応マニュアルは文書化し、施設の関係者のみならず関係行政機関（警察署、消防署、地方自治体等）及び近隣施設・住民と連携して、地域防災計画等との整合性を図るとともに、一般市民にも周知・確認できるようホームページ等で公開することが望ましい。

（3）緊急時への備え

① 実験動物の保護及び逸走防止と対策

災害発生時の動物保護と逸走防止のために、日頃から施設の点検・整備を行うとともに建物、飼養区域（飼育室・実験室）及びケージ等からの逸走を防ぐ予防措置を段階的に講じておく。地震対策として、飼育器材の転倒防止（ケージ棚の連結や壁への固定等）も効果的な措置である[*75)]。「実験動物が逸走しない構造及び強度の施設」については、3章 危害等の防止 3-3-1 施設の構造並びに飼養及び保管の方法（p.67）を参照。

逸走時の対応マニュアルは、一時に多数の動物が逸走した場合や環境への影響や人に危害を加える等のおそれがある動物が逸走した場合等、様々なケースを想定して策定しておく必要がある。また、緊急時対応者の動員体制や動物の安楽死処置等の対応もあらかじめ定めて関係者へ周知徹底しておく[*76)]。

② 実験動物の飼料、飲水、飼育機材の備蓄（例えば1か月間程度）

特に生命維持には飲水確保が重要であるため、日頃より節水対策を徹底して、人の使用量の削減・最小化を図ることが推奨される[*77)]。

また、各施設で十分な備蓄・保管スペースを確保することが困難な場合も想定されるため、施設間を超えた共有の備蓄体制を構築することや、共有の調達・納品ルートを確保することも考え得る。

③ 二次災害[*78)]が発生するおそれのある危険物・可燃物、薬品等の適正な管理と保管

④ 各種機器類の定期点検と倒伏防止の固定等

⑤ 各種廃棄物の安全な保管・管理体制

⑥ 緊急時の資材、安全保護具等の確認

*75）震度6強の揺れに対しても、壁面や床面に固定していた飼育ラックや連結していたケージ棚は転倒をまぬがれ、地震直後の動物被害はほとんどなかったとの報告がある。一方、耐震対策が不十分だった飼育ラックの転倒で全動物が逸走し、個体識別がつかないため安楽死処置せざるを得なかった事例もある。

*76）災害時の混乱の中、技術的にも（停電で）薄暗い、再び揺れがいつ来るかわからない状態で、動物たちを確実に安楽死させることは相当に難しいことが数多く報告されている。下手をすると動物たちを無駄に苦しめたり、図らずも苦痛を与えて殺してしまうことにもなりかねない。日頃から、実際に大地震に遭遇した方々の経験談・事例を教訓として、どのような行動をとるべきか、とっさの安楽死法をどのようにすべきかを周知・訓練することが重要である。

*77）動物飼育区域の立地条件によっては、飲水・飼料・器材の運搬が大きな困難になることがある。例えば、断水と自動給水装置の停止のために、大量の給水瓶を毎日人力・徒歩で建物の上層階へ運搬して、動物用の飲水を確保して生命維持した事例がある。

*78）飼育器材・設備の比較的軽微な被害に比較して、実験室の機材・用具・顕微鏡等はほとんどが実験台から落下転倒して甚大な被害を生じた事例がある。日常の室内の整理整頓に加え、実験室・研究室など飼育室以外の実験器具、机、ロッカーなどもできるだけ固定するべきである。酸素等のガスボンベも壁・床に固定しておかないと、まるで魚雷のように床を滑って周辺を破壊したり、人を損傷する可能性がある。

⑦　避難路・非常口の確保と点検及び避難経路の周知と防災訓練

⑧　緊急連絡網の周知・確認（図表示・掲示が望ましい）

通報経路や電話、メール等の施設内関係者及び施設外の諸機関（警察署、消防署、地方自治体等）への連絡網

⑨　危害等防止の施設内・外への連絡体制（関係部署、諸機関、近隣施設等）

主たる目的は実験動物の保護及び実験動物の逸走による人への危害、環境保全上の問題等の発生の防止に努めること。主な対象は、遺伝子組換え動物、特定動物、有毒動物、特定外来生物、サル類・イヌ等の大型実験動物である。

緊急時には必要に応じて部外者が施設内に入ることもあるため、上記の動物飼育室・ケージや関連する危険物には、明確な標示をしておくことが重要である。

（4）緊急時対応マニュアル

a. 実験及び施設関係者の対応マニュアル（例）

①　命令、指揮系統の確認

緊急連絡網に従って報告・連絡・相談する行動を心がける（但し、事後承諾も可）

通報体制は、平日勤務時間内、平日勤務時間外、休日に区分しておく。

②　初期対応（生命、安全確保の優先）

安全確保の優先順は「人→動物→施設・機器」

確認後、直ちに関係者へ安否及び状況を連絡

③　実験作業中*79）の動物への対応

生死及び逸走の有無確認（特に人への危害や環境への影響のおそれがある動物等）

生死を確認できない動物は逸走のおそれがあり、できるだけ捕獲・収容に努める。

④　使用中の機器・薬品類への対応*80）

火災等の発生防止・初期対応（オートクレーブ他）、危険物・可燃物、薬品等の確認

⑤　ガス、電気、水道、酸素ボンベ等への対応

⑥　エレベータ使用時の対応

⑦　飼養区域（動物室／実験室）からの退避、動物実験施設外への避難

⑧　必要に応じて、避難誘導・救出あるいは初期消火活動

*79）飼育器材には有効な耐震対策が施されていて被害は発生しにくいが、実験・飼育管理等の作業中には、大きな揺れに対して無防備になりやすい。実験現場で一度に扱う動物数やケージ数は、緊急時の措置が可能かどうかの視点も重要である。

*80）通常、化学物質や高圧ガス等の保管時の耐震対策等は行われるが、使用中の吸入麻酔薬・毒劇物・可燃物等の容器破損や漏出、また酸素ガス等の配管破損や漏出への備えも考慮すべき事項であり、最悪の事態を想定すべきである。

⑨ 情報収集と周知

施設内の状況確認及び関係者への迅速な周知

誤報・偽情報の排除など不安解消の措置及び注意喚起

必要に応じて、関係諸機関（警察署、消防署、地方自治体等）に加えて、近隣の周辺地域との相互連携・報告・情報開示を適切に行う。

⑩ 災害後の安全確認と施設内の状況把握

行動前の準備（安全保護具の着用、チーム編成等：近隣居住者の職員が望ましい）

作業・要員の必要最小化（資材の確保を優先）を計画し、ローテーション制にする。

迅速な判断・行動ができるよう組織はできるだけ単純化する。

作業者の業務管理を徹底し、メンタルケアにも留意する。

⑪ 災害後の動物への対応*[81)]

実験継続可否、安楽死処置の必要性等の判断を行い、継続して飼養が困難な場合には速やかに対象の動物を安楽死させる。逸走動物の取扱いは3章 危害等の防止 3-3-3 逸走時の対応（p.76）に準じる。具体的な安楽死の方法は、4章 個別基準 4-1-2 事後措置（p.141）を参照のこと。最小限の動物数での実験の継続検討、給餌・給水の確保等に心がける。

⑫ 災害後の機器点検

電力の確保若しくは節電（例えば、冷凍・冷蔵庫の削減・許容範囲の再設定等）

b. 復旧マニュアル（例）

① 災害発生後の対応（約1週間以内）

i）施設の安全確認、被害状況の把握、対策本部の設置

ii）作業者の安否及び出勤可否の確認

出勤制限も考慮し、作業・要員の最小化・削減、ローテーション制にする。

iii）飼養区域内外での逸走動物の捕獲及び再収容・安楽死処置の判断*[82)]

iv）実験継続可否、動物の安楽死処置の必要性について検討・判断

実験計画の変更・中止等の迅速対応を可能にするため、諸手続きの簡略化・事後処理の容認、迅速・簡易検査の適用、動物飼養に必要な物資等の保管・使用許容範囲の緩和等を考慮する。

*81）東日本大震災においては、耐震構造・対策が非常に有効で、直接被害（損壊・漏水等）による死亡動物は幸い少数であったが、その後に長期化した空調停止や断水等による衛生環境の悪化により、結果的に数千匹の動物を計画的に安楽死させ削減せざるを得なかったとの報告がある。

*82）多くの実験動物は適切な飼育環境でSPF 状態をできるだけ長く維持する必要がある。ライフラインの断絶（特に停電）による、水の供給不足、換気・冷房・暖房システムの停止の影響（室内温・湿度の逸脱やアンモニア濃度の上昇）や蒸気遮断等によるオートクレーブの使用不可などで、SPF 環境の維持が危機に瀕する事態を想定しておくこと。これらの対処を怠ると無用に多くの動物の生命を奪うことになりかねない。

v) 動物屍体収容スペースの確保、収置室の確認

vi) 緊急時の飼育管理作業 *83) を実施

vii) 施設関係者及び実験実施者への報告・周知と協力要請

viii) ガス、水道、電気、電話、空調、エレベータ等の点検
機器点検等は平常時より頻繁に行うことが望ましい（ただし、使用規定の緩和も可）

ix) 施設設備、オートクレーブ等の確認

x) 飼料倉庫、物品庫の確認と整理

xi) 給餌、給水体制の確認

xii) 衛生用水の確保

xiii) 関連団体（例えば、国立大学法人動物実験施設協議会／公私立大学実験動物施設協議会、関連学会等）への報告と支援要請

xiv) 所管官庁（文部科学省、厚生労働省、農林水産省等）、地方自治体等への報告と支援要請

② 長期化する場合の対応 *84)

i) 飼養・保管動物数の調整及び飼育管理体制の再構築

ii) 施設機能の回復

iii) 作業者の健康管理やメンタルケア（臨時の慰霊祭等も考慮）

③ 地域防災やマスコミ・近隣住民等への対応

i) 各施設の立地、規模、使用形態、飼養動物種等を考慮して、関係行政機関（警察署、消防署、地方自治体等）、近隣施設・住民と連携して、地域防災計画等との整合性を図る。

ii) 動物生産・供給を担う施設等は的確な状況分析に基づいて、生産・供給に関する情報・復旧見込みをユーザーに知らせ、搬入先の受入状況を勘案して、生産供給体制の復旧計画を策定する。

iii) 緊急時の被害状況や対応・復旧に関する情報は、一般市民にも周知・確認できるようホームページ等で適宜情報公開することが望ましい。

*83) 東日本大震災では、バックアップ用非常電源が不十分で電力復帰するまでの2日間以上も空調機を稼働させることができず（温度、換気等の環境統御ができない）、冬季による室内の温度低下（飼育室により12～17℃まで低下）と無換気によるアンモニア濃度の上昇により動物の健康悪化・死亡が心配された。

*84) 災害発生後には、それまで健康であった動物にも災害に関連する心身の異常をきたすことがある。大規模地震の後、度重なる余震や飼育環境の悪化などにより、怯え、食欲不振、衰弱を示したサルの事例がある。

3-4 人と動物の共通感染症に係る知識の習得等

実験動物管理者、実験実施者及び飼養者は、人と動物の共通感染症に関する十分な知識の習得及び情報の収集に努めること。また、管理者、実験動物管理者及び実験実施者は、人と動物の共通感染症の発生時において必要な措置を迅速に講じることができるよう、公衆衛生機関等との連絡体制の整備に努めること。

趣旨

動物から人への感染のおそれがある人と動物の共通感染症は、人への危害防止の観点より、関係者は十分な知識を持ち、情報を共有する必要がある。特に実験動物を取り扱う際には、排泄物、血液、組織等に触れる機会が多く、実験操作時に血液の付着した注射針やメス等で自傷する事故のおそれもあるため、感染の危険性を理解し、予防に努めなければならない。また、これらの感染症の発生時に迅速な対応がとれるよう、あらかじめ施設内の連絡体制を確認し、併せて病院や保健所等の公衆衛生機関等との連絡体制の整備が必要である。

解説

（1）人獣共通感染症

人獣共通感染症は人と動物がともに感染する病原体によって起こる疾病の総称である。本基準では「人と動物の共通感染症」という文言が使われているが、同じ意味である。実験動物に由来する人獣共通感染症について、管理者側（管理者、実験動物管理者）はもとより実際に動物に接する従事者（実験実施者、飼養者）においても十分な知識を持つことが、従事者の健康を保持するために必要である。管理者側は実験動物に由来する可能性のある人獣共通感染症に関しての知識を習得し、教育訓練や講習会等を通じて従事者に周知する必要がある。

実験動物関係の団体等がげっ歯類及びウサギ・モルモットの微生物モニタリング項目としてあげている病原体の中で人獣共通感染症の原因となる病原体を表10に示す。これらの動物種は実験動物としてSPFが普及しているので、人獣共通感染症の原因となる病原体を保有している可能性は低いが、稀に発生すること

表 10　小型実験動物（げっ歯類、モルモット、ウサギ）由来で人獣共通感染症の原因となる病原体*85)

病原体	動物種	ヒトの症状
ハンタウイルス	ラット	発熱、腎不全、出血（腎症候性出血熱）
リンパ球性脈絡髄膜炎ウイルス	マウス、ハムスター	インフルエンザ様症状
サルモネラ属菌	すべて	食中毒
皮膚糸状菌	すべて	白癬
仮性結核菌	ハムスター、モルモット	発熱、腸炎

もあるので知識として習得しておくことが必要である。特に重要な病原体はハンタウイルスとリンパ球性脈絡髄膜炎ウイルスである。ハンタウイルスには日本、ロシア、韓国など極東地域の野生げっ歯類が保有するウイルスとアメリカの野生げっ歯類が保有するウイルスがあり、感染した場合の人の症状がまったく異なる。ハンタウイルス前者の感染では急性の腎症状を特徴とし、腎症候性出血熱と呼ばれる。日本では1970年から1984年の間に実験動物施設でラットを取り扱う従事者126名が感染し、そのうち1名が死亡している。リンパ球性脈絡髄膜炎ウイルスはマウス、ハムスターが保有している可能性がある。日本では、長い間実験動物に本ウイルスの汚染は確認されていなかったが、平成17年に海外から導入したマウスに由来する汚染が発生した。この汚染に際して、従事者の感染は報告されていない。人の症状は発熱、筋肉痛などの全身症状で、初期症状の寛解後に10%程度が髄膜炎を発症する。ハンタウイルス及びリンパ球性脈絡髄膜炎ウイルスは、どちらも感染した動物に顕著な症状は見られないので、汚染検出は血清検査などによる。

（2）感染症法と狂犬病予防法

感染症の予防及び感染症の患者に対する医療に関する法律（以下、感染症法）では人の感染症を規定していて、そのうち実験動物に由来する可能性がある感染症を表11に示す。また、感染症法において、指定された動物種に指定された感染症の発生を獣医師が診断した場合は、地方自治体の保健所へ届出が義務づけられている（表12）。これまでに実験動物関係で感染症法に基づく獣医師の届出がなされた感染症はサルの細菌性赤痢と結核であり、その多くの事例は海外からの輸入時における検疫で検出されてい

*85）国立大学法人動物実験施設協議会「実験用マウス及びラットの授受における検査対象微生物について」日本実験動物協会「微生物モニタリング日動協メニュー（マウス・ラット）」ICLAS モニタリングセンター「ハムスターの微生物検査項目」「モルモットの微生物検査項目」「ウサギの微生物検査項目」による。

表 11 実験動物に由来する主な人獣共通感染症の感染症法による分類*[86)]

感染症の分類	実験動物由来の可能性のある人獣共通感染症（対象：ヒト）	感染源となりうる動物種
一類感染症	エボラ出血熱	サル
	マールブルグ病	サル
二類感染症	結核	サル
三類感染症	細菌性赤痢	サル
四類感染症	E 型肝炎 狂犬病 エキノコックス症 サル痘 腎症候性出血熱 B ウイルス病 ブルセラ症 野兎病 レプトスピラ症	ブタ イヌ イヌ サル ラット サル イヌ ウサギ イヌ、ブタ
五類感染症	アメーバ赤痢 ジアルジア症	サル イヌ

表 12 感染症法により獣医師の届出義務がある感染症と対象動物種

動物種（対象：動物）	感染症
サル	エボラ出血熱
サル	マールブルグ病
サル	結核
サル	細菌性赤痢
鳥類	鳥インフルエンザ（H5N1 又は H7N9）
鳥類	ウエストナイル熱
犬	エキノコックス症
プレーリードッグ	ペスト
イタチアナグマ・タヌキ・ハクビシン	重症急性呼吸器症候群（SARS）
ヒトコブラクダ	中東呼吸器症候群（MERS）

る。サル類の細菌性赤痢が報告された場合の対応について、厚生労働省がガイドラインを策定している*[87)]。感染症法の届け出義務には含まれていないが、マカク属サル（アカゲザル、カニクイザル、ニホンザルなど）が保有している可能性があるBウイルスも特に注意を要する人獣共通感染症の病原体である*[88)]。Bウイルスはマカク属サルに潜伏感染し、通常は無症状あるいは口腔

*86）主な実験動物種について記載。ネコ、フェレット、鳥類などを使用する場合はそれぞれの人獣共通感染症について知識を習得すること。

*87）サルの細菌性赤痢対策ガイドライン
http://www.mhlw.go.jp/bunya/kenkou/kekkaku-kansenshou18/pdf/05-04.pdf

*88）Bウイルス感染の予防と治療のためのガイドライン
(Guidelines for the Prevention and Treatment of B-Virus Infections in Exposed Persons; *Clin. Inf. Dis.*, 20: 421-439, 1995)

内に水疱を生じる程度の軽微な症状しか示さない。免疫抑制やストレスが要因となって再活性化し、ウイルスが排出される。人への感染は咬傷、掻傷、針刺し事故によることが多く、感染した場合には重篤な脳炎となり死に至ることがある。海外では排泄物が目に入った取扱者が死亡した例もある。日本の野生のニホンザルもBウイルスに対する抗体を保有していることが報告されているが、日本で人の発症例は報告されていない。サル類に由来する人獣共通感染症には、人が感染した場合に重篤な症状を示し、高い死亡率を示す病原体が多くみられ、特に注意が必要である。

感染症法に規定された感染症にはサル類以外ではイヌ、ブタ、ウサギ由来の人獣共通感染症が含まれている。また、狂犬病は人では致死的経過をたどるため、感染症法と別に狂犬病予防法で規制されている。イヌ、ネコなど狂犬病予防法の対象動物の輸入には検疫が義務づけられている。

（3）バイオセーフティ

病原体はそれぞれの病原体のリスク評価を行った結果から、4段階のバイオセーフティレベル（BSL）に分類される[*89]。人への危険性がないあるいは低いものをBSL1、危険度が最も高いものをBSL4として分類される。動物実験を行う場合はBSLの頭にAnimalを付け、ABSL1からABSL4の分類となる。ABSLでは動物特有のリスク評価項目、例えば動物間で汚染が拡散しやすい、動物体内で病原体の増殖が顕著、動物体内からの排出量が多い、などが加味されるため、BSLとABSLの分類が異なる場合もある。バイオセーフティの基本的な3要素は、実験手技、安全機器（防御のための装置や器具）、施設（設備）基準である。ABSLの分類ごとの各要素を表13に示す。

実験手技については、病原体や感染動物の取扱い法や留意事項をマニュアルや手順書に明記し、その周知及び教育訓練などがあげられる。特に、実験動物の取扱い時に特有の針刺し事故や咬傷に対して対策が必要である。針刺し事故は使用した注射針にリキャップをする場合に発生することが多いので、リキャップを行わないよう、注射筒に注射針を付けたまま専用のコンテナに捨てるなどの手順とする。咬傷や針刺し事故が起こった場合は、流水で患部を十分に洗い流し、消毒剤を塗布する。目に感染性物質が入った場合は、直ちに流水で目を洗浄する。これらの事故発生時にとるべき具体的な措置をマニュアル等で周知し、また、洗眼用水栓や洗浄瓶の設置などの対策を講じる。針刺し、咬傷などに加

*89）実験室バイオセーフティ指針（WHO 第3版）
http://www.who.int/csr/resources/publications/biosafety/Biosafety3_j.pdf

表 13　ABSL 基準

ABSL1
実験手技：通常の動物実験の条件として、
標準動物実験手技　標準微生物実験手技　立入制限　専用服
安全機器：特になし
設備基準：通常の動物実験施設の条件として、
動物実験施設の独立性　立入者の管理・記録
動物逸走防止対策　昆虫・野鼠等の侵入防止
室内、飼育装置など洗浄・消毒可能な仕様

ABSL2
実験手技：ABSL1 の要件に加え、
防護服　国際バイオハザード標識表示
糞尿・ケージ等の滅菌処理　移動用密閉容器
安全機器
エアロゾル発生のおそれがある場合は陰圧飼育装置及び生物学的安全キャビネット(BSC)
動物実験施設内にオートクレーブ
設備基準：ABSL1 の要件に加え、
立入者の制限　動物安全管理区域からの動物逸走防止対策

ABSL3
実験手技：ABSL 2の要件に加え、
専用防護服・履物　二重以上の気密容器による移動
安全機器
全操作 BSC 使用　　飼育は動物飼育用安全キャビネット、グローブボックス、又はアイソレーションラックを使用
動物安全管理区域内にオートクレーブ
設備基準：ABSL 2の要件に加え、
立入者の厳重制限　出入口インターロック　前室の設置
気流の一方向性　排気の HEPA ろ過　作業者の安全監視機能

えて、動物アレルギーの既往歴を持つ従事者については、アナフィラキシーが起こった場合に対応ができるよう、あらかじめ近隣の医療機関を指定しておき、事故があった場合に迅速に受診できるようにしておく。感染が疑われるような事故が発生した場合は、発生日時、発生状況、行った対応を直ちに記録して、管理者に報告する。また、管理者は事後の経過報告を定期的に受け記録を保管する。感染を疑われる病原体の潜伏期間を超える経過観察（通常3か月程度まで）が必要である。

第2の要素は、感染防御のための装置や器具である。実験動物の取扱いに際しては従事者の防御のために、着衣、帽子、マスク、手袋など個人防護具を着用する。サル類などの飼育ではフェイス

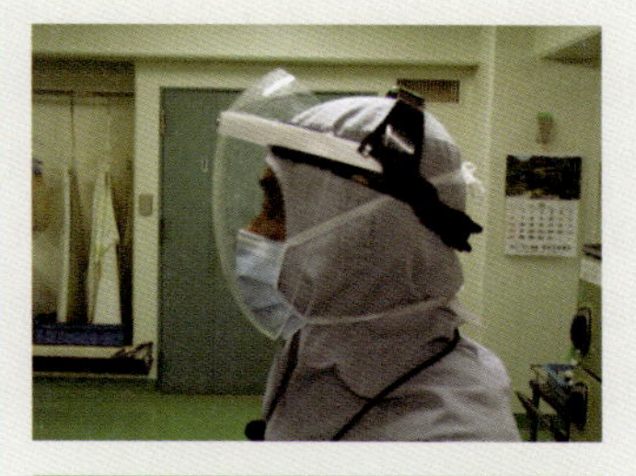

図 42　フェイスカバー

カバー（図42）などで目や粘膜を覆うことも有効である。病原体は生物学的安全キャビネット（図43）という病原体を封じ込める装置の中で取扱う。病原体を取扱う動物実験あるいは病原体に汚染されていることが判明した動物の飼育は陰圧制御の飼育装置を使用する。生物学的安全キャビネットを感染動物の飼育に使用する場合は動物飼育に適した構造に改良する必要がある。また、個別換気システムを感染動物の飼育に使用する場合はケージの密閉が確保され、かつ陰圧制御が可能である必要がある。

第3の要素は施設内から病原体を外部に出さないための設備である。オートクレーブの設置、BSL3以上では陰圧制御の空調設備、二重の扉による前室などがあげられる。

病原体を所持する場合は、BSL基準と合わせて関連法規や機関内管理に従う必要がある*90)。

以上、実験動物から従事者への感染の観点から解説したが、従事者から実験動物への汚染を起こさないための従事者の健康管理も考慮する必要がある*91)。結核、赤痢、麻疹は容易に従事者からサル類に感染する*92)。げっ歯類及びウサギ・モルモットにおいてはSPFを維持するために、従事者の施設外での動物との接触に留意する*93)。

（4）病原体汚染対応

人獣共通感染症の病原体を保有する実験動物が検出された場合、対応は施設の設備や管理体制によって異なる。施設内にその病原体のABSLに見合った封じ込め設備があるか、病原体保有動物の飼育管理に関する作業動線が清浄区域と分離されているか、従事者の感染防御措置が取られているか、など汚染を拡散させない対応ができる場合は、当該動物の飼育を当面続行することが可能である。拡散防止措置が採れない場合は動物に苦痛を与えない適切な方法で殺処分し、死体や使用器材、飼育室の消毒・滅菌を行う*94)。

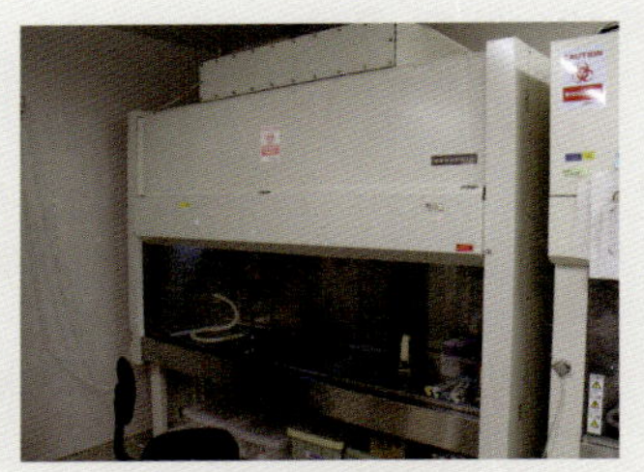

図43　生物学的安全キャビネット

*90）病原体の管理：感染症法と家畜伝染病予防法で定められた病原体を所持する場合は、所定の手続きが必要である。また、病原体を取扱う場合は、安全管理規則等の制定、バイオセーフティ委員会の設置等による機関内の管理体制にしたがう。

*91）ブリーダーでモルモットにセンダイウイルス汚染が疑われた事例があり、調査の結果、抗体反応で交差性があるヒトのパラインフルエンザが従事者からモルモットに感染したことが示唆された。（Ohsawa, K., Yamada, A., Takeuchi, K., Watanabe, Y., Miyata, H., and Sato, H.: Genetic Characterization of Parainfluenza Virus 3 Derived from Guinea Pigs. *J. Vet. Med. Sci.*,**60**: 919-922. 1998）

*92）サル類を扱う施設では、従事者の結核陰性（レントゲン検査）、麻疹陰性（抗体検査及びワクチン接種）を確認する事例もある。

*93）アメリカでペットショップのマウスを検査したところ、実験動物では規制されるべきウイルス、細菌、寄生虫など多数に汚染されていた報告がある。（Roble, G. S., Gillespie, V., and Lipman, N. S.: Infectious Disease Survey of Mus musculus from Pet Stores in New York City. *J. Am. Assoc. Lab. Anim. Sci.* **51**: 37-41. 2012）

*94）3章　共通基準3-1-2ウ2）消毒と滅菌（p.54）を参照。

3-5 実験動物の記録管理の適正化

管理者等は、実験動物の飼養及び保管の適正化を図るため、実験動物の入手先、飼育履歴、病歴等に関する記録台帳を整備する等、実験動物の記録管理を適正に行うよう努めること。 また 人に危害を加える等のおそれのある実験動物については、名札、脚環、マイクロチップ等の装着等の識別措置を技術的に可能な範囲で講じるよう努めること。

趣旨

管理者等は、実験動物の健康管理など適正な飼養保管のため、及び動物が保管設備から逸走、さらに施設外に逸走した場合に当該動物を特定するために、動物の特性、履歴、病歴等を記録した台帳等を整備することが求められる。また、人に危害を加える等のおそれのある実験動物（特定動物であるニホンザル、その他のサル類など）に対して、個体識別措置を講じるよう努めなければならない。ただし、動物種や実験の目的を考慮し、技術的に可能な範囲で個体識別を行うこととしている。

解説

（1）記録管理

ここでは、実験動物の飼養保管を適正に行う上で必要となる記録類、すなわち動物の管理上で必要となる記録類について記述し、特に動物の入手先、飼育履歴、病歴等に関する記録台帳をあげている。動物実験に伴う実験措置や動物の症状など研究内容に関わる記録等は、通常は実験実施者の研究ノート等に記録される。重要な点は、個体ごとに管理される実験動物は個体ごとに、群で管理されるマウスやラット等は群として、入手先、飼育履歴、病歴（特に、実験の目的以外の傷害や疾病）等の情報を特定できるように、台帳等で管理することである。実際には、すべての動物に個体番号や群番号を付して、様々な記録類との照合が可能になり、照合を容易にするため台帳やコンピューターを利用した電子的・電磁的記録により管理することが一般的である。以下に、記録類の例をあげる。

実験動物の導入に当たっては、導入に伴って実施した手続きや検査結果の記録がある*95)。サル類では輸入元及び輸入検疫の結

*95）3章 共通基準 3-1-1 ウ1）実験動物の入手（p.41）を参照。

果など、マウスやラットでは導入元の微生物モニタリング成績あるいは胚操作によるクリーニングなどの履歴、遺伝子組換え動物の場合は導入元から提供された組換え遺伝子等に関する情報がある。動物を輸入する場合、サル類以外でも、イヌ、ネコ、アライグマ、スカンクは狂犬病予防法により、家畜は家畜伝染病予防法により輸入検疫が義務づけられている。その他の陸生哺乳類、鳥類は感染症法により輸入届出が必要である。導入に際してとられた諸手続きに関する記録類は、通常は管理者あるいは実験動物管理者が保管するが、実験実施者（動物実験責任者）が保管する場合もある。いずれの場合も、相互に情報の共有を図るべきである。また、導入時の動物の健康状態を観察した検収、及びその後の検疫・順化に関する記録を保管する*[96]。

動物の導入後は記録台帳などで管理を行う*[97]。記録台帳には、動物の個体番号あるいは群番号、入手先、飼育履歴（入手又は出生日等）、病歴（異常所見、処置等）、死亡又は安楽死処分日等の情報を記録する。マウス・ラット等の群飼育をする動物はケージ単位で管理する場合が多く、ケージに入手日や実験実施者名等を記録したラベルを装着する。これも記録類のひとつである。マウスやラット等を繁殖、生産する施設では、出生日や離乳日の記録を日報や月報として実験動物管理者に報告し、繁殖状況の確認や繁殖計画の見直しに使用する。マウス、ラットの飼育月報の例を図 44 に示す。

サル、イヌ、ブタなど大型の動物は個体ごとの台帳を作成する。飼育管理の記録項目として、体重、定期健康診断（一般症状、ウイルス抗体検査、細菌・寄生虫検査、血液・血清生化学検査）、病歴（臨床症状、診断名、処置、転帰、剖検記録）、治療歴などの項目があげられ、特に長期間にわたり飼育する場合は、健康管理に必要な項目が多くなる。繁殖施設でのイヌの個体カードの例を図 45 に示す。

また、輸入サルの飼育施設では個体ごとの記録台帳の保管、特定外来生物及び特定動物では記録台帳の保管又は数量の変更があった際の届出が法的に義務づけられている。家畜に相当する動物種を飼育する場合は家畜伝染病予防法により、毎年飼育頭数を地方自治体に報告することが義務づけられている。

すべての動物種において、異常所見は実験動物の感染症や人獣共通感染症を発見するため、また飼養保管状況の適否を判断するために重要な情報であるので、日常の動物の状態の観察とその記録の保管が重要である。

*96）3 章 共通基準 3-1-1 ウ 2）施設への導入 3）検疫・順化（p.43）を参照

*97）飼育管理ソフトなどを用いてパソコンにデータを送り、データを管理するシステムを導入している施設もある。

マウス飼育月報　　　　　　　　　　　　年　　月

飼育室番号						系統名	
日	ケージ数	動物数	出産数	離乳数	死亡数	備考 （導入、移動、異常所見、実験操作、ケージ交換等）	記入者
1							
2							
3							
4							
5							
6							
7							
8							
9							
10							
11							
12							
13							
14							
15							
16							
17							
18							
19							
20							
21							
22							
23							
24							
25							
26							
27							
28							
29							
30							
31							

確認者　　　　　　　　　印

図44　マウス飼育月報例

No.		
生年月日 母 No. 父 No. ♂ ♀		
ワクチン	投与日	サイン
薬　浴	実施日	実施者

特徴（背紋等）

Cage No.

週齢	年月日	体重(kg)	状態・処置	症状

備　考		出荷日・場所
識別番号	性　格	

図 45　イヌの個体カード例

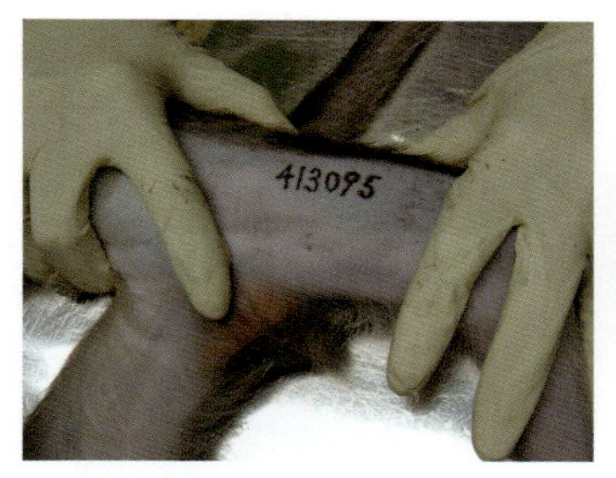

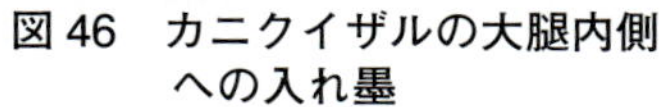
図46　カニクイザルの大腿内側への入れ墨

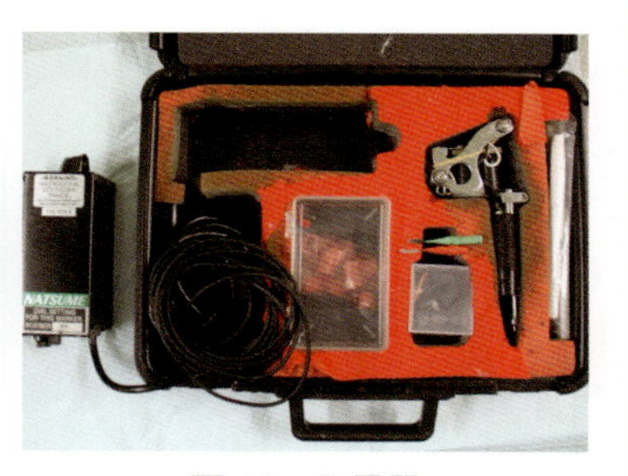
図47　入墨器

（2）個体識別

本基準において個体識別を求めているのは、人に危害を加える等のおそれのある実験動物であり、主な実験動物としては特定動物に該当するニホンザルなど、特定外来生物に該当するアカゲザル、カニクイザルなどがあげられる。個体識別法として名札、脚環、マイクロチップが例示されているが、サル類ではマイクロチップがMRI等の実験・診断機器への影響から使用できないことがあり、半永久的に識別可能な入れ墨（図46、47）によることが一般的である。その他の動物でも、特定動物や特定外来生物に該当する場合があるため、動物種や実験の目的を考慮して個体識別法を検討し、実施する必要がある*98)。

特定動物等に該当しなくても、実験動物においては実験の精度や再現性を確保するため必要に応じて個体識別を行う。マウス・ラット等では、簡便な個体識別法として、動物用マーカー*99)による背部へのマーキング（図48）や尾に油性ペンでのマーキング（図49）があげられるが、有色の動物には適用できず、また退色するので定期的な追加マーキングが必要である。耳たぶに小穴をあけ、その位置で個体識別を行う耳（イヤー）パンチ（図50）や数字が書かれたピアス式の耳タグを付ける方法もある（図51）。近年ではマウス・ラットに使用可能なマイクロチップ、入れ墨器なども開発されている。イヌやブタ等の大型の実験動物では、首

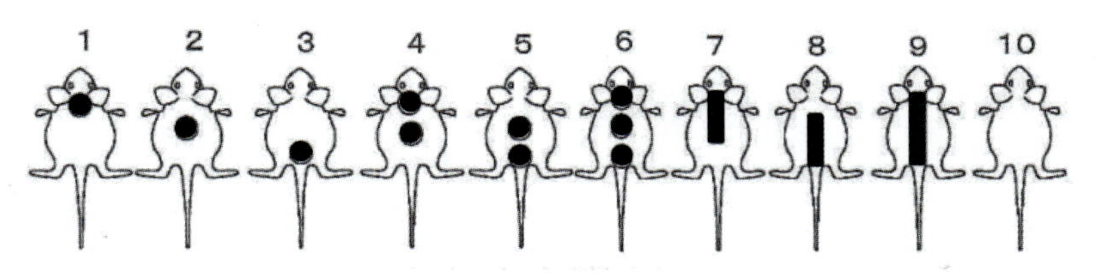

図48　背部マーキング例

大和田一雄監修，笠井一弘著：“アニマルマネジメント 動物管理・実験技術と最新ガイドラインの運用”，アドスリー（2007）p.92より転載．

*98）特定外来生物・特定（危険）動物へのマイクロチップ埋込み技術マニュアル
https://www.env.go.jp/nature/dobutsu/aigo/2_data/pamph/h1804/full.pdf

特定動物や特定外来生物では、ISO規格のマイクロチップを埋込み、マイクロチップの識別番号を記載した獣医師の証明書を添付して、主務大臣に届け出ることが義務づけられている。しかし、実験動物では、台帳管理方式による個体管理が許可条件で義務づけられた場合は、マイクロチップではなく入れ墨等による個体識別措置も認められる。

*99）かつてはげっ歯類のマーキングにピクリン酸を使用していたが、爆発性があるなどの理由で現在は推奨されない。

輪の装着、マイクロチップの埋め込み（図 52)、入れ墨による個体識別が一般的である。

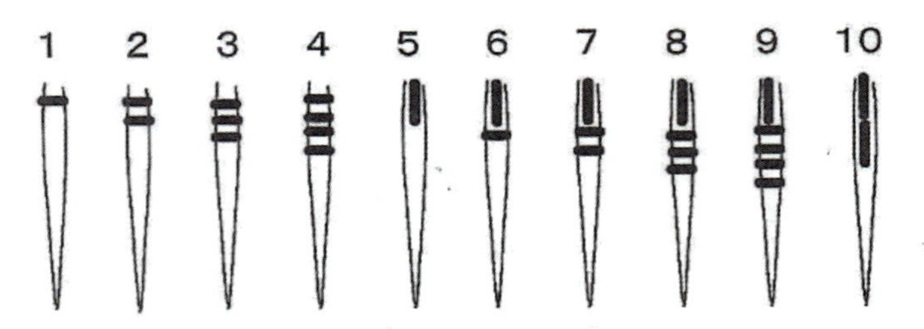

図 49　尾マーキング例

大和田一雄監修，笠井一弘著：“アニマルマネジメント 動物管理・実験技術と最新ガイドラインの運用”，アドスリー（2007）p.92 より転載．

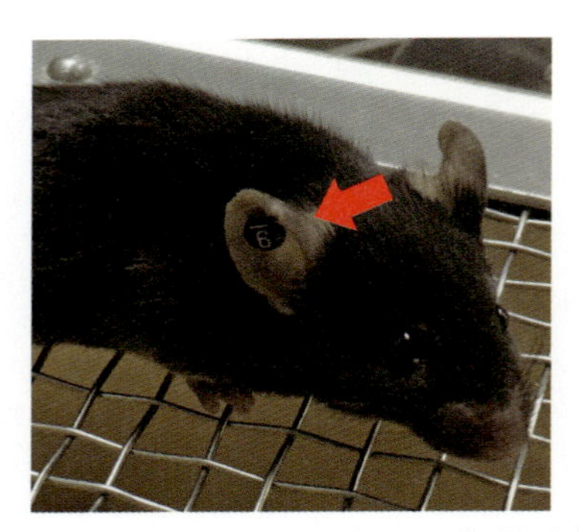

図 51　マウスのピアス式耳タグ（矢印）

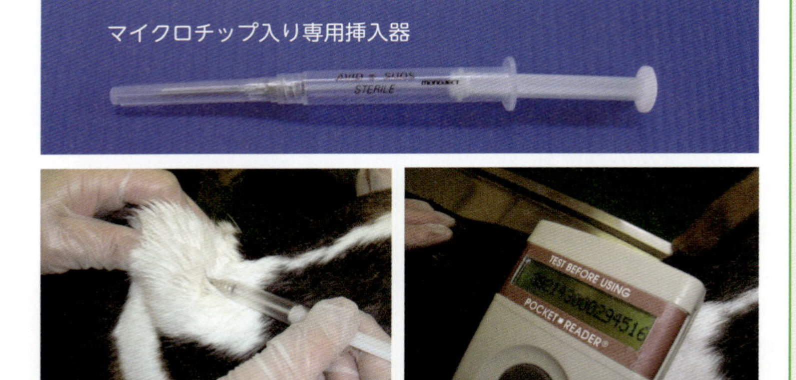

図 52　イヌの背部マイクロチップ埋め込み

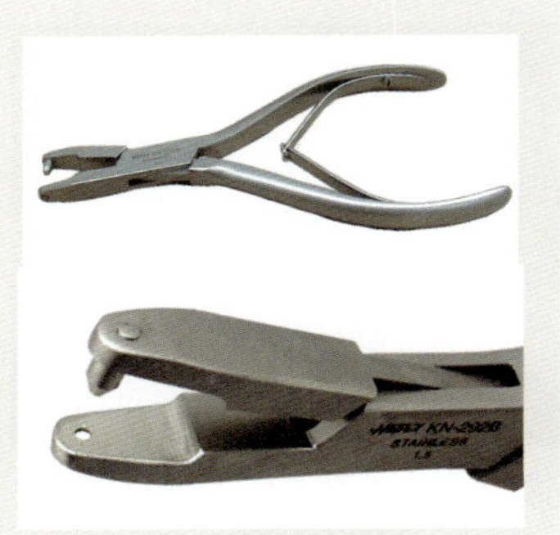

図 50　イヤーパンチ

3-6 輸送時の取扱い[† 4, 17, 20 ~ 24]

† 4, 17, 20 ~ 24　参考図書を章末に掲載

実験動物の輸送を行う場合には、次に掲げる事項に留意し、実験動物の健康及び安全の確保並びに実験動物による人への危害等の発生の防止に努めること。

ア　なるべく短時間に輸送できる方法を採ること等により、実験動物の疲労及び苦痛をできるだけ小さくすること。

イ　輸送中の実験動物には必要に応じて適切な給餌及び給水を行うとともに、輸送に用いる車両等を換気等により適切な温度に維持すること。

ウ　実験動物の生理、生態、習性等を考慮の上、適切に区分して輸送するとともに、輸送に用いる車両、容器等は、実験動物の健康及び安全を確保し、並びに実験動物の逸走を防止するために必要な規模、構造等のものを選定すること。

エ　実験動物が保有する微生物、実験動物の汚物等により環境が汚染されることを防止するために必要な措置を講じること。

趣旨

1章 一般原則 1-1 基本的な考え方（p.15）では、「利用に必要な限度において、できる限り動物に苦痛を与えない方法によって行うことを徹底するために、実験動物の生理、生態、習性等に配慮し」とあり、輸送に際しても該当する実験動物の特性を十分に配慮した上で、輸送のスケジュールを綿密に立て、輸送容器の種類、大きさ等を考慮し、実験動物のストレスを軽減するように努めなければならない。また、施設内／施設間で行われるどのような輸送であっても、動物の逸走を防止し、環境汚染や危害防止策が講じられていなければならない。

なお、輸送時の取扱いについて、それぞれの文章に主語がない。これは輸送には複数の個人や企業が関わり、個人の作業として行う場合から業務契約として行う場合等、様々な態様があるためである。言い換えれば、責任の所在が曖昧になりやすい場合もあるため、関係者間で責任の範囲を確認する必要がある。

解説

はじめに、「輸送」と「輸送に当たる者」について解説する。実験動物の輸送とは、動物の輸送容器への収容から始まり、動物移動、移動先の研究施設等の飼育ケージへの収容までの一連の業務を指し、輸送は研究施設内、研究施設間、商業的供給施設と研究施設間で行われる。輸入に当たっては日本到着以後、輸出に当たっては日本出発までが、実験動物飼養保管等基準の適用の範囲となるが、国外への輸送に際しても同基準に沿って取扱うべきである。なお、家畜伝染病予防法、狂犬病予防法、感染症法等に基づいて輸入検疫が行われる動物についても、日本の到着場所から検疫所まで、及び検疫所から施設までの移動についてもこの同基準は適用される。

輸送に当たる者としては、直接輸送に当たる個人（輸送者）だけでなく、輸送を業とする企業又は個人、輸送機関またはその職員、動物発送並びに受領する個人又は施設も含まれる。つまり、動物の移動を実際に担当する輸送者だけでなく、計画の立案から実施に至るすべての関係者が相応の責任を分担すべきということである。

ここでは、実験動物の輸送時の留意事項として、動物の健康や安全の確保、人への危害防止の２点をあげている。動物にとって、輸送は急激な環境の変化を伴う。多くの場合、日常的な居住環境に比べて不快感やストレスを生じやすい環境となるが、できる限り動物福祉の原則である「5つの自由」*99)を確保する。そのために、輸送時間の短縮、必要に応じた給餌及び給水、温度管理、輸送車両や容器の選定に留意する。また、動物の逸走や汚物等による人への危害防止に努めなければならない。

輸送する動物は輸送に伴う環境変化に耐え得る良好な健康状態である必要がある。輸送に当たる者は、動物を輸送容器へ収容する際に行動や健康状態が正常な範囲を逸脱していないか注意深く観察する。逸脱していると判断される場合にはその動物は除外し、健康なものと取り替えるべきである。

一方、研究の目的により、あるいは病気の診断・治療、緊急時の対応として、病気あるいは負傷した動物を輸送せざるを得ない場合もある。また、特定の時期あるいは状態にある動物、例えば、妊娠中、周産期*100, *101)、老齢動物、薬剤あるいは遺伝的操作により病態を示す動物、外科的処置が施された動物等の輸送もある。これらの動物の輸送には、保温や除湿の効果があり、巣材として役立つ床敷きを通常より多めに入れるなどの配慮が必要であ

*99) 5つの自由（5 Freedoms）3章 3-1-1（p.34）参照。

*100) 妊娠中の動物については安定期に入ったものを輸送する。マウス・ラットの安定期は、胎盤兆候（妊娠 11 ～ 15 日頃に膣スメア内に血液塊が出現）が見られた以降で、妊娠 17 日頃（マウス）あるいは妊娠 19 日頃（ラット）までに輸送を完了する。特に、輸送後に分娩させる場合は、分娩までに新しい環境への順化の期間を考慮する。

*101) 周産期にあるマウス・ラット母子の輸送では、哺育放棄や子供を喰殺するなどの危険性があることから、哺育実績がある経産の母親で、乳子の胃は内容物で満たされミルクバンドを形成していることを確認する。できるかぎり乳子が自力で動きまわり乳を飲める３日齢以降が望ましい。施設内での輸送を除き、乳子のみでの輸送は行わない。

る＊102)。また、輸送途中での動物の観察を頻繁に行い、必要となる措置を想定した準備も必要である。

動物を受領する場所は、動物が受ける心理学的、生理学的、微生物学的な影響を避けるため飼育室と同等の環境条件を確保できる場所を設定するとともに、一時的に保管する場合も時間を最少にするように努め、できるだけ早く検収し、動物の状態を確認する。

ア　輸送時間

輸送では日常的な居住環境に比べて不快感やストレスを生じやすい環境となるため、できるだけ短時間に完了するように努める。輸送に当たっては、動物種や数等を勘案し輸送手段を選ぶ。車両を利用する場合には、輸送時間が最短になるよう輸送経路を選択しなければならない。しかし、輸送時間が最短でなくとも、動物が受けるストレスがより少ないと思われる輸送経路がある場合には、ストレスが軽減される手段を選択すべきである。また、輸送に要する時間をできるだけ短縮し、かつ受領（検収）を円滑にするために、発送者側はあらかじめ到着までの所要時間などを正確に受領者側に連絡するなど、双方で連絡を密に保つ必要がある。遅延が予測される場合は、できるだけ正確な到着時間を伝え、受領者側が勤務時間外であっても受け渡しができるよう依頼しておく。

また、動物受け渡し時に、配送者名、動物輸送時の庫内温度、輸送時間等を記した輸送記録（表14）を受領者側から求められることがあるので、輸送に当たる者は、記録の様式を整えるなど準備しておく必要がある。

航空便を利用する場合は、発送者、輸送者、受領者との連絡を密に保つと同時に、積み替え時間や一時保管場所での滞留時間、空港から施設への所要時間などをあらかじめ調査するとともに、一時保管場所が外気や直射日光にさらされることのない動物の保管に適した場所であることを確認する。動物の健康面についても十分に配慮したうえで輸送計画全体を把握し、輸送に要する時間をできるだけ短縮するよう努める。

＊102）実験動物では研究の目的に応じた品質の確保が重要であり、輸送時にも考慮しなければならない。SPFレベルのマウスやラットの輸送容器内は微生物学的に清浄な環境が確保できるように滅菌し、開口部には除菌用フィルターが装着されている。

表 14　実験動物の輸送記録

実験動物の輸送記録	
生産社／供給社	
輸送日	年　月　日
輸送動物	□マウス・□ラット・□モルモット・□ウサギ・ □その他（　　　）
品質	□ SPF・□コンベンショナル
輸送容器の種類	□ポリプロピレン製・□段ボール製・□その他（　　）
生産社名	ハムスター、モルモット
輸送時間	出発　時　分 到着　時　分 輸送距離：
経由箇所	箇所（　　　）
輸送庫内温度	℃　～　℃
自記温度記録	□なし □あり　℃　～　℃
輸送中の異常	□なし □あり（　　　）
特記事項	□なし □あり（　　　）
担当者サイン	

資料提供：日本実験動物協同組合

イ　給餌、給水及び換気

輸送中の動物は、不安、緊張、運動不足あるいは輸送時の騒音、振動などの種々の影響のため食欲が落ちる場合が多く、１日以内の輸送ではむしろ給餌・給水を控えた方がよい場合がある。１日を越える輸送の場合は、動物種による特別の配慮を要する。輸送は、あくまでもそれぞれの動物種あるいは系統の特性を十分考慮したうえで輸送計画を立てるべきである。

以下に、主要な動物種別に具体的に述べる。なお、受領する側では施設到着後、速やかに適切な飼育環境下で動物に餌・水を与えなければならない。

a. げっ歯類（マウス、ラット、モルモット、ハムスター類など）

同一施設内での短時間の輸送の場合には、給餌・給水は不要である。車両や公共交通機関を利用する場合は、到着時間が遅れるなど、不測の事態が生じることもあるため、飼料や水分補給のために１～２日分の水分補給用の寒天や飼料を輸送容器内に入れる[*103)]。飼料（固形飼料）は摂餌しやすいように輸送容器に直に入れる。なお、飼料の種類を変えると食べなくなることもあるので、普段

*103）商業的供給施設の小型げっ歯類はほとんどがSPF動物であり、微生物汚染がないように厳重な管理下で生産・供給されている。そのため、受領時に発注条件との相違に気づいても、ひとたび供給施設から出た動物を生産施設に返却することはできない。

と同じものを与える。飲水については、寒天や輸送用給水ボトル（図53）による補給が一般的であるが、離乳直後の幼齢動物は体が小さく非力なので寒天の方がよい。5週齢以降のマウス・ラットでは、体も大きくなり活発に動き回るようになるので、寒天よりも輸送容器内を清潔に保つことができる給水ボトルがよいが、ノズルの不具合や充填する水の量が多すぎると、水が出なかったり、出にくかったりすることもあるので、輸送容器に設置する前にノズルの部分を指先で軽く押し、飲水可能であることを確認する必要がある。

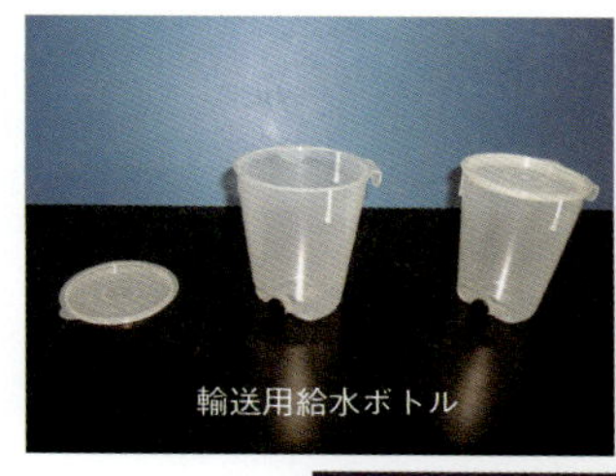

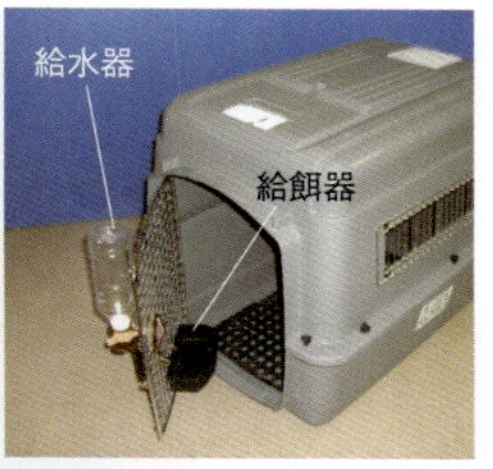

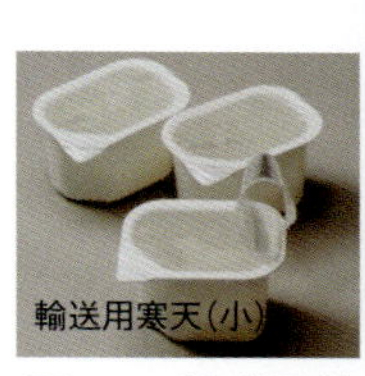

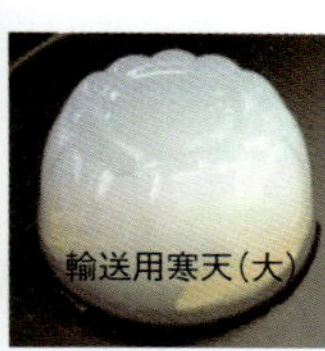

図53 輸送用給水ボトル、輸送用寒天並びに給餌器・給水器

b. ウサギ

ウサギは不安や緊張感を強く持つ動物であり、驚愕すると跳びはねて骨折・脱臼することがある。そのため、大き過ぎる輸送容器は好ましくない。輸送時間が1日を越える場合には飼料と寒天などを入れる。

c. イ　ヌ

イヌは乗り物に弱く嘔吐しやすいので、輸送時には飼料は与えない。輸送前には早めに飼料を与え、あるいは一食分を抜くなどの配慮を要する。水は輸送の直前に与える。イヌ及び以下に示す動物種においては、輸送時間が1日を超える場合、あるいは気温が高い場合、輸送の途中で動物の状態を観察し、数時間ごとに飼料や水を給与する。したがって、輸送は動物種ごとに十分な知識と経験を持つ者に担当させるべきである。

d. ネ　コ

イヌに準ずる。

e. ブ　タ

ブタは臆病で、少しの物音にも驚愕し、興奮しやすく警戒心が強い。一般に給餌は行わないが、気温が高い状況では数時間おきに給水あるいは寒天を与える。

f. サル類

通常、給餌、給水は行わない。輸送が長時間に及ぶ場合は、あらかじめ給餌器、給水器を輸送容器に取り付けておき、必要に応じて給餌・給水を行う。少量の果物を入れてもよいが、腐敗しにくいものを選ぶ*[104]。

*104）マーモセット等の小型サル類では、輸送容器への収容時間が4時間を越える場合は、給餌器や給水ボトルを取り付け、給餌、給水を行う。

ウ　動物の輸送に係る車両、輸送容器

実験動物の輸送車両は専用のものとし、輸送容器内に異種動物を一緒に収容してはならない。同じ輸送容器に複数の動物を収容する場合は、同一コロニー、同一齢及び同性であるなど、生理、生態、習性等についても配慮する。これは、動物同士の闘争や暴行（いじめ）の防止、実験動物としての均質性の確保の上で考慮すべきである。

動物を収容した輸送容器は乱暴な取扱いを避け、過度の騒音や振動で動物を驚かすことのないように移動するなど、実験動物の健康及び安全の保持、あるいは逸走防止に努めなければならない。

管理者や実験動物管理者は、実験動物の輸送に関して、特に輸送に当たる者に対する教育に留意し、特に輸送担当者に対しては、輸送容器の取扱いはもとより、輸送が実験動物にとってストレスになることやストレスの原因を教え、安全運転と庫内温度に注意を払い、問題が生じた場合の対処方法を習得させる必要がある。

輸送担当者は、動物に対する病原微生物の汚染を防ぐため、輸送車両並びに輸送容器の清掃、消毒等について手順書に従って実施し、輸送時には、自身の清潔を常に保持するよう心がけるとともに、動物及び輸送容器の取扱いについては、動物の汚染あるいは動物からの危害防止という意味合いにおいても直接動物に触れることがないよう手袋を着用する。

また、輸送に当たる者は、輸送中に発生する車両等の故障を最少に留めるよう常に車両等の保守管理を徹底するとともに、車両の故障や交通事故の発生、気象の急変、地震等の自然災害の発生等、様々な緊急時の対応・連絡*[105]についてマニュアル等を定め、関係者の教育、訓練を行う。

*105）輸送途中の実験動物の取扱いについては、輸送担当者が輸送を委託した者に指示を仰ぐのが原則で、輸送に関する委託契約の際に責任の範囲を明らかにしておく必要がある。異常時には、動物を持ち帰ることが可能な場合には手順書等に従い、定められた者が定められた方法で安楽死処分並びに処理を行う。

1）輸送車両等

① 輸送車両：実験動物の輸送は、実験動物輸送専用の車両を使用することが原則である。

輸送車両が備えなければならない条件としては、以下のことがあげられる。

- 輸送時に動物が受ける生理的、心理的影響をできるだけ抑えるため、振動が少なく、空調設備が装備*[106] されていること。
- ネズミ返し等の逸走防止策が講じられ外部に逸走できない構造になっていること。庫内に照明が設置され、床に敷かれているスノコ等についても薄く工夫されるなど、動物が逃亡してもすぐ発見できるようになっていること。
- 微生物汚染を招来しないように給・排気口にはフィルターを備え、庫内の消毒が容易にでき、施錠ができることがあげられる。

また、設定した適温域を逸脱した場合に備え、警報装置の設置、及び輸送途中で車両が故障することもあるので、代替車両を準備しておくことが望ましい。

② 航空機：動物が積載される航空機の庫内は、客室と同レベルの空調設備を有しているが、積込み、積卸し時に駐機場の環境の影響を受けやすい。外気温に比べてかなり高温若しくは低温となり、小形のげっ歯類などでは死亡することもある。また、到着時には、急激な温・湿度の変化にさらされ、貨物室内は離発着時の機器操作音に加え風切り音が聞こえ、気圧も低く、これらが生理的機能に影響を及ぼす可能性もある。さらに、外気温、排気ガス、騒音の暴露なども懸念材料であり、動物にとって好ましい環境ではない。そのため、発送者、輸送業者、通関代理業者、税関、動物検疫所など関係方面との連絡を密に保ち、実験動物が空港に到着してから受領するまでの時間をできるだけ短縮する段取りが重要である。長時間空港域内の保管場所などに放置されることは、避けなければならない。

2）輸送容器

動物を収容する輸送容器が備えなくてはならない条件*[107] としては、以下のことがあげられる。

- 換気が確保され、SPF 動物では換気口にフィルターが装着され微生物の汚染を防止又は制限できること。
- 排泄物により動物の体が濡れたり汚れたりしないこと。

*106）動物を積載する輸送車両には、冷暖房機が装備され、庫内温度は一定に保たれるようになっている。通常、フィルターを装着した輸送容器を積載する場合、げっ歯類で約 15℃、ウサギはそれより低い温度に設定する。これを補完するものが輸送容器内の床敷きである。

輸送容器内の床敷きは、湿度の調節に役立ち、糞尿を付着、吸収して容器内を清潔に保つ効果もある。また、輸送時の急激な揺れや振動及び不可避的な温度変化から動物を守る役目もある。床敷には、いろいろなタイプがあり、動物の特性を考慮して適したものを選択する。

*107）輸送容器に必須の条件は同一施設内、あるいは同一敷地内の別の施設への短い移動距離であっても同様である。短時間であるという理由から、蓋のない容器やポリエチレン袋等を輸送容器の代用にしたり、不安定な状態で輸送容器を積み重ねたりしてはならない。

・転倒しにくく、振動その他で蓋や扉が開くことがなく、逸走防止策が講じられていること。
・動物の収容や移動が容易で、突起等がなく、動物や人に対して傷害を与えない構造になっていること。
・輸送容器が再使用可能な仕様の場合には、その都度、滅菌や消毒ができる材質であること。

なお、輸送時には、輸送容器の取扱いを喚起するため「生き物」、「天地無用」、「取扱注意」などの標示、並びに異常が起こった場合に備え連絡先（住所、電話番号等）を記したシールなどを貼付することが望ましい（図 54）。「取扱注意」の表示は遺伝子組換え動物の輸送に際して必須である。

取扱注意

梱包形状：☑リサイクル輸送容器　□段ボール製（金網貼）輸送容器

緊急時連絡先：
機関名：※※※※ 担当部署名：※※※
電話番号：※※※※　FAX番号：※※※※

◎動物が逃亡することが無いよう動物の取扱いにはご注意下さい

図 54　輸送容器に貼るシールの表示例

以下、主要な動物種別に詳しく述べる。

a. げっ歯類（マウス、ラット、モルモット、ハムスター類など）

げっ歯類用の輸送容器は、ポリプロピレン（PP）製や段ボール製の市販品が広く出回っている。PP 製の輸送容器のほとんどが、

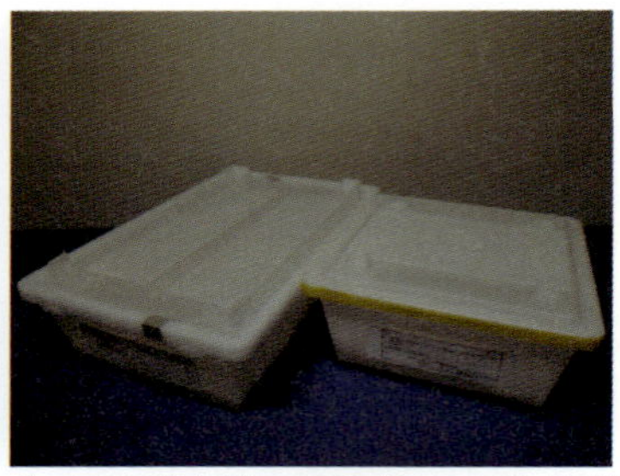

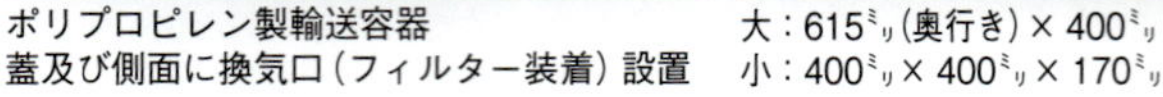

ポリプロピレン製輸送容器
蓋及び側面に換気口（フィルター装着）設置

大：615ﾐﾘ（奥行き）× 400ﾐﾘ（幅）× 170ﾐﾘ（高さ）
小：400ﾐﾘ × 400ﾐﾘ × 170ﾐﾘ

図 55　ポリプロピレン製のリサイクル輸送容器

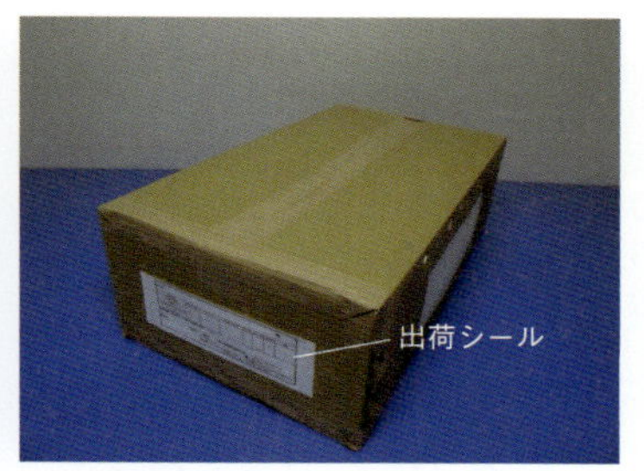

全面金網張り段ボール製輸送容器　560ミリ×300ミリ×170ミリ

出荷シール：動物種、系統名、性別、生月日、収容数、生産者の住所、連絡先等を記載

図 56　段ボール製の輸送容器並びに貼付シール

使用後にプラスチック資源として専門業者が回収し、成型して再び輸送容器として利用するリサイクル型の輸送容器である。これには大小2種類があり、マウスから比較的大きなモルモットまで、げっ歯類の輸送容器として広く用いられている（図55）。

段ボール製の輸送容器は、金網や金属箔などで裏打ちされ、ハムスター類などにも咬み破られるおそれのない構造になっている（図56）。また、いずれの輸送容器も除菌フィルターが換気口に装着され、微生物統御がされている。輸送容器はフィルターにより内部が見えないものがほとんどであるが、動物の健康状態の観察あるいは輸出の際の税関での検査など、輸送容器内を見る必要のある場合には、上蓋が透明のものや、観察窓が設置されているものもある。

なお、遺伝子組換え動物の輸送に関して、事故等で輸送容器が破損したとしても、遺伝子組換え動物が逃亡できない構造であることが輸送容器の条件となっているが、これらの輸送容器は、その条件を満たしている。

げっ歯類の輸送容器は1つの容器に複数の動物を入れる多頭収用を前提としている。換気口のフィルターは、微生物統御には欠かせないが、換気を妨げ輸送容器内の温・湿度を高める要因にもなっている。そのため動物収容時には、温・湿度やアンモニア濃度の上昇を考慮した上で収容匹数を決定する必要があり、夏季、高温が予想される場合には収容匹数を少なくするなどの対応が必要である（表15）。また、多数の輸送容器を輸送車両に収容する場合、輸送容器の配置などを工夫し、それぞれの輸送容器にむらなく空気が循環するよう留意し、荷崩れや転倒が生じないようゴムバンド等の留め具で固定するなどの処置を施しておく。

以上に述べたげっ歯類の輸送に当たって留意すべき事柄は、ウサギその他の実験動物にも適用される。

表 15　輸送容器収容密度の目安

動物種	週齢	体重（グラム）	床面積／1匹あたり（平方センチ）	容器の高さ（センチ）
マウス	3～4 5 6 退役	10～20 21～25 26～30 30＜	40 60 70 90	17≦
ラット	3 6 9 退役	50＞ 151～175 251＜	90 180 230 360	17≦
ハムスター類	3 4～5 6～9 10＜	60＞ 60～90 90～120 121＜	60 100 120 150	17≦
モルモット	3 6～8 12＜ 退役	150＞ 351～450 550＜ 550＞	340 440 460 480	17≦
ウサギ	15＞ 16＜	2499＞ 2500＜	1150 2000	24≦

資料提供：日本実験動物協同組合

b. ウサギ

輸送容器の材質は木材パルプ、硬質プラスチック等の丈夫なもので、大きさはウサギが自由に動き回れない程度のものがよい。高さは、ウサギが跳びはねることができず、背中を傷つけない程度の高さとし、床は防水仕様で、滑りにくく、汚物が外部に漏出しない構造とする。また、ウサギは高温に弱く湿気を嫌うので木材チップや圧縮古紙等を敷くなど、温度と通気性に留意する。特にSPF動物の場合には輸送容器にフィルターが装着されているので、温度管理や換気には注意を要する。

イヌ（ブタ）、サル類の輸送容器について、IATA（International Air Transport Association：国際航空輸送協会）はLive Animals Regulationで輸送容器（表16）を指定し、これを使用しなければ航空会社は輸送を認めない。国内航空会社もこの規定に準じているため、国内で流通するほとんどの輸送容器は、Live Animals Regulationに規定された規格[*108)]と同等と考えてよい。

c. イ　ヌ

イヌの輸送容器は以下の条件を満たすものが望ましい。

・ファイバーグラス、強固なプラスチック（図57）あるいは金属製で、イヌや外部からの衝撃により破損しない丈夫な材質であること。

*108）輸送容器の6面全体が金網となっているものは不可で、最小でも2面以上（床面と天井面）が丈夫な板状となっていること、床は一枚板で尿などが漏れない構造で、扉は丈夫な金属製であること、輸送中に容器が動かないこと。さらに、体重が30kg以上の場合は、輸送容器が堅牢な木材や鉄製材料で組み立てられていること等が記されている。

表16 国際航空運送協会（IATA）が定める輸送容器の規格

イヌ、ネコ、サル類の輸送容器の適切な大きさ（IATA）

イヌ

体重（キロ）	容器寸法（センチ） 間口 奥行 高さ	収容数（頭）
9未満（6か月齢まで）	55 × 80 × 58	2
9～10.4	50 × 68 × 48	1
10.5～15.0	55 × 80 × 58	1
15.1～21.0	60 × 90 × 65	1

航空輸送の場合、国内外を問わず国際航空運送協会（IATA）が定める要件を満たす市販のプラスチック製品を基準とする。

イヌ及びネコの採寸表：A= 動物の鼻先から尻尾の付け根までの長さ
B= 地面から肘関節までの高さ C= 肩幅
D= 普通に立った状態の頭頂部と耳の先のどちらか高い方の高さ

ケージサイズの算出方法：幅 =C × 2　奥行き = A+B　高さ = D

注：ミニブタもイヌ、ネコに準ずる。

ネ コ

体重（キロ）	容器寸法（センチ） 間口 奥行 高さ	収容数（匹）
2未満	40 × 53 × 38	1
2以上	52 × 70 × 54	1

サル類

体重（キロ）	容器寸法（センチ） 間口 奥行 高さ	収容数（頭）
1～4　（1～4歳齢）	58.5 × 44.5 × 50.5（1区画）	1
3未満　（3歳齢以下）	175.5 × 44.5 × 50.5（3区画）	3
3以上　（4歳齢）	117.0 × 44.5 × 50.5（2区画）	2

注：1～4kgの体重のサルを収容する輸送容器の大きさ。

資料提供：日本実験動物協同組合

輸送が1日を超える場合には、餌箱と給水ボトルを設置し、飼料と飲水を与える

図57 硬質プラスチック製のイヌ等の輸送容器並びに給餌・給水器

・扉や蓋は人による開閉を除き、偶然に開くことがなく、床は滑らない材質で、動物を傷つけることのないこと。
・扉や換気口などの開口部から動物の鼻先、足、尾が輸送容器外に出ないこと。
・汚物で動物が汚れる、あるいは汚物が外部に漏出しないこと。
・容器内部が観察でき、輸送中に人が噛まれる等の危険にさらされることなく管理ができる構造になっていること。輸送容器の大きさについては、動物が立ったまま、体を回転したり、立ったり座ったり、自然な状態で横になることができる大きさであること。

収容匹数については、1匹ごとの収容が原則であるが、闘争を避けるためあらかじめ相互の順化が十分に施されていることや、若齢であり同腹である場合は、1つの輸送容器に複数の動物を収容して輸送することも可能である。

d. ネ　コ

イヌに準ずる。

e. サル類

サル類の輸送容器として、以下の条件があげられる。
・逸走できない頑丈な枠組みの形状であること。
・人に対しては、輸送中に噛まれる等の危険にさらされることなく管理ができるよう、換気口など、開口部から手足が出せないように金網が装着されていること。
・扉は施錠し、逸走防止策が講じられていること。
・排泄した糞尿が輸送容器の底に設置した受け皿に落ちるように、金網床となっていること。
・受け皿は固定され糞尿の漏れるのを防止する構造になっていること。
受け皿にペットシートを敷くことも有効である。

また、収容されたままの状態で、検収・検疫のための観察、材料採取、処置ができるような構造、あるいは輸送容器から飼育用ケージへの動物の移動を容易に行えるような構造上の工夫が望ましい。

収容匹数については、1容器に1匹収容が原則であるが、やむを得ず離乳後の若齢個体を輸送する場合には、ストレスの軽減を図るべく、前もって若齢個体同士をペア又はグループで飼育するなど、順化させた上で一緒に輸送容器に収容し輸送する。また、妊娠中の雌を輸送する場合は、ストレスが及ぼす影響をあらかじめ十分考慮した上で行う必要があり、妊娠後期に入る前に輸送しなければならない。なお、哺乳中のサルは原則として輸送しない。

サルにはヒトに感染する危険度の高い感染症があるので、取扱担当者はマスク、ゴーグルや手袋を装着すると共に不用意な動物への接触を避けるなど危険防止に留意する。

f. ミニブタ

輸送容器は、強固なプラスチックあるいは金属製などがある。ブタは体格の割には体重があり、鼻が強じんなことなども考慮に入れ、輸送容器の材質はブタや外部の衝撃によって壊れない頑丈なものを選ぶ必要がある。尿量が多いので、換気をよくし、スノコの下に吸水マットを敷く等の対策を施す。スノコは滑らない材質で、爪や足を痛めないように平板状のものを使用する。扉や換気口などの開口部からブタの鼻先、足、尾が輸送容器外に出ることがなく、汚物で動物が汚れるあるいは汚物が外部に漏出しない構造が必要である。また、容器内部が観察でき、輸送中に人が噛まれる等の危険にさらされることなく管理ができることも必要な条件である。

なお、ブタは捕まえにくい体形であるので、ある程度の大きさのブタでは、天井部分が外せる構造が都合よい。

容器の大きさは、体重及び体高を基準にして選ぶ。特に体重に幅があるため、大きさに応じた輸送容器を準備する必要があり、いずれの大きさのブタについても、動物が立ったまま、体を回転したり、立ったり座ったり、自然な状態で横になれる大きさが必要である。

原則として1ケージに1頭を収容する。ただし、前述の広さを満たすことを条件に、10kg 未満の個体については1ケージに2頭の収容も可能である。ブタの輸送に関しては、家畜伝染病予防法に定める、ブタを対象とする口蹄疫、流行性脳炎あるいは豚コレラなどの家畜伝染病、レプトスピラ症あるいはサルモネラ症などの届出伝染病が発生している場合、あるいは必要に応じて最寄りの家畜保健衛生所に相談することが重要である。

g. 特定動物

特定動物とは、動物愛護管理法により危害等を加える危険性のある動物のことを指し、特定動物を施設外に出す場合、特定動物を許可を受けた自治体の外に移動させる場合は、自治体への届け出が必要になる*109)。これらの動物を収容する檻等については輸送容器ではなく移動用施設という。移動用施設は、特定動物の体力及び習性に応じた堅牢な構造であり、外部からの衝撃により損壊しないよう、材料の接合部が十分な強度及び耐久性を有することが必要で、特定動物が通り抜けることができない檻の格子の間隔又は金網の目の大きさが必要である。また、外部との出入り口の扉に設ける施錠設備については、１つの扉ごとに２つ以上設置し、特定動物が脱出するおそれがない方法で給餌及び汚物の処理をすることができる構造とする。さらに、特定動物を移動施設の外から監視できる構造であることが重要である。

*109)「動物の愛護及び管理に関する法律」で、人の生命、身体又は財産に被害を加えるおそれがある動物として定められている動物を「特定動物」と呼び、主な実験動物の中ではニホンザルが該当する。特定動物の輸送に際し、所在地として許可を受けた都道府県等の区域を超えて輸送する場合には、３営業日前までに、輸送の場所を管轄する都道府県知事等へ「特定動物管轄区域外飼養・保管通知書」による届け出が必要である。

エ．環境汚染の防止

輸送中の実験動物による環境汚染の防止については、施設等における飼養及び保管と基本的に変わるものではない。しかし、多くの場合、輸送に際しては公共の交通機関あるいは公道を利用するので、万一の事態を考慮して環境汚染防止に努める必要がある。そのためには、輸送車両や輸送容器に逸走防止策が施されているだけでなく、汚物が漏れ出ない構造が必須である。輸送容器については実験動物からの微生物や汚物が輸送車両内に出にくく、さらに輸送車両は、車両外に臭気、鳴き声等が漏れにくい構造となっている必要がある。

3-7 施設廃止時の取扱い

管理者は、施設の廃止に当たっては、実験動物が命あるものであることにかんがみ、その有効利用を図るために、飼養又は保管をしている実験動物を他の施設へ譲り渡すよう努めること。やむを得ず実験動物を殺処分しなければならない場合にあっては、動物の殺処分方法に関する指針（平成7年7月総理府告示第40号。以下「指針」という。）に基づき行うよう努めること。

趣旨

事業の廃止や事業内容の変更等により施設を閉鎖あるいは廃止する場合には、飼養保管している実験動物の引き取り先などを探さなくてはならない。施設の廃止に際しては、実験動物の商業的供給施設や研究施設等、適切な譲渡先を見つけ、殺処分の対象となる動物の数を可能な限り減らすよう努めなければならない。また、やむを得ず殺処分しなければならない場合は、獣医師や実験動物管理者あるいはその指導下で、できるだけ苦痛を与えない方法で行われなければならない。殺処分の方法については、4章個別基準 4-1-2 事後措置（p.141）を参照されたい。

解説

施設の廃止等の事情があっても、飼養保管されている実験動物に対して、その目的を全うさせるよう可能な範囲で動物の譲渡先を探す必要がある。しかし、実験動物では、その利用の目的から一定の品質が必要であり、目的に合致する譲渡先を探すことは必ずしも容易ではない。また、生産方式、繁殖特性、微生物検査結果、特性情報などの詳細な情報の提供が必要であり、イヌやサル等では個体別情報も提供すべきである。譲渡した動物が原因となる感染症の発生や品質の不一致により目的とする研究に使用できない等のトラブルを避けるため、詳細な情報をもとに慎重に判断すべきである。

なお、遺伝子組換え動物や特定動物など、法律による規制がある動物*[110]の譲渡にあたっては、それぞれの法令に従って手続きが必要となる。

*110）遺伝子組換え動物（カルタヘナ法）、特定動物（動物愛護管理法）、特定外来生物（外来生物法）、外国産輸入サル（感染症法）、イヌ（狂犬病予防法）、家畜（家畜伝染病予防法）などが該当する。

参考図書

1) “*Press Statement* ”, Farm Animal Welfare Council（1979 年 12 月 5 日）.
2) 日本実験動物協会編：“実験動物の技術と応用　実践編”，アドスリー（2004）.
3) 大和田一雄監修，笠井一弘著：“アニマル マネジメント 動物管理・実験技術と最新ガイドラインの運用”，アドスリー（2007）.
4) 日本実験動物学会監訳：“実験動物の管理と使用に関する指針（Guide for the care and use of laboratory animals）第 8 版”，アドスリー（2011）.
5) 日本実験動物学会監修：“実験動物としてのマウス・ラットの感染症対策と予防”，アドスリー（2011）.
6) 日本実験動物協会編：“実験動物の感染症と微生物モニタリング”，アドスリー（2015）.
7) 日本実験動物学会編：“実験動物感染症と感染症動物モデルの現状”，アイペック（2016）.
8) 日本実験動物環境研究会編：“研究機関で飼育されるげっ歯類とウサギの変動要因，リファインメントおよび環境エンリッチメント（Variables, Refinement and Environmental Enrichment for Rodents and Rabbits kept in Research Institutions）”，アドスリー（2009）.
9) 日本建築学会編：“実験動物施設の建築及び設備　第 3 版”，アドスリー（2007）.
10) 日本実験動物環境研究会編：“NIH 建築デザイン・政策と指針”，アドスリー（2009）.
11) 実験動物飼育保管研究会編：“実験動物の飼養及び保管等に関する基準の解説”，ぎょうせい（1980）.
12) 久和茂編：“実験動物学”，朝倉書店（2013）.
13) 笠井一弘著，大和田一雄監修：“アニマルマネジメント　動物管理・実験技術と最新ガイドラインの運用”，アドスリー（2007）.
14) 笠井一弘著，大和田一雄監修：“アニマルマネジメントⅡ　管理者のための動物福祉実践マニュアル”，アドスリー（2009）.
15) 笠井一弘著，大和田一雄監修：“アニマルマネジメントⅢ　動物実験体制の円滑な運用に向けてのヒント”，アドスリー（2015）.
16) 日本実験動物環境研究会編（黒澤努，他監訳）：“NIH 建築デザイン　政策と指針”，アドスリー（2009）.
17) 笠井憲雪，他著：“体験者が伝える実験動物施設の震災対策”，アドスリー（2011）.
18) 日本実験動物学会実験動物管理者制度 WG：“第 6 回実験動物管理者研修会資料集”，日本実験動物学会（2016）.
19) 動物愛護管理法令研究会編著：“動物愛護管理業務必携”，大成出版社（2006）.
20) 実験動物飼育保管研究会編：“実験動物の飼養及び保管等に関する基準の解説”，ぎょうせい（1980）.
21) 日本実験動物協会：“実験動物の福祉に関する指針並びに運用の手引き”，日本実験動物協会（平成 27 年 7 月）.
22) 日本実験動物協同組合編：“実験動物のトラブル Q ＆ A”，アドスリー（2011）.
23) 藤原公策・宮嶌宏彰　他編：“実験動物学事典”，朝倉書店（1989）.
24) 家畜繁殖学会：“新繁殖学辞典”，文永堂出版（1992）.

4章 個別基準

趣旨

第4章では、実験動物の飼養保管の目的から「実験等を行う施設」と「実験動物を生産する施設」に分け、それぞれの目的に応じて、実験動物を飼養保管するうえでの遵守事項あるいは努力事項を定めている。実際には、実験動物の生産を行うとともに実験等を行う施設もあるが、その場合は両方の施設についての個別基準が適用される。

4-1 実験等を行う施設†1～3

†1～3 参考図書を章末に掲載

4-1-1 実験等の実施上の配慮

実験実施者は、実験等の目的の達成に必要な範囲で実験動物を適切に利用するように努めること。また、実験等の目的の達成に支障を及ぼさない範囲で、麻酔薬、鎮痛薬等を投与すること、実験に供する期間をできるだけ短くする等実験終了の時期に配慮すること等により、できる限り実験動物に苦痛を与えないようにするとともに、保温等適切な処置を採ること。

趣旨

ここには、動物愛護管理法第41条の第1項及び第2項の内容が記されており、前文では同条第1項にある Replacement と Reduction の配慮を、後文は第2項にある Refinement の実施を意味している。本基準の「第1章　一般原則、1-1 基本的な考え方」にも同様の記述があり、実験動物の利用、すなわち動物実験を実施するうえで極めて重要な原則を繰り返し述べている*1)。

「実験等の目的の達成に必要な範囲」とは「研究目的に応じた実験の精度や再現性を確保できる範囲」と解釈でき、「実験等の目的の達成に支障を及ぼさない範囲」とは「研究目的に応じた実験の精度や再現性に影響しない範囲」と解釈できる。また、後文にある「実験終了の時期に配慮」は「人道的エンドポイント」を、「保温等適切な処置」は「術後管理等」を示していると解釈できる。

*1) 動物の愛護及び管理 に関する法律
http://law.e-gov.go.jp/htmldata/S48/S48HO105.html
実験動物の飼養及び保管並びに苦痛の軽減に関する基準
https://www.env.go.jp/nature/dobutsu/aigo/2_data/nt_h180428_88.html

なお、動物実験等の実施においては、各省の動物実験基本方針、及び機関内規程に従い、動物実験計画の立案、審査、承認の手続きを踏むことは当然であり、動物実験委員会の関与する事柄が多い。

解説

（1）実験計画の立案[*2, *3]

動物実験の実施に際して、実験実施者（動物実験責任者）は動物実験計画を立案し、動物実験委員会の審査を経て所属機関の長の承認を受けなければならない。実験計画の立案時には、研究の目的を達成するために必要な範囲で代替法の利用（Replacement）、使用動物数の削減（Reduction）について検討しなければならない。

動物実験は様々な研究分野で行われ、それぞれの研究目的に応じた実験の精度や再現性を確保することは科学的な視点で極めて重要なことである。同時に、3Rの原則に則して適切に実施されなければならない。動物に対する実験的処置は、実験の目的の達成に支障を及ぼさない範囲で、すなわち実験の精度や再現性に影響しない範囲で、できる限り苦痛を軽減させる方法を採用しなければならない（Refinement）。特に、実験的処置により想定される動物の苦痛の程度、麻酔薬や鎮痛薬等による麻酔管理や疼痛管理、外科手術等の方法や手術前後（周術期）の管理、実験や術後観察の終了の時期（人道的エンドポイント）等について、具体的な計画を立案する必要がある。新規の実験計画を立案する際は、当該研究分野の文献等を精査し、適宜、当該処置に習熟した経験者や実験動物の専門家[*4]に助言を求めることが望ましい。

（2）Replacement（動物実験の他手段への置換）

動動物実験等の実施に際し、実験の目的を達成することができる範囲において、すなわち実験の精度や再現性を確保できる範囲で、できる限り生きた動物個体を利用する方法に代わる代替法の利用を検討しなければならない。また、生きた動物を用いる場合でも、より侵襲性の低い方法、系統発生学的に下位の動物種や苦痛を感じる神経系の発達が乏しい動物種への置換も広義の代替法と見なすことができる。代替法の検討は、動物実験計画の立案時に行う。

代替法の検討に当たっては、実験の目的とその必要性が明確であり不要な繰り返しでないこと、数学的モデル、コンピューター

*2) 文部科学省動物実験基本指針
http://www.mext.go.jp/b_menu/hakusho/nc/06060904.htm
厚生労働省動物実験基本指針
http://www.mhlw.go.jp/file/06-Seisakujouhou-10600000-Daijinkanboukouseikagakuka/honbun.pdf
農林水産省動物実験基本指針
http://www.maff.go.jp/j/kokuji_tuti/tuti/t0000775.html

*3) 日本学術会議　動物実験の適正な実施に向けたガイドライン（詳細指針）
http://www.scj.go.jp/ja/info/kohyo/pdf/kohyo-20-k16-2.pdf

*4) 実験動物医学専門獣医師；日本実験動物医学専門医協会（International Association of Colleges of Laboratory Animal Medicine: IACLAM）に所属する、実験動物医学専門医（Diplomates of Japanese Colleges of Laboratory Animal Medicine: DJCLAM）。
・実験動物飼育技術者：（公社）日本実験動物協会認定実験動物 1級・2級技術者

シミュレーションや臓器、細胞・組織培養系などの *in vitro* 系あるいは生きた動物を用いない実験系が利用できないことなど、適正な代替法がないこと、あるいは実験の精度や再現性の点で利用できないことを、当該分野の文献やデータベース検索等で確認する[*5)]。

多くの動物を使用する医薬品や化学物質等の評価試験、苦痛の程度が高い実験処置については、代替法の開発も重要である。評価試験の分野では、皮膚刺激性、光毒性、遺伝毒性、眼刺激性試験等で代替法の開発が進んでいる。また、ヒト型のウイルスレセプターや癌遺伝子に関する遺伝子組換え動物を利用することで、ポリオワクチンの評価試験をカニクイザルからマウスへ代替ができた例が知られている。重篤な全身症状を発症する疾患モデルマウス系統や繁殖能力の低い系統の維持のため、胚や精子の凍結保存技術を応用することも、広義の代替といえる[*6)]。

しかし、多くの場合、動物実験は単純な代替法により容易には置換できないと考えられることから、段階的な実験戦略や複数の実験系を統合した融合型実験法[*7)]の開発やその評価及び最適化が不可欠である。

(3) Reduction(使用動物数の削減)

実験等の目的を達成することができる範囲において、すなわち実験の精度や再現性を確保できる範囲で、できる限り実験等に供される動物の数を少なくするよう、実験計画の立案時に検討しなければならない。この場合、特に実験の結果の再現性や精度を高めるために、目的に応じた動物種や系統を選択することが重要であり、高品質で個体差の少ない実験動物を用いることで不要に実験を繰り返す必要がなくなる[*8)]。

動物の反応は、種を越えて共通に見られるものが多く、動物実験実施の理論的根拠となる。しかし、その範疇に入らない反応もあることを念頭に置いて動物を選択しなければならない。動物の形態学的及び生理学的特性を理解し、過去の知見を考慮して動物の種や系統、性別、年齢、体重等を決定する。実験等のために合目的に生産される実験動物は、実験の精度や再現性を確保するために、遺伝的及び微生物学的な品質管理が実施されている。さらに、疾患モデル動物や遺伝子組換え・ゲノム編集動物を用いることにより、それぞれの研究分野の最新の研究動向に応じた実験が可能になる場合もある。マウスやラットでは遺伝的統御の方法により特性が異なる多くの系統が樹立されており、近交系、クロー

*5)日本動物実験代替法評価センター(JaCVAM)は、国立医薬品食品衛生研究所に設置され、代替試験法協力国際会議(ICTAM)と連携し、動物実験代替法に関する情報を取りまとめ、新規の代替試験法の妥当性評価やその結果の公表等を行っている(http://www.jacvam.jp/jp/index.html)。

*6) OECDテストガイドラインは、行政的な安全性評価に用いる代替法を定めたガイドラインで *in vitro* 及び *in vivo* 試験法の両方に関与している(http://www.nihs.go.jp/hse/chem-info/oecdindex.html)。

*7) 生きた動物個体だけを用いるのではなく、一連の研究あるいは実験の過程で、摘出された組織や培養した細胞を用いる実験、コンピューター解析等を組み合わせて行う実験法。

*8) RussellとBurchが動物実験の3Rを提唱したのは 1958年である。当時と比較し、マウスやラット等の実験動物の品質は格段に向上している。遺伝的、微生物学的な統御による高品質な実験動物を用いることは、Reductionとして有効である。

ズドコロニー、ミュータント系及び交雑群に分類されている（表1）。これらの動物は定期的にモニタリングが実施され遺伝的統御が担保されている。

表 1　実験動物の遺伝的統御による分類

群	規定
近交系 Inbred strain	兄妹交配を 20 代以上継続している系統、親子交配を 20 代以上継続しているものも含まれるが、この場合次代との交配は両親のうち後代のものと行うものとする。ただし兄妹交配と親子交配を混用してはならない。近交系数が 0.9 以上のもの
ミュータント系 Mutant strain	遺伝子記号を持って示しうるような遺伝子型を特性としている系統及び遺伝子記号を明示し得なくても、淘汰選抜によって特定の遺伝形質を維持することのできる系統
クローズドコロニー Closed colony	5 年以上外部から種動物を導入することなく、一定の集団内のみで繁殖を続け、常時実験供試動物の生産を行っている群。一般には近親交配を避けた循環交配方式を行う。
交雑群 Hybrid	近交系間の雑種第一代
雑動物 Mongrel	遺伝的統御の行われていない動物

一方、実験動物は各種微生物の感染により、致死あるいは衰弱、繁殖率の低下など顕著な反応を示すだけでなく、明らかな症状は見られなくても実験成績に影響が表れることが知られている。いずれも動物実験の精度や再現性を低下させることから、実験動物の微生物学的統御方法に基づきいくつかの区分がなされている（表 2）。現在では、SPF 以上の品質が保証された動物が多くの実験に使用され、その飼養保管に際しては品質の維持のために微生物モニタリングが行われている。

表2　微生物学的統御からみた実験動物の区分

群	定義	備考		
		微生物の状態	作出方法	維持
無菌動物（Germfree animals）	封鎖方式・無菌処置を用いて得られた、検出しうるすべての微生物・寄生虫を持たない動物	検出可能な微生物はいない	帝王切開・子宮切断由来	アイソレータ
ノトバイオート（Gnotobiotes）	持っている微生物叢のすべてが明確に知られている特殊に飼育された動物	持っている微生物が明らか	無菌動物に同定された微生物を定着させる	アイソレータ
SPF動物（Specific pathogen-free animals）	特定された微生物・寄生虫のいない動物、指定以外の微生物・寄生虫は必ずしもフリーでない	持っていない微生物が明らか	無菌動物・ノトバイオートに微生物を自然定着	バリアシステム
コンベンショナル動物（Conventional animals）	微生物統御されていない環境で飼育された動物	持っている微生物が不明	SPF動物を非バリア環境で飼育	オープンシステム

動物実験計画の立案時には、どのような実験群が必要か、その内容と数、各実験群における使用動物数、総数などを明確にする必要がある。可能ならば、詳細情報を含め動物数あるいは実験群毎の動物数を算出した統計学的な根拠が求められる。現実的には、遺伝的・微生物的品質や特性等における理想と現実の差、技術的な困難さ、知見の不足等の様々な制約があり、簡単には使用動物数を算出することはできないことも多い。それを補完するのが生物統計学であり、実験の対象とする生命現象の特徴を理解した上で実験処置に対する動物の反応を予測し、生物統計学の知識や手法を適用して具体的な実験計画を立案する。また、不確定な要素が多く必要数が算出しがたいときには予備実験も選択肢のひとつであり、実験結果の統計学的解析とともにあらかじめ動物実験計画として立案するべきである[*9)]。一方で、過度に使用動物数を減らすことは、再現性の曖昧な実験結果を導くおそれがあることも忘れてはならない[*10)]。実験の精度や再現性を確保できる範囲で、使用する動物数の削減に努めることが肝要である。

実験動物学の進歩により、新技術が使用する動物数の削減に貢献している例も多い。非侵襲的な新しい方法（CTやMRI等の画像解析）を用いることにより経時的な安楽死処分による採材を回避したり、発生工学的手法を用いることで自然交配よりもはるかに効率的に同年齢の個体を生産できることが知られている。しかし、使用数を減らすために、大きな苦痛を与える実験を同一個体

*9）ARRIVE（Animal Research: Reporting of *In Vivo* Experiments）guideline
https://www.nc3rs.org.uk/sites/default/files/documents/Guidelines/ARRIVE%20in%20Japanese.pdf
*ARRIVE*ガイドラインは、動物を使用した研究の計画、解析、及び報告を改善するために、英国3Rsセンター（NC3Rs）の活動の一環として作成され、動物を使用した研究結果を報告するすべての科学論文が記載すべき最小限の情報20項目のチェックリストからなる。例えば用いた動物の数や特性（動物種、系統、性別、遺伝的背景）、飼養保管法の詳細、実験法や統計法及び分析方法などである。ガイドラインは、実験動物を用いたあらゆる医学生物学研究分野に適用され、実験成果の報告のみならず、動物実験計画の立案に応用できる。論文を作成する際の一助として，その質の向上を目指して完成度と透明性を担保するための指針である。

*10）最近、Reductionへの過剰な対応から、あまりにも少数の動物を用いた実験結果が再現性の低く、無意味なものとなっているという指摘もある。
Nature, **520**：271-272,2015
UK funders demand strong statistics for animal studies D. Crosey:

で繰り返すことは避けるべきである。

（4）Refinement（麻酔、鎮痛薬の使用や実験技術・精度の向上による苦痛の軽減）

苦痛とは、痛覚刺激による痛み並びに中枢の興奮等による苦悩、恐怖、不安及びうつの状態等の態様をいう（動物の殺処分方法に関する指針*11）参照）。実験実施者は、実験処置により生じる動物の精神的・身体的な苦痛度を想定し、さらにその苦痛を軽減・排除するための措置を講じなければならない。

*11）動物の殺処分方法に関する指針（環境省告示第105号）
https://www.env.go.jp/nature/dobutsu/aigo/2_data/laws/shobun.pdf

①　苦痛度の想定

一般的には、動物の痛覚についての科学的な理解は、比較生物学を基礎にした類推と、人間が感じる痛みとそれに伴う様々な反応による推測に基づいている。苦痛に対する反応は動物種により異なり、各動物種における苦痛度を客観的に評価することは難しい。従って、実験実施者は、科学的根拠が明確な場合を除き、ヒトに対して苦痛を感じさせる処置はヒト以外の動物に対しても同様の苦痛を与えると考え、その軽減措置を講じることが基本である。表3には、動物に与える苦痛の程度を基準とした医学生物学実験の分類を示した［Scientists Center for Animal Welfare（SCAW）が作成したものを（大）動物実験施設協議会が翻訳、一部改編］。

これは、各実験処置による動物の苦痛度の判断基準の一例であり、実験技術を習得した者が実施することを前提に苦痛度が分類されている。計画する実験処置がどのカテゴリーに相当するかを判断し、できるだけ苦痛度の軽い処置への移行や適切な苦痛の排除・軽減措置をとることが求められる（表3注参照）。学生実習等の教育訓練に際しては、カテゴリーを一段階重く想定して対応することも多い。後述するように、カテゴリーDに属する実験を行う場合には、原則として人道的エンドポイントを設定する必要がある*12）。また、カテゴリーEに属する実験は、基本的には許容されない。その必要性、代替法の有無、実験方法の妥当性等について動物実験委員会が慎重に審査したうえで、実験計画の承認の可否を決めることとなる*13）。

*12）動物実験委員会により科学的合理性が認められた場合には、必ずしも人道的エンドポイントの設定は必要とされない。例えば、麻痺性貝毒はマウスユニット（体重20グラムのマウスが15分で死亡する毒力）で毒力が表示されることから，その安全性試験（定量）では人道的エンドポイントの設定は求められない（2017年7月現在）。

*13）　鍵山直子：動物実験の倫理指針と運用の実際．日薬理誌，**131**：187-193, 2008.

鍵山直子，水島友子：動物実験研究者必見−動物実験の倫理指針と苦痛度評価，日薬理誌，**141**：141-149, 2013.

表3 動物実験処置の苦痛度分類

カテゴリー		処置例及び対処方法
A	生物個体を用いない実験あるいは植物、細菌、原虫、又は無脊椎動物を用いた実験	生化学的研究、植物学的研究、細菌学的研究、微生物学的研究、無脊椎動物を用いた研究、組織培養、剖検により得られた組織を用いた研究、屠場から得られた組織を用いた研究。発育鶏卵を用いた研究。無脊椎動物も神経系を持っており、刺激に反応する。したがって、無脊椎動物も人道的に扱わねばならない。
B	脊椎動物を用いた研究で、動物に対してほとんど、あるいは全く不快感を与えないと思われる実験操作	実験の目的のために動物をつかんで保定すること。あまり有害でない物質を注射したり、あるいは採血したりするような簡単な処置。動物の体を検査（健康診断や身体検査等）すること。深麻酔下で処置し、覚醒させずに安楽死させる実験。短時間（2～3時間）の絶食絶水。急速に意識を消失させる標準的な安楽死法。例えば、麻酔薬の過剰投与、軽麻酔下あるいは鎮静下での頚椎脱臼や断首など。
C	脊椎動物を用いた実験で、動物に対して軽微なストレスあるいは痛み（短時間持続する痛み）を伴う実験	麻酔下で血管を露出させること、あるいはカテーテルを長時間挿入すること。行動学的実験において、意識のある動物に対して短時間ストレスを伴う保定（拘束）を行うこと。フロイントのアジュバントを用いた免疫。苦痛を伴うが、それから逃げられる刺激。麻酔下における外科的処置で、処置後も多少の不快感を伴うもの。 カテゴリーCの処置は、ストレスや痛みの程度、持続時間に応じて追加の配慮が必要となる。
D	脊椎動物を用いた実験で、避けることのできない重度のストレスや痛みを伴う実験	行動学的に故意にストレスを加え、その影響を調べること。麻酔下における外科的処置で、処置後に著しい不快感を伴うもの。苦痛を伴う解剖学的あるいは生理学的欠損あるいは障害を起こすこと。苦痛を伴う刺激を与える実験で、動物がその刺激から逃れられない場合。長時間（数時間あるいはそれ以上）にわたって動物の身体を保定（拘束）すること。本来の母親の代わりに不適切な代理母を与えること。攻撃的な行動をとらせ、自分自身あるいは同種他個体を損傷させること。麻酔薬を使用しないで痛みを与えること。例えば、毒性実験において、動物が耐えることのできる最大の痛みに近い痛みを与えること。つまり、動物が激しい苦悶の表情を示す場合。放射線障害を起こすこと。ある種の注射、ストレスやショックの研究など。 カテゴリーDに属する実験を行う場合には、研究者は、動物に対する苦痛を最小限のものにするために、あるいは苦痛を排除するために、別の方法はないか検討する責任がある。
E	麻酔していない意識のある動物を用いて、動物が耐えることのできない最大の痛みに近い痛み、あるいはそれ以上の痛みを与えるような処置	手術する際に麻酔薬を使わずに、単に動物を動かなくすることを目的として筋弛緩薬あるいは麻痺性薬剤、例えばサクシニルコリンあるいはその他のクラーレ様作用を持つ薬剤を使うこと。麻酔していない動物に重度の火傷や外傷を引きおこすこと。精神病のような行動を起こさせること。家庭用の電子レンジあるいはストリキニーネを用いて殺すこと。避けることのできない重度のストレスを与えること。ストレスを与えて殺すこと。 カテゴリーEの実験は、それによって得られる結果が重要なものであっても、決して行ってはならない。カテゴリーEに属する大部分の処置は、国の方針によって禁止されており、したがって、これを行った場合は、国から研究費は没収され、そして（または）その研究施設の農務省への登録は取り消されることがある。

注）この苦痛度分類は、動物種による反応の違いや処置後の観察期間等を考慮していないため、あくまで苦痛度判断の参考とするものである。処置そのものによる苦痛はわずかでも処置後の観察期間が長引けば重度の苦痛を与えることもある。このような場合、処置後の観察期間を短縮できれば、苦痛度を軽減できる。

動物の苦痛の程度を客観的に評価することは難しいが、各々の動物種に特有な行動上の特徴を注意深く観察することにより、苦痛の指標として利用することができる（表4）。例えば、急性の疼痛では、頻呼吸、頻脈、血圧の上昇、可視粘膜蒼白、流涎、高血糖、活動性の低下等の徴候が認められる。また、疼痛に対する反応、すなわち苦痛の徴候は、表情の変化（目を細める、耳を下げるなど）や呻吟*14)（イヌ等）、沈欝（全動物種）、食欲不振（全動物種）、努力性促拍呼吸（げっ歯類、鳥類、魚類）、攻撃性の激化（哺乳類、

*14) 呻吟（しんぎん） 苦痛によるうなり声やうめき声。

鳥類)、眼や鼻からのポルフィリン排出(げっ歯類)、異常な表情や姿勢(全動物種)、動かなくなる(全動物種)、グルーミング行動低下のため外見がみすぼらしくなる(哺乳類、鳥類)等があげられる(表4)。近年、マウスなどでも、眼の細め方、鼻のふくらみ、頬のふくらみ、耳の動き、ひげの動きの5つの尺度を使ってマウスの表情から苦痛を読み取る「マウス・グリマス(しかめっつら)・スケール(Mouse Grimace Scale)」*15)により、習熟した者は苦痛の程度を正確に判断できたという。しかし、動物種によっては相当に重篤になるまで苦痛の徴候を隠す場合もあり、必要に応じて経験豊かな実験動物の管理者等の指導や助言を受け、丁寧かつ頻繁な観察が重要である。

表4 実験動物における痛みの指標

動物種		外 観	生理機能
マウス ラット モルモット	活動性低下、摂水量の低下、食欲低下、舐める、四肢をかばう、自傷行為、攻撃性の増大、発声、グループからの別離、ヒゲの動きが増す(マウス)、ハンドリング時に鳴くようになる(モルモット)、鳴き声の減少(モルモット)	被毛の汚れ、起毛、異常姿勢、うずくまり姿勢(ヤマネの様な姿勢)、赤涙(ラット)、まぶたが部分的に閉じる、毛細血管拡張、鼻汁、横臥	睡眠障害、低体温、浅速呼吸、努力呼吸
ウサギ	不穏、隠れる、鳴く、攻撃的、引っ掻く、噛む、食欲低下、食殺、動かなくなる	明確な変化が見られない場合もある	流涎、浅速呼吸
イヌ	噛む、引っ掻く、防御的、喘ぎ、唸り声、鳴かなくなる、ハンドリングに対して抵抗しなくなるか攻撃的になる	硬直姿勢、動きの減少、横たわり、卑屈な外貌、尾を股間にはさむ姿勢	振戦、バンティング、あえぎ、排尿
ネコ	沈静、さかんに吹く・唸る、隠れる、しきりに舐める、四肢を引く、硬直した足取り、食欲低下、ハンドリングからの逃避	不穏な表情、四肢を隠す、頭部下垂、被毛の汚れ、耳を扁平にねかせる、うずくまる	
サル類	高い鋭い叫び声、うめき声、摂餌摂水量の低下、攻撃性	うずくまり、悲しそうな表情、毛づくろいをやめる	

中井伸子:動物実験における人道的エンドポイント. *LABIO 21*, 30: 26-31, 2007.

苦悩は、動物が各種の緊張要因(ストレッサー)に対して適応(協調あるいは調整すること)ができなくなり嫌忌を示す状態と考えられる。しかし、苦悩は病理学的あるいは行動学的変化に直接的に結びつかないこともあり、動物の状態の観察から苦悩の程度を

*15) マウス・グリマス(しかめっつら)・スケール(Mouse Grimace Scale)
Langford DJ1, Bailey AL, Chanda ML, Clarke SE, Drummond TE, Echols S, Glick S, Ingrao J, Klassen-Ross T, Lacroix-Fralish ML, Matsumiya L, Sorge RE, Sotocinal SG, Tabaka JM, Wong D, van den Maagdenberg AM, Ferrari MD, Craig KD, Mogil JS: Coding of facial expressions of pain in the laboratory mouse. *Nat Methods*. 2010 Jun;7 (6) :447-9. doi: 10.1038/nmeth.1455. Epub 2010 May 9

序章
1章 一般原則
2章 定義
3章 共通基準
4章 個別基準
5章 準用及び適用除外
付録

正確に評価することは困難であるが、苦悩状態が長期間続けば食欲不振や体重低下、行動の変化（常同行動や自傷行動）等が見られることもある。丁寧かつ頻繁な観察が重要である。

② 苦痛の軽減法

実験等の目的の達成に支障を及ぼさない範囲、すなわち研究目的に応じた実験の精度や再現性に影響しない範囲で、できる限り実験動物に苦痛を与えないようにすることは実験実施者の責務である。具体的には、麻酔薬や鎮痛薬等による疼痛管理、実験終了の時期への配慮すなわち人道的エンドポイントの設定等があげられる*16)。さらに、動物の保定など基本的な取扱い技術の洗練、外科手術の術前、術中、術後の管理（周術期管理）も重要であり、その詳細については後述する。

*16) Humane Endpoints for Animals Used in Biomedical Research and Testing. *ILAR Journal*. **41** (2); 58-123, 2000. 中井伸子（訳）:“動物実験における人道的エンドポイント”, アドスリー (2006).

（5）保 定

動物実験に際して、初心者が習得すべき最初の重要な基本的技術は実験動物の取扱い（ハンドリング）である。実験動物の保定とは、検査、採材、投薬、治療あるいは実験処置等のために、用手保定（図1）あるいは器具（保定器）（図2）を用いて、動物の本来の生理、生態、習性を制限することである。保定により動物は行動や動作を制限され、不適正な保定は動物の生理学的指標を変動させてしまうこともあるため、適切な保定法の選択と習熟が必要である。適切な保定は動物の不安や恐怖心を緩和し、動物の苦痛を著しく軽減するとともに、実験処置等を容易にするだけでなく、実験実施者への危害を防止する。

図1 用手保定（マウス）

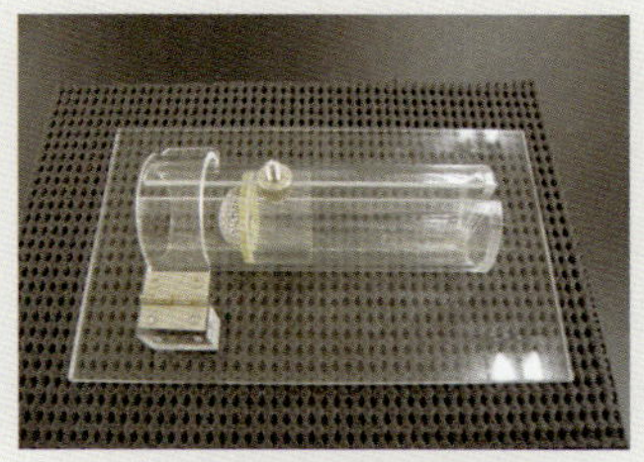

図2 マウス用小型保定器

用手的な保定を行う場合、初心者は経験豊富な者による指導を受けて行うが、実施者の技能に依存する部分も多い。動物に声をかけながら動物の反応を注意深く観察し、動物が不安を感じている場合は頭頸部を優しく撫で、動物の動きが少なければ保定する力を緩め、動物の動きが大きい場合は少し力を加えて動きを止める等、力の加減が重要である。また、用手による保定の際には、動物による咬傷や掻傷を受けやすいので、特に注意が必要である。

保定器は、動物の種類やサイズに合った形状で操作性に優れ、動物に不快感や苦痛を与えず、さらに動物にも実験実施者にも安全なものが望ましい。ほとんどの動物は保定器に入れられることを嫌がる。不慣れな実験実施者等は経験豊富な者の指導を受けるとともに、動物に対しても訓練し保定器へ順化、順応させることが重要である。

イヌ、サル類及びその他の多くの動物は、正の強化方向（報酬による条件づけ）により訓練が可能で、実験処置に協力的となり若しくは短時間は不動の姿勢をとるようになる*17)。モンキーチェアなどによる長時間の保定は、研究目的の達成に不可欠な場合を除いて回避すべきである。実験上必要な保定処置に順応しない動物は当該実験から除外する必要がある。用手あるいは保定器を用いるいずれの場合でも、長時間の拘束は避けるべきであり、実験の目的を達成できる範囲の最短時間とする。その他、保定器具の使用に際して配慮すべき事項を、以下に示す。

・実験目的を損なわない限り、長時間にわたる保定中には水や餌を摂取できるようにする。
・実験動物の状態を頻繁に観察する。
・保定に伴い外傷や体調不良が生じた実験動物は保定器具から解放する。
・保定器具を飼育目的で利用してはならず、やむを得ず使用する場合は動物実験計画書に正当な理由を示す必要がある。
・保定器具を動物の取扱いや管理上の利便性だけの理由で使用してはならない。

*17）特にイヌ、サル類等の高度な情動能力を持ち社会性のある動物には適正な順化（p.43）が必要である。

（6）周術期管理

実験に伴う外科的な手術は、大規模手術と小規模手術に分けられ、さらに手術後に麻酔から覚醒させることなく安楽死処置を施す非生存手術（終末手術）と覚醒後も経過観察を続ける生存手術に区分される。大規模生存手術（開腹手術、開胸手術、関節置換手術、四肢切断手術等）では、体腔内への侵襲や体腔の露出、様々な身体的障害の誘導、広範な組織の切除等が含まれるが、小規模生存手術（外傷の縫合、末梢血管へのカニュレーション、経皮的バイオプシー等）では体腔を露出することはなく、身体的障害もほとんど起こさない。一般的に、大規模生存手術では術後の疼痛症状が激しく、合併症を起こしやすく、正常な機能を回復するまでに比較的長時間を要するため、苦痛の軽減や合併症に対する様々な処置が必要となる。小規模生存手術では、大規模生存手術ほど厳密な条件でなくてもよいが、器材の滅菌、適切な麻酔は必須である。終末手術ではこれらの考慮事項は適用されないが、少なくとも術者は手袋を着用し、器具や周辺環境を清潔にすべきである。また、長時間に及ぶ終末手術は、実験結果への影響の上で無菌的操作を採るべきである。

手術前、手術中及び手術後の各期間における動物の管理を周術期管理といい、獣医学的な知識や技術によることが基本である。

以下に、大規模生存手術を想定した周術期管理について説明する。

a. 術前管理

外科手術実験の準備は手術計画の立案から始まり、手術チームの各メンバーの情報の共有、役割の確認、技術的訓練、手術室や手術器具等の確保等に加えて、動物の健康状態の確認が必要である。手術手技に習熟した経験者や獣医師等の専門家の助言を得ることも重要である。

実験の再現性を高めるには、良好に管理され心身ともに健康な状態にある動物を使用することが望ましい。周術期の飼育環境や飼養者に慣れさせるため、順化が必要である。例えば、周術期には動物を単独で飼育する必要があるため、群れで飼育していた動物に対しては単独飼育に順化する必要がある。投薬や採血等の処置に慣れている動物は、周術期の管理のうえでも非常に扱いやすい。

術前の動物の健康状態の確認は必須である。手術処置に耐えうる健康状態であることの確認に加え、実験の目的の上で手術前と手術後の生理学的指標等との比較を行う機会は多い。また、術後の感染のリスクが想定される場合、例えば非無菌的な部位を露出するような手術（消化管手術等）や免疫抑制状態を引き起こすことが想定される場合は、術前に抗菌剤の投与を行う。

外科手術では、全身麻酔時の嘔吐の予防や手術操作の障害にならないよう、手術直前に給餌や給水の制限（絶食、絶水）を行い(図3)、また同時に排尿や排便を促すことがある。イヌ及びネコ、ブタ、サル類は麻酔前の8～12時間絶食させる。モルモットは餌が口腔や咽頭部に残っていることがあり、麻酔時に支障をきたす場合は短時間（3～4時間）絶食させる。

給餌・給水を制限する際は、以下の点に考慮する。

- 実験上の理由から給餌・給水を制限する場合でも、最低必要量の飼料及び飲水が摂取されるよう計画する。
- 小動物や幼齢動物は、絶食による嘔吐防止よりもむしろ脱水が問題となるため絶食しないことが多い。
- 動物種や年齢によっては、食事制限が著しいストレスになること（幼若ブタの胃腸炎等）が知られており、絶食時間の設定には注意が必要である。
- 実験上の理由による給餌・給水制限には科学的根拠が必要である。
- 脱水状態をモニターするため、生理学的あるいは行動学的指

図3 術前絶食の表示

標の観察に加えて体重測定などを実施する。

外科手術は麻酔処置及びその前段階としての麻酔前処置から始まる。全身麻酔の深度は以下の４段階に分類され、外科手術は第３期で行う。

- 第１期（自発運動期）：麻酔薬投与から意識消失まで。
- 第２期（興奮期）：意識消失から呼吸のリズムが一定になる第３期までの期間で、動物は外部からの刺激に反応して暴れる。
- 第３期（手術麻酔適期）：呼吸は減少するが、規則的な胸腹式呼吸を繰り返し、血圧や心拍数は安定する。痛覚反射や喉頭反射、眼瞼反射等、内臓牽引による引き込み反射も消失して筋弛緩状態が得られほとんどの手術に適している。
- 第４期：中枢神経系が著しく抑制され、呼吸は微弱から停止に至り血圧は低下して心停止する。

麻酔管理及び疼痛の管理については、まとめて後述する（(7) 麻酔 p.126, (8) 鎮痛 p.129 を参照）。

b. 外科手術及び術中モニタリング

大規模生存手術は無菌的操作を基本とし、できる限り微生物汚染を回避する。無菌的外科手術を行う部屋は特定な部屋あるいは区域とし、無関係な人の出入りを制限し、清潔で衛生的な管理を行う（図 4）。手術室を他の目的で使用することもあるが、大規模生存手術に使用する前には衛生的な状態に戻すべきである。野外で小規模外科処置や緊急手術を行うこともあり得るが、このような場合は、通常の臨床獣医学的手法や商業的な畜産現場で行われる手法が適用できる。

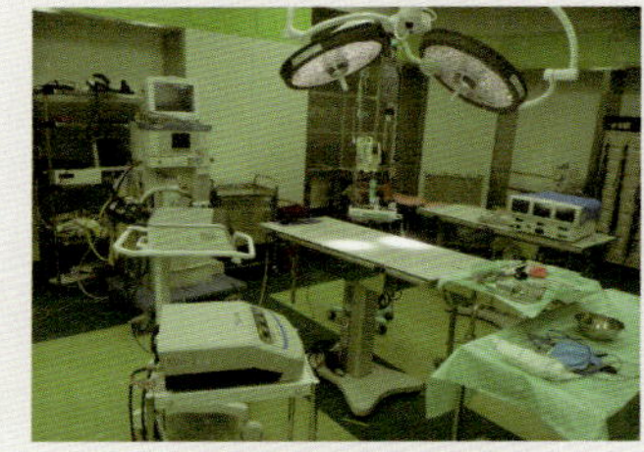
図４　専用手術室

無菌的操作には、手術部位（術部）の被毛や羽毛の除去、術部の消毒、手術者の準備（手指の洗浄・消毒、手術着やマスク及び滅菌手袋の装着）（図 5）、手術器具や資材の滅菌、感染のリスクを低下させる手術手順等が含まれる。特に、手術器具や資材の滅菌は重要であり、通常、オートクレーブ滅菌やガス滅菌が適用されるが、市販の滅菌済み器材も利用できる（図 6）。

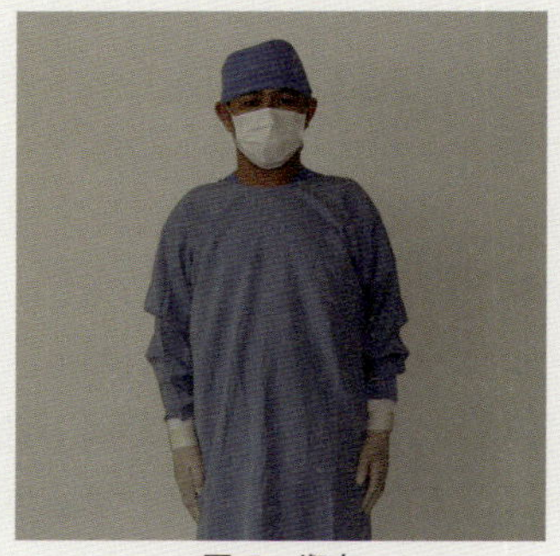
図５　術衣

手術中には、麻酔深度や動物の各種生理機能を常時監視し、必要な措置が行えるように術中モニタリングを行う。モニタリング項目としては、体温、心拍数、呼吸数、心電図、動脈血飽和酸素濃度等があげられ、麻酔深度のモニタリングとして抗侵害反射等も含まれる（麻酔管理については　(7) 麻酔 p.126 を参照）。モニ

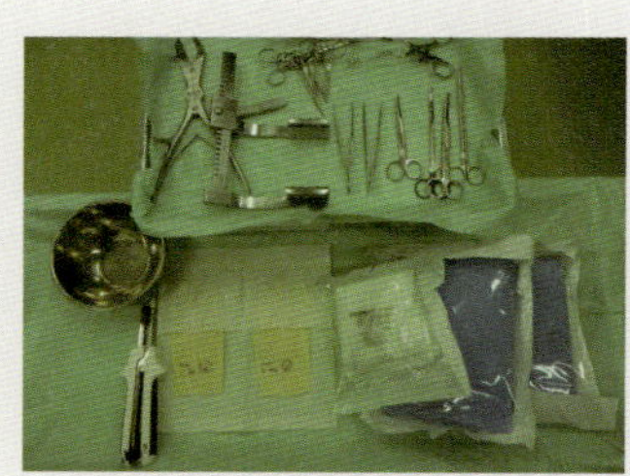
図６　滅菌手術器具

タリングの結果は記録として保存することが望ましい。術中モニタリング（図7）のために、ポリグラフやパルスオキシメーター等が利用できる。

手術中の正常体温の維持は、全身麻酔時の循環器系や呼吸器系の障害を抑制し、特に手術中に低体温になりやすい小動物や幼齢動物では重要であり、保温マット等の利用が有効である（図8）。また、長時間に及ぶ手術では、露出された体腔内や臓器表面の乾燥にも留意し、必要に応じて体温程度に暖めた生理食塩水等で湿潤させる。全身の水分や電解質の補充のために補液を行うことも重要である。

大規模生存手術における手術手技は専門性が高く、熟練を要することが多いため、術者は十分な知識と経験を有する者が担当するべきである。経験の浅い者は、その指導下で補助的な役割を経験することで、手技の習熟に努めることが必要である。イヌ、ブタ、サル類などの手術手技の習得には、臨床獣医学や獣医外科学等の成書が参考となる。

c. 術後管理

大規模手術の術後管理では、動物を清潔で適正に温湿度を管理した区域に置き、頻繁な動物の観察と回復期に必要な介在処置をすることが基本となる。動物が麻酔から覚醒した直後の観察は特に重要であり、その後も1日に数回は動物の回復状態を注意深く観察することが必須である。術部に注意をし、縫合部位を噛み切る等の自傷行為をしていないか、装着された器具（カテーテルやトランスデューサーなど）が正常に作動しているかを確認する（図9）。器具が破損しないように、場合によっては首に付けるカラーを利用する（図10）。長期にわたる生存実験において、可能な場合はカテーテルや他の装着器具を皮下に埋設する。術後鎮痛や合併症予防のために、鎮痛薬や感染予防のための抗生物質を投与することは早期回復に極めて有効である（術後の疼痛管理については、(8) 鎮痛 p.129 を参照）。

覚醒直後、正常体温の維持は、麻酔に起因する循環器や呼吸器障害の予防に効果的であり、必要に応じてホットプレート等による保温処置をとる。また、水分及び電解質バランスを維持するために補液を行う（図11）。食欲が回復しない場合には、経口・非経口的栄養補給や嗜好性の高い補助食品、例えば肉（イヌやネコ）や果物（サル類）等の給与を考慮する。回復期の動物は行動が制限されることが多いため、通常時の給餌器・給水器ではうまく摂

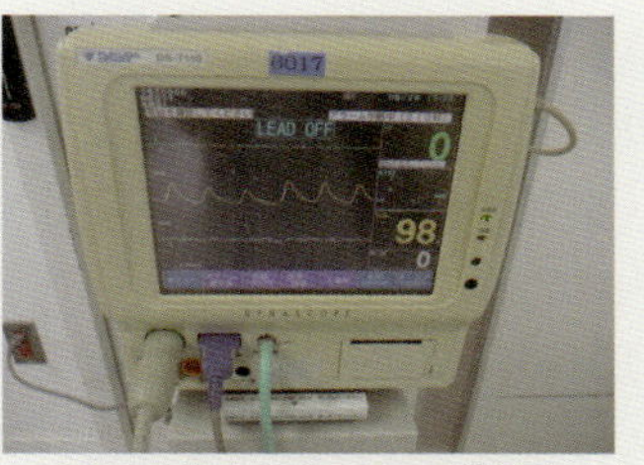

図7　術中モニタリング装置（生体モニター）

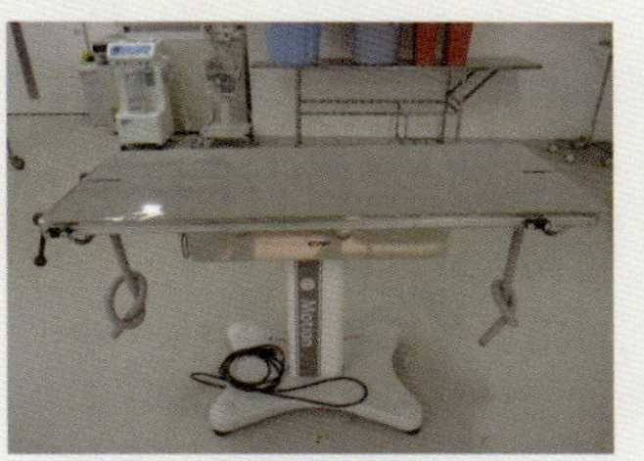
図8　保温装置付手術台

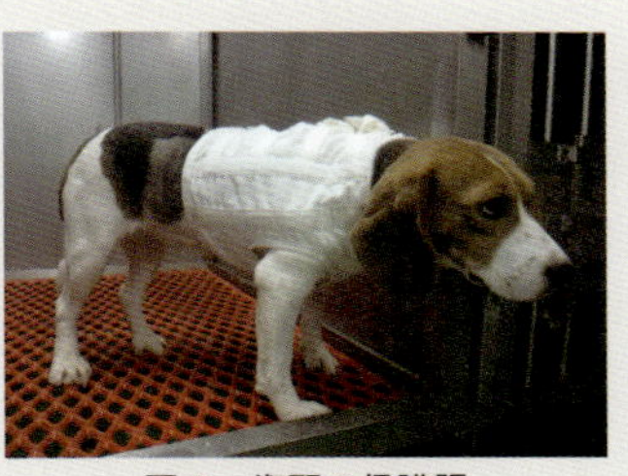
図9　術野の保護服

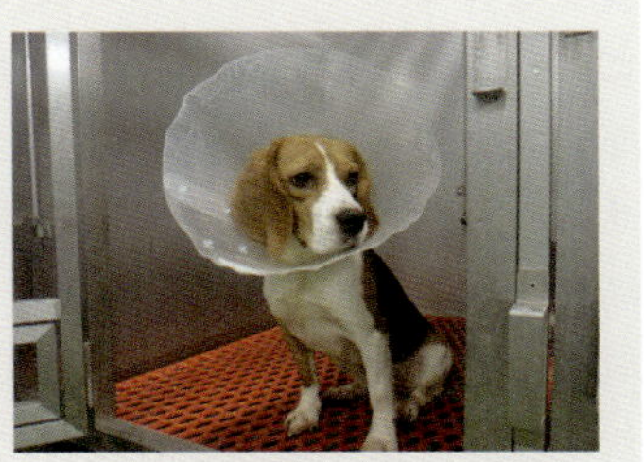
図10　エリザベスカラーの装着

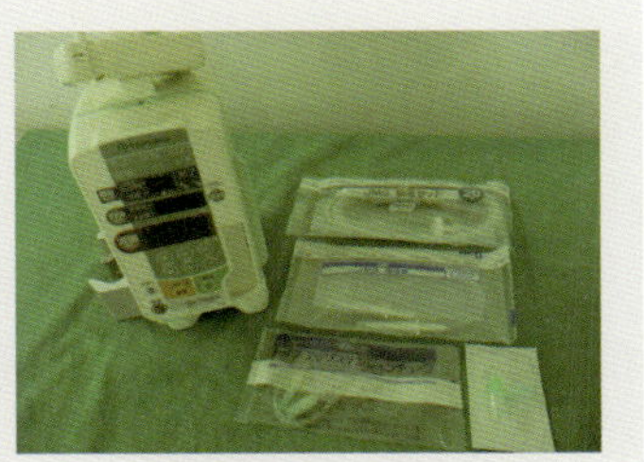
図11　輸液ポンプ・輸液セット

食・飲水ができないことがある。給餌器や給水器の位置を変えたり、適当な形状の物に変更することを考慮する。

術後の回復期、どの程度まで動物を観察するかは動物種と手術内容による。飼育室等の温度管理、循環器・呼吸器機能のモニタリング、苦痛の徴候を観察し、特に食欲の有無や排世、行動の異常に留意しなければならない。

術部の衛生管理については、感染の徴候、縫合部位の離開に特に留意し、包帯の交換、縫合部位の消毒、適当な時期の抜糸等の処置が必要である。

（7）麻　酔[＊18, ＊19, ＊20, ＊21, ＊22)]

動物福祉の観点から Refinement を実現するために、疼痛や苦痛を極力軽減、排除することは実験実施者の責務である。一方、動物実験に伴う疼痛と苦痛が多くの器官の生理学的反応に影響し、実験結果を修飾することがある。疼痛の排除や緩和はその影響を減弱させ動物実験の精度や再現性を向上させる。

麻酔は、動物の苦痛除去、実験実施の容易化、さらに実験中の生体管理を目的とする。全身麻酔の実施には、４つの要素、①意識喪失による鎮静（不安や苦しみが除去される）、②鎮痛、③筋弛緩（動物を不動化する）、④有害反射の抑制が必須の作用とされ、血圧や体温、その鎮静状態等を指標にして管理される。しかし、単剤で４要素をすべて満たす理想的な麻酔薬がないため、麻酔薬（鎮静薬、鎮痛薬、及び筋弛緩薬）をバランスよく組み合わせて適切な全身麻酔状態を維持し手術中のストレスを最小限にとどめる。また、麻酔薬の総投与量を低減することにより循環抑制等の副作用を排除し、円滑な覚醒や術後鎮痛・管理の質を向上させる。使用する麻酔薬や鎮痛薬は、動物の種類、年齢、系統、疼痛の種類や頻度、特定の組織・器官に及ぼす影響、特定の外科処置等に伴う安全性など、多様な観点から考慮し選択する。種々の新たな麻酔法が検討され成書に記載されているので情報収集に努められたい。特に、適切な麻酔を施行していない研究は認められない可能性も高く、国際標準・指針等に則る必要がある。

a. 麻酔前投薬

動物実験では基本的に全身麻酔が適用されるが、鎮静・鎮痛、有害な自律神経反射の抑制、麻酔効果の増強などの目的で麻酔前投与が行われる。実験動物の福祉の観点から、また、麻酔の導入を安全かつ円滑に行う観点から有用である。代表的なものとして

＊18）Paul Flecknell：“Laboratory Animal Anaesthesia”, Academic Press (2016).

＊19） Anaesthesia and Analgesia In Laboratory Animals(American College of Laboratory Animal Medicine), Edited by: Richard E. Fish, Marilyn J. Brown, Peggy J. Danneman and Alicia Z. Karas, Academic Press (2008).

＊20）久和茂編“実験動物学（獣医学教育モデル・コア・カリキュラム準拠）”，朝倉書店（2013）.

＊21）橋本直子：動物の麻酔・安楽死－大動物の麻酔・鎮痛・安楽死, *Labio 21*, **66**: 10-12, 2016.

＊22）鈴木真：動物の麻酔・安楽死―2013 年度版 ÚVMA 安楽死に関するガイドラインの概要. *Labio 21*, **66**: 13-16, 2016.

は、①鎮痛薬、②精神安定薬・鎮静薬（キシラジンやメデトミジン等のα_2アドレナリン受容体作動薬、クロルプロマジンなどのフェノチアジン系薬剤、ジアゼパムやミダゾラムなどのベンゾジアゼピン系薬剤）、アザペロンなどのブチロフェノン系薬剤、③アトロピンやグリコピロレート等の抗コリン作動薬が用いられる。

b. 吸入麻酔

吸入麻酔は麻酔深度の調整が容易で覚醒が早いことから、長時間の安定した麻酔や外科手術に用いられる。実験小動物用には、麻酔ボックスによる簡便法や麻酔マスク等による吸入法もあるが、イヌ、ブタ、サル類の吸入麻酔には呼吸回路・気化器・余剰ガス排出装置等の専用の装置一式（図 12）、並びに気管挿管に伴う専門知識及び技術が必要とされる。

吸入麻酔薬にはガス麻酔薬と揮発性麻酔薬があり、後者は濃度等の調節のため専用の気化器（図 13）を装備した麻酔装置を使用する。

① ガス麻酔薬

ガス麻酔薬では笑気（亜酸化窒素 N_2O）だけが使用されている。わずかに臭気のある非爆発性ガスである。麻酔作用が弱いため単独では使用できず他の揮発性麻酔薬と併用する。

② 揮発性麻酔薬（図 14）

イソフルランは、麻酔作用が強力で、麻酔の導入・覚醒が早く、麻酔深度の調節や安定性に優れている。肝臓、腎臓に対する毒性がないだけでなく、心筋収縮に対する抑制も弱く不整脈の発生もない。軽度の呼吸抑制作用や気道刺激性があるが、あまり問題にはならない。エーテル臭が強いことからウサギでは忌避行動を誘導する。

セボフルランは、イソフルランよりも少し劣るものの強力な麻酔作用を持つ。導入は速やかで蓄積性もないため覚醒が早く、気道刺激性が少ない。麻酔深度の調節性にも優れており、現在最も頻用されている吸入麻酔薬である。

c. 注射麻酔

注射麻酔は、手技が容易で実験小動物に短時間の処置を行う場合等では有用であるが、一般に麻酔深度や持続時間の調節が困難である。単独投与で全身麻酔の三要素をすべて満たす理想的な麻酔薬がないため、二剤や三剤を組み合わせて使用する必要がある（図 15）。汎用される注射用麻酔薬の代表的なものとして、ケタミ

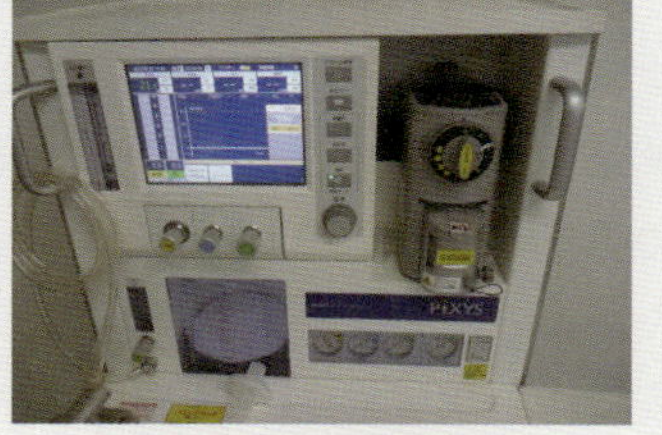

図 12 吸入麻酔装置
（イヌ・サル・ブタ等用）

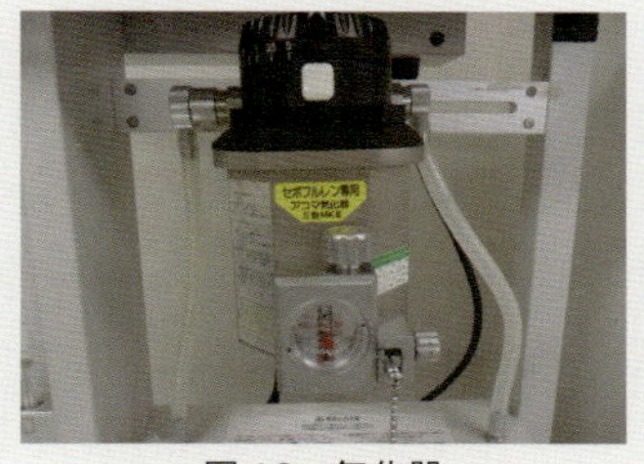
図 13 気化器
（セボフルラン用）

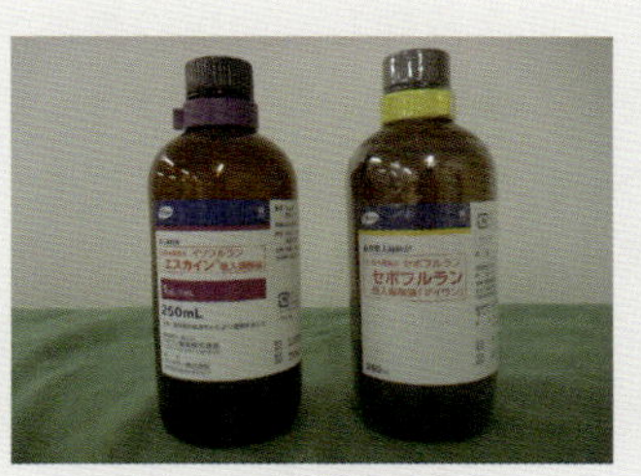

図 14 揮発性麻酔薬

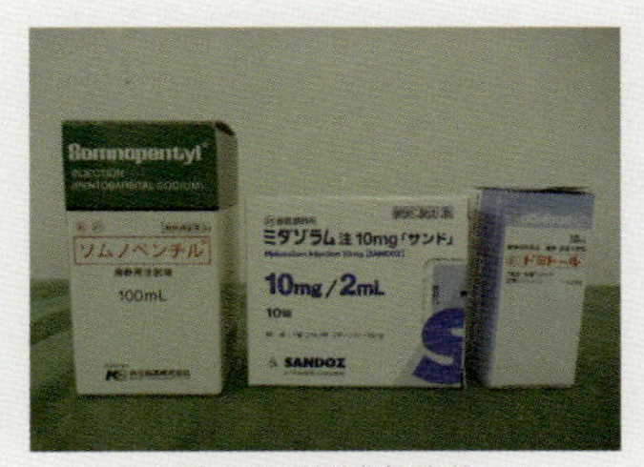

図 15 注射麻酔薬

ン、プロポフォール、アルファキサロンやメデトミジン＋ミダゾラム＋ブトルファノール三種混合麻酔薬（MMB）等がある。

ケタミンは麻薬であるが、キシラジンやメデトミジン等のα_2アドレナリン受容体作動薬やミダゾラム等のベンゾジアゼピン系薬剤を併用することにより、骨格筋緊張の緩和やケタミン使用量の抑制とともに良好な麻酔施行を可能にする。唾液分泌の抑制のためにアトロピンを併用することが多い。サル類では筋注により安全に使用できる。イヌではキシラジンやメデトミジン等を併用することにより、外科処置には難しいが軽度から中程度の麻酔効果が得られる。

アルファキサロン（GABAa 作動薬）は、単独又は鎮痛薬との併用でイヌ、ネコに用いられる。

MMB は、実験小動物だけでなく、種（サル類等）によっては呼吸管理を要するが、吸入麻酔の導入時並びに不動化や簡単な処置の際にも使用される。

α_2アドレナリン受容体作動薬（キシラジンやメデトミジン等）を使用する場合は、拮抗薬（アチパメゾール等）の投与により覚醒時間を短縮し、回復の遅延や横臥時間の延長に関連した副作用を最小限にすることができる。一時的な血圧の過剰な上昇と心臓への大きな負荷が認められるため、アトロピン等の抗コリン作動薬との併用は避ける。

プロポフォールは、覚醒・導入が早いものの鎮痛作用が弱いことから治療・診断等の短時間の処置や麻酔の導入・維持に用いられる。全身麻酔では、オピオイドや局所麻酔薬と併用する。サル類やブタではケタミン導入後に維持麻酔として使用される。投与経路が静脈内のみに限定され、高容量による呼吸抑制など使用上の管理を要する。

d. 推奨されない麻酔薬

従前から使用されていたペントバルビタール（単剤で使用する場合）及び、アバチン（トリブロモエタノール）、ウレタン、ジエチルエーテルは、原則として全身麻酔薬として使用することは推奨されない。その特性から他の薬剤では代替できないと判断された場合は、科学的根拠を動物実験計画書に記述し動物実験委員会の審査を経てその指示に従う必要がある。場合によっては論文査読の時点で掲載を拒否される可能性がある。

① ペントバルビタール

ペントバルビタールは、強力な睡眠作用により意識を消失させる効果があることから実験処置に利用されてきた。しかし、鎮痛作用や筋弛緩作用はなく、完全に意識を消失させるための用量は心臓血管系及び呼吸器系の抑制による致死量に近いことから、単独での使用は推奨できない。ただし、安楽死用薬剤としては極めて有用である（図15）。

② アバチン（トリブロモエタノール）

アバチンは、現在医薬品として市販されていない。高用量や高濃度、繰り返しの使用で刺激性があり、腹膜炎を起こし重篤な場合は死にいたる。保管状態が悪いと致死性のある分解産物が生じる。糖尿病や肥満のモデルや幼若マウスなどで見られる予期しない副作用も併せ、麻酔薬として適切ではない。

③ ウレタン

ウレタンは、心血管系と呼吸器系の抑制が小さく血圧低下を伴うことなく長時間の不動化を可能にする麻酔薬という観点から生理学の研究で利用されてきた。しかし、この特徴は、交感神経の緊張に起因するものであり、高濃度のアドレナリン、ノルアドレナリンが分泌されている。また、ウレタンは変異原物質（ヒトに対する発癌性が疑われる グループ2B）と分類されていることから、覚醒させる動物に適用できないだけでなく、研究者や実験動物飼養者への危険性もあり使用は推奨できない。

④ ジエチルエーテル

ジエチルエーテルは、引火性及び爆発性があり、労働安全衛生上極めて危険である。動物に対して気道刺激性が強く、流涎や気管分泌液の増加、喉頭痙攣等の副作用がある。医薬品として販売されておらず、倫理的観点からも推奨されない。また、動物の死体を保管したり、袋に入れて焼却処分する際に爆発するおそれがあることから、安楽死処置の目的でも使用することはできない。

⑤医薬品以外（安全性試験がなされていない）の薬剤

医薬品として日本薬局方に掲載されていない薬剤は安全性が十分評価されていない。動物福祉の観点から、安全性が確認されている医薬品の使用が推奨される。

（8）鎮 痛

動物実験に伴う疼痛を排除、軽減・緩和するために鎮痛処置は不可欠である。疼痛が原因となって実験結果に影響を及ぼす様々な生体反応を抑制し、術後の回復を促進するためにも可能な限り鎮痛処置が求められる。侵害刺激は術中の急性神経刺激のみならず術後の炎症にも起因することから、炎症がおさまる時期まで侵害刺激を抑制する持続時間の長い鎮痛薬を選択する*23)。侵襲性の高い外科手術では、動物の状態を考慮して術後2日間は1日に複数回投与する。動物が苦痛の症状を示す場合は、3日目以降も適宜鎮痛薬を投与する。

*23) げっ歯類等に用いられる三種混合 MMB 麻酔では、ブトルファノールが含まれているため、鎮痛薬の追加投与は省略することもできる。

a. 鎮痛薬

代表的な鎮痛薬として、オピオイド部分作動薬、非ステロイド性消炎鎮痛薬（NSAIDs :Non-Steroid Anti-Inflammatory Drugs）（表5参照）、局所麻酔薬等がある。

① ブトルファノール、ブプレノルフィン、フェンタニルなどオピオイド部分作動薬は脊髄や脳幹部のオピオイドP受容体を介した痛覚伝達を抑制する（図16）。ブプレノルフィンは多くの種で長時間（ 6～12時間 ）効果が続き、安全で鎮痛効果が高く、吸入麻酔下の術前若しくは麻酔導入直後に投与する 。

② NSAIDs は、損傷組織から遊離される、発痛増強物質であるプロスタグランジンの産生を抑制する。アスピリン、インドメタシン、カルプロフェン、メロキシカム、ジクロフェナク、ケトプロフェンなど、疼痛、発熱、炎症の治療に用いられる（図17、18）。特に、カルプロフェン、メロキシカムは、COX2 選択性が高く疼痛の経路のみを遮断するため、副作用が少なく比較的安全である。術後8～24時間まではオピオイド部分作動薬＋ NSAIDs を、続く24～36時間は NSAIDs を投与する。

③ 局所麻酔薬（リドカイン、ブピバカイン、マーカインなど）は、創部周辺の浸潤麻酔により痛覚伝達を抑制する。鎮痛薬が禁忌の場合、術部に比較的長期間効果が持続する局所麻酔薬のブピバカインを浸潤させ、4～6時間の鎮痛処置を施す。

④ その他、ステロイド及び、ケタミン、選択的セロトニン・ノルアドレナリン再取り込み阻害薬（SNRI）、ガバペンチン、アセトアミノフェンなどが使用される（図19）。

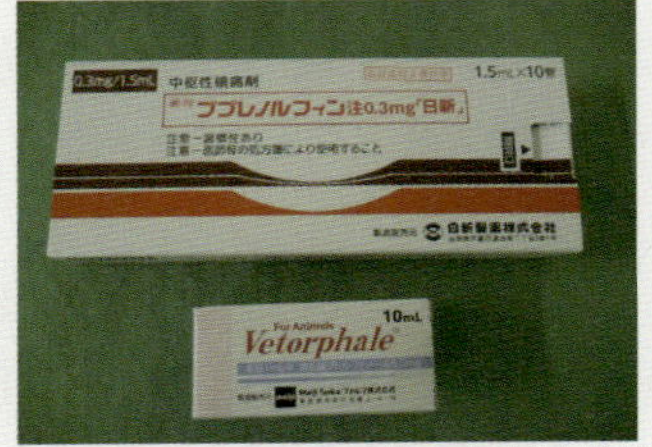

図16 非麻薬性オピオイド

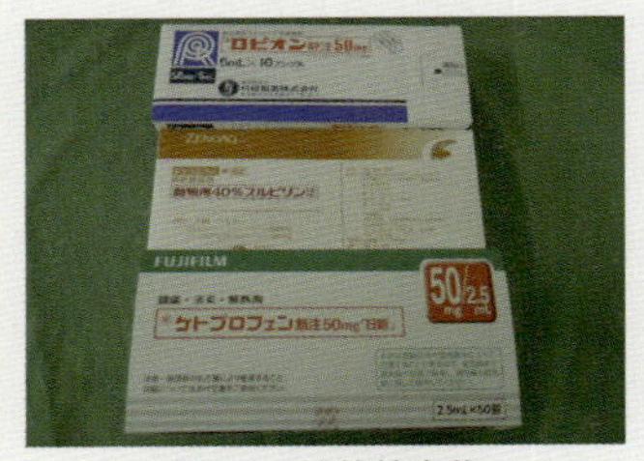

図17 解熱鎮痛薬

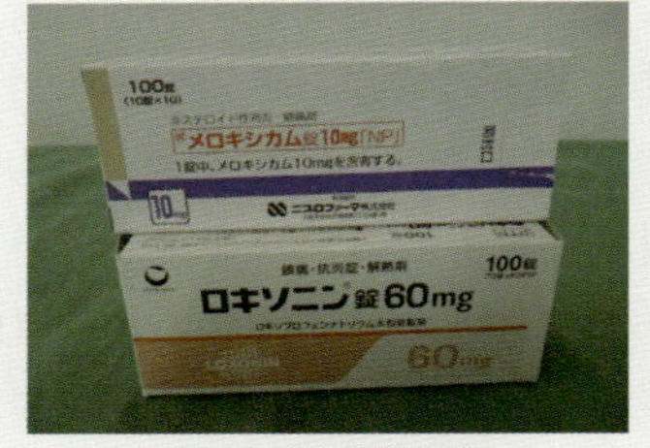

図18 経口鎮痛薬

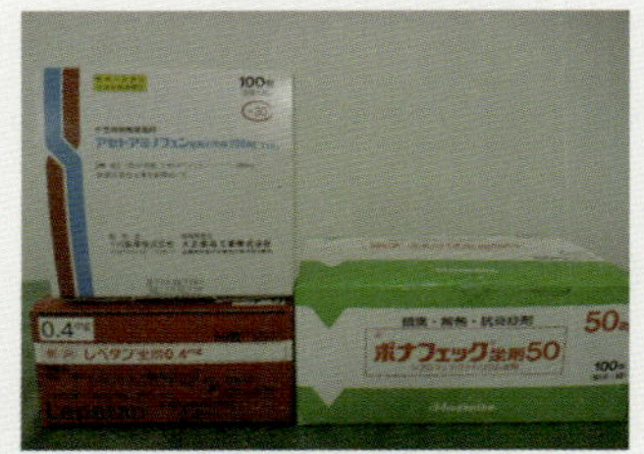

図19 鎮痛坐薬

b. マルチモーダル鎮痛法

疼痛は、組織の損傷などの機械的刺激、並びに損傷した組織で炎症に伴い産生される発痛物質や発痛増強物質、炎症性サイトカインを介した痛覚の伝達により生じる。一方、動物には脳幹から脊髄に向かって下行する抑制性ニューロンが存在し、痛覚の伝達を抑制するシステムが備わっている。これら疼痛の発生機序や抑制系の多様性を踏まえ、作用機序の異なる複数の鎮痛薬を併用することにより、各々の鎮痛薬の用量を抑制できることから、単剤使用に比較して副作用の少ない効果的な鎮痛処置が期待できる。動物種や実験目的に応じた薬剤の組み合わせについては、使用経験のある専門家や獣医師の助言を受けるとよい。

c. 先制鎮痛法

疼痛を抑えるために、外科的処置による組織の損傷の前に鎮痛処置を施す。術前に鎮痛処置を行うことにより、末梢及び中枢神経系の感作が阻止され、術後痛が軽減される。先制鎮痛法は、術後の痛みを緩和しウェルビーイングを高め、動物の回復を促進する効果があるだけでなく、術後鎮痛薬の使用量を減らすことができる。一方で、術前に投与した鎮痛薬の作用による呼吸抑制や麻酔からの覚醒遅延にも留意しなければならない。当該動物種での使用経験のある専門家や獣医師の助言を受けるとよい。

表5 主な鎮痛薬及び投与方法

区分	鎮痛薬(商品名)	投与量*		
		マウス	ラット	ウサギ
オピオイド部分作動薬	ブプレノルフィン	0.05～0.1mg/kg sc 12時間毎	0.01～0.05mg/kg sc, iv 8～12時間毎 0.1～0.25mg/kg po 8～12時間毎	0.01～0.05mg/kg sc, iv 8～12時間毎
	ブトルファノール	1.0～2.0mg/kg sc 4時間毎	1.0～2.0mg/kg sc 4時間毎	0.1～0.5mg/kg im, iv 4時間毎
NSAIDs	アスピリン	120mg/kg po	100mg/kg po	100mg/kg po
	カルプロフェン**	5mg/kg sc	5mg/kg sc	1.5mg/kg po, 4mg/kg sc 24時間毎
	ケトプロフェン	5mg/kg sc	5mg/kg sc	3mg/kg im
	メロキシカム**	5mg/kg sc, po	1mg/kg sc, po	0.6～1.0mg/kg sc po 24時間毎

* ばらつきが大きいことから各々の個体において鎮痛効果を評価することが重要である。
** COX2選択性が高く疼痛の経路のみを遮断するため副作用が少なく比較的安全である。

ここで取り上げた麻酔薬、鎮痛薬等の一部の商品名を掲載した(表6)。この他にも商品名の異なる多数のジェネリック薬品が市販されている。これらの薬剤は、使用期限内に使用し、入手や保存、使用記録、廃棄は法律等に則り安全に実施しなければならない。

表6　主な麻酔薬・鎮痛薬の商品名

薬品名	商品名
ペントバルビタールナトリウム*	ソムノペンチル
チオペンタールナトリウム	ラボナール
塩酸ケタミン*	ケタラール
塩酸キシラジン	セラクタール
ジアゼパム*	セルシン
	ホリゾン
プロポフォール	ラピノベット
アルファキサロン	アルファキサン
塩酸メデトミジン	ドミトール
	ドルペネ注
	メデトミン注「Meiji」
塩酸アチパメゾール	アンチセダン
ミダゾラム*	ドルミカム
	「ミダゾラム注」サンド
塩酸クロルプロマジン	コントミン
硫酸アトロピン	硫酸アトロピン塩注「フソー」
酒石酸ブトルファノール	ベトルファール
ブプレノルフィン*	レペタン注
フェンタニル*	フェンタニル注
カルプロフェン	リマダイル注射液
メロキシカム	メタカム 0.5% 注射液
リドカイン	リドカイン注「NM」1%
	ポリＦローション
ブピバカイン塩酸塩	マーカイン注
イソフルラン	動物用イソフルラン
	イソフル
セボフルラン	セボフルラン吸入麻酔液「マイラン」
	セボフロ

*麻薬及び向精神薬取締法により規制されている。

d. 麻酔薬等の法的管理

麻酔関連薬物は、譲渡、保管、施用等の取扱いが法的に規制されている。「麻薬及び向精神薬取締法」*24) は動物実験において使用される薬物、例えば塩酸ケタミン（麻薬）、ミダゾラム、ブプレノルフィン、フェンタニル及びペントバルビタール（向精神薬）などが対象とされており、研究で使用する施設は、都道府県知事に登録しなければならない。

研究目的で麻薬を使用する場合は、研究者が麻薬研究者免許を取得し（各都道府県）、法令に基づいた管理をする責任があり、違反には厳しい罰則を伴う。研究室において研究を指導している責任者が免許を取得すれば、他の研究員は麻薬研究者の指示の下、麻薬研究者の補助者としてその麻薬を使用することができる。

*24) 麻薬及び向精神薬取締法
http://law.e-gov.go.jp/htmldata/S28/S28HO014.html

（9）動物種別麻酔法

a. マウス・ラットの全身麻酔法

1）注射麻酔（表7、表8）

マウスは体が小さく、静脈ラインを確保するのも困難なうえ、全身麻酔中は体温低下を生じやすい。遺伝子組換えマウスなど、表現型の予想できない貴重な個体の場合は、麻酔深度の調節が可能な吸入麻酔が推奨される。

表7　マウスの注射麻酔

薬剤名	用量	麻酔時間(min)	覚醒時間(min)
メデトミジン＋ミダゾラム＋ブトルファノール	0.3（あるいは0.75）mg/kg+4mg/kg+5mg/kg　ip	30	60*
チオペンタール	30～40mg/kg iv	5～10	10～15
ケタミン＋メデトミジン	75mg/kg+1mg/kg　ip	20～30	60～120
ケタミン＋キシラジン	80～100mg/kg+10mg/kg ip	20～30	60～120
プロポフォール	26mg/kg iv	5～10	10～15
プロポフォール	2.0～2.5mg/kg/min iv 持続点滴	任意時間	10

*拮抗薬アチパメゾール0.3（あるいは0.75）mg/kg ip投与により速やかに覚醒する

表8　ラットの注射麻酔

薬剤名	用量	麻酔時間(min)	覚醒時間(min)
メデトミジン＋ミダゾラム＋ブトルファノール	0.15mg/kg+2mg/kg+2.5mg/kg　ip	30	60*
チオペンタール	10～15mg/kg iv	10	15
ケタミン＋メデトミジン	75mg/kg+0.5mg/kg ip	20～30	120～240
ケタミン＋キシラジン	75～100mg/kg+10mg/kg ip	20～30	120～240
プロポフォール	10mg/kg iv	5	10
プロポフォール	0.5～1.0 mg/kg/min iv 持続点滴	任意時間	10

* 拮抗薬アチパメゾール0.15mg/kg ip投与により速やかに覚醒する

2）吸入麻酔

近年、取扱いが容易な小動物専用の吸入麻酔器（図20）が普及し、気化器により適正な濃度のイソフルランやセボフルラン等の吸入麻酔薬を供給する。当初4～5%の濃度で導入し、約2～3%で維持する。口鼻部を覆うように装着した麻酔マスクを利用する簡易な方法のほか、内視鏡を用いることによって円滑な気管挿管法が報告されている。

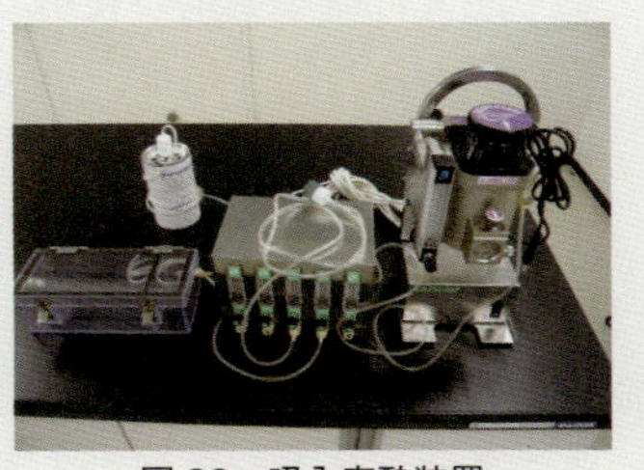

図20　吸入麻酔装置（マウス・ラット用）

短時間の麻酔では、麻酔ボックス等を使うことができる。麻酔ボックスの底に吸入麻酔薬を含浸させた脱脂綿を置き、金網等の遮蔽板の上で動物を暴露する。また、小型ビーカーやコニカルチューブに詰めた脱脂綿に吸入麻酔薬を滴下し、動物の口鼻部を覆うように装着し吸入させる補助的な方法がある。いずれも濃度調整ができないため、過剰で致死させたり、逆に不充分で苦痛を与えるおそれがあることから皮膚に接触させないことや慎重かつ注意深い観察が不可欠である。

吸入麻酔の実施に際しては、回収（吸着）装置、排気装置、ドラフトチャンバー、あるいはそれと同等の設備等を用いて周辺への漏出防止措置を講じる。

麻酔の効果は、まず立ち直り反射の消失を確かめ、次にピンセット等で眼瞼反射、足指や尾、耳への刺激への反射など数か所の反射の消失を確認する。麻酔中には体温が低下するため、保温マット等による保温が勧められる。

b. げっ歯類の胎子・新生子の麻酔法*[25]

早熟性の種（モルモット）と晩熟性の種（マウス、ラット、ハムスターなど）では中枢神経系の発達の状態が異なるが、胎子・新生子は、侵害刺激には反応しても脳は疼痛や不快を知覚する状態にないことが示されている。したがって、マウスやラットなどの胎子・7日齢未満の新生子は実験に際して鎮痛・麻酔を施す必要はないが、モルモットでは妊娠34日齢以降の胎子には疼痛管理が必要とされる。なお、モルモット新生子、生後7日齢以降のマウスやラットなどの新生子は、成獣と同様の麻酔法が適用される。

推奨される麻酔法を以下に列挙する。

① イソフルラン・セボフルランなどの吸入麻酔薬の使用（マウスやラットなどの新生子は麻酔期に至るまでに時間を要することに配慮する）

② 注入可能な薬剤の使用（肝機能が十分に発達していない場合があるため、用量、用法に配慮する）

また、リドカインなどの局所麻酔薬や鎮痛薬の使用を推奨する。

c. ウサギの全身麻酔法

ウサギは、ストレスに対する感受性が高いことから、可能な限り鎮静薬の前投与（塩酸ケタミン 25 ～ 50mg/kg im あるいは、

*25)「げっ歯類の胎児・新生児の鎮痛・麻酔および安楽死に関する声明」（日本実験動物医学会　第2版、2015年）
https://jalam.jp/htdocs/index.php?key=jonyq7toz-1209#_1209

メデトミジン 0.25mg/kg im、キシラジン 2 ～ 5mg/kg im）を行い鎮静効果を確認した後、次の処置を始める。ウサギは嘔吐することが少ないため、絶食絶水させる必要はない。麻酔薬に対する感受性に個体差が大きく、ストレス起因性の胃腸蠕動停止を起こすことがあることから、周術期管理に細心の注意を払う必要がある。

1）注射麻酔（表 9）

注射麻酔薬の静脈内投与は耳介部の辺縁の静脈を用いると比較的容易である。

表 9　ウサギの注射麻酔

薬剤名	用量	麻酔時間（min）	覚醒時間（min）
メデトミジン＋ミダゾラム＋ブトルファノール	0.5mg/kg+2mg/kg+0.5mg/kg　ip	60	120*
チオペンタール	30mg/kg iv	5 ～ 10	10 ～ 15
ケタミン＋ジアゼパム	25mg/kg im+5mg/kg im	20 ～ 30	60 ～ 90
ケタミン＋メデトミジン	15mg/kg im+0.25mg/kg im	30 ～ 40	120 ～ 240
ケタミン＋キシラジン **	35mg/kg im+5mg/kg im	25 ～ 40	60 ～ 120
ケタミン＋キシラジン	10mg/kg iv+3mg/kg iv	20 ～ 30	60 ～ 90
ケタミン＋キシラジン＋ブトルファノール	30mg/kg im+5mg/kg im+0.1mg/kg　im	45 ～ 75	100 ～ 150
プロポフォール	10mg/kg iv	5 ～ 10	10 ～ 15

*　拮抗薬アチパメゾール 0.75mg/kg ip 投与により速やかに覚醒する
** iv 投与に比較して動脈血圧が 30％程度抑制される。

2）吸入麻酔

ウサギは吸入麻酔薬の使用だけで麻酔の導入が可能であるが、匂いに敏感で呼吸を止めてしまうことがあるため、臭気のあるイソフルランよりもセボフルランを用いる。麻酔ボックス等を利用する簡易法があるが、麻酔薬の濃度や投与を適切に調節するためには麻酔装置に接続した麻酔マスク（喉頭マスク、あるいは市販されているネコ用吸入マスクが利用できる）の使用が望ましい。気管挿管法については成書を参考にされたい。

表 10　ウサギの術後管理に用いる鎮痛薬

種　類	薬剤名	用　量	作 用	持続時間（h）
オピオイド部分作動薬	ブトルファノール	0.1 ～ 0.5mg/kg iv	鎮痛	4
オピオイド部分作動薬	ブプレノルフィン	0.01 ～ 0.05mg/kg iv, sc	鎮痛	8 ～ 12

d. イヌの全身麻酔法

イヌの麻酔は、獣医学・医学領域の多くの成書を参考すると共に、その操作を実施するのに十分な知識と経験を有する臨床獣医学分野の専門家に相談されたい。

事前の準備として全身状態の把握はもちろんのこと、イヌは嘔吐しやすいことから 12 時間の絶食及び、必要な場合は 1 時間の絶水を行う。次に、鎮静、分泌物の抑制、麻酔薬投与量の減少、迷走神経反射抑制、嘔吐抑制、覚醒時の興奮や体動抑制を目的として麻酔前投薬を行う。

1）麻酔前投薬及び鎮痛処置（表 11、表 12）

アトロピンとメデトミジンの併用は特にイヌでは重度の高血圧を招くために禁忌となる（p.128）。

表 11　イヌに用いる前投与薬

種　類	薬剤名	用　量	作　用
抗コリン作動薬	アトロピン	0.05mg/kg　sc im	抗コリン作用
α_2アドレナリン受容体作動薬：鎮静薬	キシラジン	0.5 ～ 1.0mg/kg iv または，1.0 ～ 2.0mg/kg im	軽度から中等度鎮静、中等度鎮痛
α_2アドレナリン受容体作動薬：鎮静薬	メデトミジン	0.01 ～ 0.08mg/kg im, sc, iv	軽度から重度鎮静、中等度鎮痛
フェノチアジン系薬剤	クロルプロマジン	1.0 ～ 6.0mg/k im, 0.5 ～ 2.0mg/kg iv，0.5 ～ 8.0mg/kg po	精神安定剤
ベンゾジアゼピン系薬剤	ジアゼパム	0.2 ～ 0.4mg/kg iv im	精神安定剤，軽度鎮静、多少の鎮痛
ベンゾジアゼピン系薬剤	ミダゾラム	0.1 ～ 0.3mg/kg、iv im sc	精神安定剤，軽度鎮静、多少の鎮痛
麻酔薬	プロポフォール	6.0 ～ 8.0mg/kg iv	麻酔導入薬

表 12　イヌの術後管理に用いる鎮痛薬

種　類	薬剤名	用　量	作 用	持続時間（h）
オピオイド部分作動薬	ブトルファノール	0.2 ～ 0.4mg/kg im, sc	鎮痛	3 ～ 4
オピオイド部分作動薬	ブプレノルフィン	0.005 ～ 0.02mg/kg iv, im, sc	鎮痛	6 ～ 12
非ステロイド系消炎鎮痛薬 (NSAIDs)	カルプロフェン	2.0 ～ 4.0mg/kg im, sc	鎮痛	12 ～ 24
非ステロイド系消炎鎮痛薬 (NSAIDs)	メロキシカム	0.1 ～ 0.2mg/kg sc	鎮痛	24

2）注射麻酔（表 13）

イヌの静脈内注射は、前肢では橈側皮静脈、後肢では伏在（サフェナ）静脈で行う。

表 13　イヌの注射麻酔

薬剤名	用　量	麻酔時間 (min)	作　用 (min)
サイアミラール	10 ～ 15mg/kg iv	5 ～ 10	15 ～ 20
チオペンタール	10 ～ 20mg/kg iv	5 ～ 10	20 ～ 30
ケタミン＋メデトミジン	2.5 ～ 7.5mg/kg im+0.04mg/kg im	30 ～ 45	60 ～ 120
ケタミン＋キシラジン	5mg/kg +1 ～ 2mg/kg iv	30 ～ 60	60 ～ 120
プロポフォール	5 ～ 7.5mg/kg iv	5 ～ 10	15 ～ 30
プロポフォール	0.2 ～ 0.4mg/kg/min iv 持続点滴	任意時間	10
アルファキサロン	2mg/kg iv	10 ～ 15	15 ～ 20

イヌの吸入麻酔は後述するイヌ、ブタ、サル類における吸入麻酔法参照（p.140）。

e. ブタの全身麻酔法

ブタの麻酔は、獣医学・医学領域の多くの成書を参考すると共に、その操作を実施するのに十分な知識と経験を有する臨床獣医学分野の専門家に相談されたい。

ブタは繊細な動物で興奮しやすいことから、小型の個体以外は物理的拘束が困難である。環境エンリッチメント等により適切に順化させ、麻酔前投薬処置によって麻酔の導入を容易にし、ブタのストレスを軽減する。また、ブタでは麻酔導入中に嘔吐することがあるため、12 時間（8 週までの個体では 1 ～ 2 時間）絶食させる。絶水は不要とされているが、必要な場合は 1 時間行う。

1）麻酔前投薬及び鎮痛処置（表 14、表 15）

麻酔薬の筋肉内投与には、長目のチューブでシリンジと繋いだ翼状注射針を刺入し、拘束せずケージ内でブタの動きに合わせて注入することによりストレスを軽減する。麻酔導入後は周術期管理を考慮して、静脈を確保しておくとよい。

表 14　ブタに用いる前投与薬

種　類	薬剤名	用　量	作　用
抗コリン作動薬	アトロピン	0.05mg/kg sc, im	抗コリン作用
麻酔薬＋ α_2 アドレナリン受容体作動薬	ケタミン＋キシラジン	10 ～ 20mg/kg +2.0 ～ 4.0mg/kg im	不動化
ブチロフェノン系薬剤	アザペロン	5.0mg/kg im	中等度から重度鎮静
α_2 アドレナリン受容体作動薬＋ベンゾジアゼピン系薬剤	メデトミジン＋ミダゾラム	0.04 ～ 0.06mg/kg +0.2 ～ 0.3mg/kg im	重度鎮静
ベンゾジアゼピン系薬剤	ジアゼパム後にケタミン	1.0 ～ 2.0mg/kg im 後に 10 ～ 15mg/kg im	軽度から中等度鎮静後，ケタミンの投与により不動化

表 15　ブタの術後管理に用いる鎮痛薬

種　類	薬剤名	用　量	作　用	持続時間（h）
オピオイド部分作動薬	ブトルファノール	0.1 ～ 0.3mg/kg iv, im	鎮痛	4
オピオイド部分作動薬	ブプレノルフィン	0.01 ～ 0.05mg/kg iv, im	鎮痛	6 ～ 12
非ステロイド系消炎鎮痛薬（NSAIDs）	カルプロフェン	2.0 ～ 4.0mg/kg iv,　sc	鎮痛	24

2）注射麻酔（表 16）

物理的又は化学的拘束の後、各種麻酔薬を静脈内投与できる。最も容易な投与経路は耳の静脈からであり、留置針を設置することにより確実かつ容易になる。

表 16　ブタの注射麻酔

薬剤名	用　量	麻酔時間（min）	覚醒時間（min）
ケタミン＋ジアゼパム（あるいはミダゾラム）	10 ～ 15mg/kg im+0.5 ～ 2mg/kg im	20 ～ 30	60 ～ 90
ケタミン＋メデトミジン	10mg/kg im+0.08mg/kg im	40 ～ 90	120 ～ 240
チオペンタール	6 ～ 9mg/kg iv	5 ～ 10	10 ～ 20
プロポフォール	2.5 ～ 3.5mg/kg iv	10	10
プロポフォール	0.1 ～ 0.2mg/kg/min iv 持続点滴	任意時間	10

ブタの吸入麻酔はイヌ、ブタ、サル類における吸入麻酔法参照(p.140)。

f．サル類の全身麻酔法

サル類は、獣医学・医学領域の多くの成書を参考すると共に、その操作を実施するのに十分な知識と経験を有する臨床獣医学分野及び実験動物の専門家＊4)（p.114）に相談されたい。

サル類では麻酔により嘔吐することがあるため、全身麻酔の前に絶食を行う。通常は 12 ～ 16 時間の絶食及び 1 時間の絶水を行う。サル類は用手保定が困難であるためケージの狭体板を利用し保定を行う。この状態で大腿部又は上腕部の筋肉内注射又は静脈内注射が可能である。

1）麻酔前投薬及び鎮痛処置（表 17、表 18）

表 17　サル類に用いる前投与薬

種　類	薬剤名	用　量	作　用
抗コリン作動薬	アトロピン	0.05mg/kg sc, im	抗コリン作用
α_2 アドレナリン受容体作動薬	キシラジン	0.5mg/kg im	軽度から中等度鎮静、多少の鎮痛
α_2 アドレナリン受容体作動薬＋ベンゾジアゼピン系薬剤＋オピオイド部分作動薬	メデトミジン＋ミダゾラム＋フェンタニル	0.02mg/kg+0.5mg/kg+0.01mg/kg im	重度鎮静及び不動化
ベンゾジアゼピン系薬剤	ジアゼパム	1mg/kg im	軽度から中等度鎮静

表 18　サル類の術後管理に用いる鎮痛薬

種　類	薬剤名	用　量	作　用	持続時間（h）
オピオイド部分作動薬	ブトルファノール	0.1 ～ 0.2mg/kg im	鎮痛	3 ～ 4
オピオイド部分作動薬	ブプレノルフィン	0.01mg/kg im	鎮痛	6 ～ 12
非ステロイド系消炎鎮痛薬 (NSAIDs)	カルプロフェン	2.0 ～ 4.0mg/kg iv,　sc	鎮痛	12 ～ 24

2）注射麻酔（表 19）

表 19　サル類の注射麻酔

薬剤名	用量	麻酔時間（min）	覚醒時間（min）
メデトミジン＋ミダゾラム＋ブトルファノール[§]	0.02mg/kg+0.15mg/kg+0.2mg/kg im	60 ～ 120	70 ～ 130*
メデトミジン＋ミダゾラム	0.06mg/kg +0.3mg/kg im	30（鎮静）	60 ～ 120**
チオペンタール	15 ～ 20mg/kg iv	5 ～ 10	10 ～ 15
ケタミン＋ジアゼパム	15mg/kg im+1mg/kg im	30 ～ 40	60 ～ 90
ケタミン＋メデトミジン	5mg/kg im+0.05mg/kg im	30 ～ 40	60 ～ 120
ケタミン＋キシラジン	10mg/kg im+0.5mg/kg im	30 ～ 40	60 ～ 120
プロポフォール	7 ～ 8mg/kg iv	5 ～ 10	10 ～ 15
プロポフォール	0.3 ～ 0.6mg/kg/min iv 持続点滴	任意時間	10

* 拮抗薬のアチパメゾール、用量：0.2mg/kgの筋肉内投与により10分程度で速やかに覚醒状態に回復する。

** 拮抗薬のアチパメゾール、用量：0.24mg/kgの筋肉内投与により10分程度で速やかに覚醒状態に回復する。

§ Ochi T, Nishiura I, Tatsumi M, Hirano Y, Yahagi K, Sakurai Y, Matsuyama-Fujiwara K, Sudo Y, Nishina N, Koyama H: Anesthetic effect of a combination of medetomidine-midazolam-butorphanol in cynomolgus monkeys (Macaca fascicularis). *J Vet Med Sci.*, **76** (6) : 917-921, 2014.

サル類の吸入麻酔は、イヌ、ブタ、サル類における吸入麻酔法参照（下記）。

g．イヌ、ブタ、サル類における吸入麻酔法

実験小動物と異なり、イヌ、ブタ、ネコ、サル類の吸入麻酔には専用の吸入麻酔装置、並びに専門知識及び技術が必要である。イソフルランやセボフルランがよく用いられるが、実施する際には、吸入麻酔装置の整備と技術の習得のために専門家の指導を仰ぐとよい。以下に、要点を順に述べる。

1. 動物の準備（順化、健康状態の確認、絶食、絶水等）
2. 前投薬（副交感神経遮断薬、精神安定剤、鎮静薬、鎮痛薬等の投与）
3. 導入薬の投与（チオペンタールやプロポフォール等の投与）
4. 剃毛（手術室外）消毒、固定・モニター機器の装着
5. 気道の確保（意識の消失を確認後、気管挿管、吸入マスク）
6. 維持麻酔（きちんと挿管されていることを確認し、吸入麻酔薬を導入）

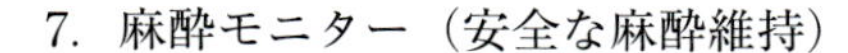

7. 麻酔モニター（安全な麻酔維持）
8. 麻酔からの覚醒（キャリアーガス＝酸素のみの吸入、自発呼吸の確認）
9. 抜管、回復処置（5 分ごとに、胸の動き、呼吸音、粘膜の色、皮膚の色等チェック）

4-1-2 事後措置

実験動物管理者、実験実施者及び飼養者は、実験等を終了し、若しくは中断した実験動物又は疾病等により回復の見込みのない障害を受けた実験動物を殺処分する場合にあっては、速やかに致死量以上の麻酔薬の投与、頸（けい）椎（つい）脱臼（きゅう）等の化学的又は物理的方法による等指針に基づき行うこと。また、実験動物の死体については、適切な処理を行い、人の健康及び生活環境を損なうことのないようにすること。

趣旨

前文では、動物愛護管理法第 41 条第 3 項及び第 7 条を受けて、実験等に使用した後の実験動物の殺処分（いわゆる安楽死処置）及び死体の処理について記述している。殺処分の対象となる実験動物として、実験等の利用の目的を終了した動物、実験等を中断して以後の実験等への使用の予定がなくなった動物、回復の見込みのない状態に陥った動物の 3 種のカテゴリーを示している。また、殺処分の方法は指針（動物の殺処分方法に関する指針　環境省告示第 105 号）*26) に基づくこととし、同指針では化学的又は物理的方法によることとしている。ここでは、化学的方法の例として麻酔薬の投与を、物理的方法の例として頸椎脱臼をあげている。

また、動物の死体の処理については、人の健康及び生活環境の保全の観点より、適切な管理を求めている。

解説

「動物の殺処分方法に関する指針」では、「苦痛」を「痛覚刺激による痛み並びに中枢の興奮等による苦悩、恐怖、不安及びうつの状態の態様」と定義し、殺処分する動物にできる限り苦痛を与えない方法によることとしている。苦痛には、末梢神経への刺激により生じる疼痛だけでなく、中枢神経系が関与する精神的な苦

*26) 動物の殺処分方法に関する指針
http://www.env.go.jp/nature/dobutsu/aigo/2_data/laws/shobun.pdf

悩、恐怖、不安等も含まれている。

安楽死処置とは、苦痛を伴うことなく、動物に速やかな意識消失と不可逆的に心肺機能を停止させ、死を誘導する人道的な殺処分の行為である。安楽死処置の対象とする実験動物は、動物実験の最終段階で動物を殺処分する場合、実験等を中断した後の使用の予定がない場合、あるいは実験等の過程で回復の見込みのない状態に陥った動物であり、繁殖生産施設における退役動物や実験等の過程で通常の鎮痛措置では軽減できないような苦痛に示す動物もこれらに含まれる。また、人や動物の感染症の拡大を防止する場合、動物が逸走した場合、火災や地震等の緊急事態の場合にも獣医学的知識を有する実験動物管理者の判断により安楽死処置が実施される。

以下に、安楽死処置の対象とする動物を判定する際に考慮すべき人道的エンドポイント、及び安楽死処置の具体的方法について解説する。

（1）人道的エンドポイント（Humane endpoint）＊27)

動物実験等は安楽死処置をもって終了することを原則としており、人道的エンドポイントとは、実験動物を激しい苦痛から解放するために実験を終了あるいは途中で中止する時期（すなわち安楽死処置を施す時期）を意味する。過去に多く見られた生存終末点（実験による死亡）まで経過観察を続ける実験（Death as endpoint）に対比して使われる用語である。人道的エンドポイトの設定に関しては、該当する国際ガイドラインを参照する必要がある＊28)。苦痛度の高い動物実験等、例えば、致死的な毒性試験、感染実験、放射線照射等を行う場合、動物実験責任者は動物実験を計画する段階で人道的エンドポイントの設定を検討する。また、腫瘍モデル、あるいは疼痛モデル、外傷、臓器や組織の不全、循環器系ショックのモデル等に関する動物実験には多角的な観点から慎重な判断が必要であり、注意深い観察により各々の実験処置に伴う臨床症状から的確に苦痛度を想定しなければならない。一般に、摂餌・摂水困難（身体的・行動的障害を含む）、苦悶の症状（自傷行動、異常な姿勢、呼吸障害、鳴き声など）、回復の見込みが見られない長期の外見異常（下痢、出血、外陰部の汚れなど）、体温の低下、急激な体重減少（数日間で20％以上）、腫瘍のサイズの著しい増大（体重の10％以上）、痙攣や麻痺などの中枢神経症状などが人道的エンドポイント適用の目安になる。また、実験装置や拘束器具を用いる実験では、動物が嫌がる動作を示し

＊27）Humane Endpoints for Animals Used in Biomedical Research and Testing. *ILAR Journal*. 41（2）:58-123, 2000. 中井伸子訳：“動物実験における人道的エンドポイント”，アドスリー（2006）.

＊28）Guidelines for Endpoints in Animal Study Proposals, Approved by ARAC 10/09/96, Revised - 03/08/00; 01/12/05 ; 11/14/07; 05/11/11; 04/10/13; 03/04/16

たり衰弱した場合、可及的速やかに実験を打ち切り、装置や器具から開放することも人道的エンドポイントに含まれる。

遺伝子組換え動物等の場合、結果を予測することが困難であるため、継続的な観察を実施して発生する問題をその都度解析することにより適切な人道的エンドポイントを決める。このような場合は、予備試験が有効である。

（2）安楽死処置

安楽死処置は、動物の殺処分方法に関する指針*29)（平成19年11月12日環境省告示第105号）に従うほか、実験動物の安楽死処置に関する指針及びその解説（日本実験動物協会）*30)、国際ガイドライン*31)にも配慮すべきである。動物福祉の観点から実験動物に対する安楽死処置の方法の適否は、国際間で判断が微妙に異なることから、一般的に国際的に容認されている方法を考慮したうえで、動物実験責任者は必要に応じて実験動物管理者や当該動物種の専門家に助言・指導を求め、いずれの安楽死処置も動物実験委員会で認められた方法でなければならないのは、当然である。

動物が想定した人道的エンドポイントの状態に陥った場合、速やかに実験を中止して適切な処置を行う。安楽死処置は、迅速かつ苦痛を伴わない安楽な死を誘導するのみならず、処置後の試料採取やその評価の障害にならないよう実験目的に沿う方法を選択しなければならない。実験責任者は、安全性に加え、安楽死処置実施者が感じる精神的不安、不快感、あるいは苦痛に配慮し、科学的研究の目的を損なわない限り、心理的負担の少ない安全な方法を選択すべきである。一般的には化学的方法（過剰量のバルビツール系麻酔薬、非爆発性吸入麻酔薬の投与、炭酸ガス）あるいは物理的方法（頚椎脱臼、断頭、麻酔下での放血など）によるが、頚椎脱臼や断頭などの方法は、選択する順位としては下位に置き、麻酔下で実施することが推奨される。

実際の処置は、他の実験動物に苦痛を感じとられないよう、配慮する。意識消失に至る過程で鳴き声をあげたり、フェロモンを放出したりすることがあるため、飼育室以外で実施する。安楽死処置を行う場所への移動や、待機中も動物福祉に配慮した飼養保管条件（飼育環境や密度）を維持する。安楽死処置は、当該動物種に対する手技を習得した者が行い、死の徴候（心肺停止、反射の消失、死後硬直等）を望診、触診等により厳密に確認しなければならない。

*29) 動物の殺処分方法に関する指針
http://www.env.go.jp/nature/dobutsu/aigo/2_data/laws/shobun.pdf

*30) 実験動物の安楽死処置に関する指針及びその解説
http://www.nichidokyo.or.jp/pdf/fukusi/anrakusi2.pdf

*31) 米国獣医師会AVMA American Veterinary Medical Association 動物の安楽死処置に関する指針2013年版AVMA Guidelines for the Euthanasia of Animals: 2013 Edition
動物の安楽死法のガイドラインとして、国際的に広く普及している。このガイドラインでは、安楽死処置法を動物が受ける苦痛度や不快感、意識喪失までの時間、確実性、作業者の安全性等をもとに、「容認される」、「条件付きで容認される」、「容認されない」に分類している。実験動物はもとより、ウシ等の家畜、愛玩動物、野生動物、両生類や水生動物等、多くの動物種に関する安楽死処置法が記載されている。

① 化学的方法

・[ペントバルビタールの過量投与]

ペントバルビタールは、不安・興奮を伴うことなく、速やかに意識を消失させることから、マウスからイヌ・ブタ・鳥類まで各種の実験動物の安楽死処置に用いられる。げっ歯類には、100 ～ 150mg/kg を静脈内又は腹腔内に投与する（ウサギの腹腔内投与では 150 ～ 200mg/kg）。腹腔内投与が実用的ではない中大動物では、保定及び鎮静させた後に 80 ～ 100mg/kg を静脈内に投与する。

・[炭酸（CO_2）ガス（高速かつ安定に注入できる高圧ボンベ）]

炭酸ガスには麻酔作用があり、まず意識消失が起こり、ついで酸素欠乏により死亡する。しかし、CO_2 濃度の推移と動物の生理学的変化と死亡までの過程について動物福祉の観点から多くの議論があり、完全な結論は得られていない。最初から高濃度（50 ～ 100%）に暴露すると、意識消失前に苦痛を感じる可能性がある。一方、濃度を徐々に上げていくと、酸素（O_2）濃度も低下し意識喪失前に呼吸困難に陥る。CO_2 に O_2 を添加すると、意識喪失までの時間を延長する。ここでは、暫定的に、安楽死処置専用容器内に動物を入れ、容器内の容積の 10 ～ 30%/min の流入量で内部の空気を CO_2 で置換する方法が推奨される。ホームケージでなく専用の容器を用いる場合には、使用するたびに容器を空にして洗浄する。高 CO_2 濃度条件下ではヒトでも O_2 欠乏を起こすため、室内の換気と装置の取扱いには注意が必要である。

・[吸入麻酔薬の過剰投与]

保定が困難な場合には有用であるが、単独で使用する場合は死に至るまで長時間を要する。吸入麻酔への忌避行為がある場合は鎮静剤等を前投与する。

・[硫酸マグネシウム（$MgSO_4$）又は塩化カリウム（KCl）]

高用量投与により完全な神経遮断と低酸素血症により死亡する。これらの薬物は鎮痛・麻酔作用がないため、深麻酔下での実施が容認の条件となる。

・[深麻酔による意識喪失下での放血、灌流固定、開胸]

動物種を問わず深麻酔による安楽死処置の補助手段（adjunctive method）として容認されている[*31)]。

② 物理的方法

頚椎脱臼あるいは断頭は、化学物質による汚染がなく、熟練した実験者・技術者が実施する場合はマウスやラット等の小型実験動物の安楽死処置法として容認される。実験に支障がなければ麻酔下での実施が望ましい。また、麻酔下の動物や死体を用いて十分に訓練する必要がある。

・[頚椎脱臼]：マウスをケージの蓋等の平らな台上に置き、一方の手の親指と人差し指で（あるいはピンセット等を用いて））頭骨の基部（頚背部）を下方に固定し、他方の手で尾根部近傍を持って後方斜め上に一気に強く引く。頚椎が脱臼すれば、瞬間的にマウスが脱力し、一時的に体動が残るものの間もなく止まる。瞬時に意識消失、死亡するため動物の苦痛は少ない。ラット（200g以下）の場合も同様に実施されるが、サイズや組織の強度がマウスと異なるため、かなりの熟練と力を要する。

・[断頭]：マウスの場合はよく切れる鋭利なハサミを用いる。ラットの場合も、専用の断頭器が市販されておりきちんと整備された状態で利用する。

③ 容認されない方法

塩化カリウムや神経筋遮断薬を単独で安楽死処置に用いることは容認されない。同様に、意識喪失前に神経筋遮断薬の作用が発現するようなペントバルビタールとの併用も容認されない。ジエチルエーテル、クロロホルム、シアン化合物、抱水クロラール、ストリキニーネ等の使用も不適切である。また、頭蓋打撲（多くの場合）や空気塞栓、無麻酔での放血も容認されない。

（3）げっ歯類の胎子・新生子の安楽死処置＊32)

早熟性の種（モルモット）と晩熟性の種（マウス、ラット、ハムスターなど）では中枢神経系の発達の状態が異なるが、胎子・新生子は、侵害刺激には反応しても脳は疼痛や不快を知覚する状態にないことが示されている。母体とともに安楽死させる場合には、母体の死亡後に胎子が死に至るまでには時間を要することに配慮は必要であるが、胎子を安楽死させるためにあえて母体から摘出する必要はない。マウスやラットなどの胎子、7日齢未満新生子は疼痛や不快を知覚することがないことから、麻酔を施すことなく液体窒素に浸漬する方法や鋭利な刃物を用いた断頭などにより安楽死させることが可能である（動物実験委員会による科学的必然性が審査されることが望ましい）。

＊32)「げっ歯類の胎児・新生児の鎮痛・麻酔および安楽死に関する声明」（日本実験動物医学会 第2版、2015年）
https://jalam.jp/htdocs/index.php?key=jonyq7toz-1209#_1209

妊娠 34 日齢以降のモルモットなどの胎子・新生子、生後 7 日齢以降のマウスやラットなどの新生子は、成獣と同様に、注射麻酔薬の過量投与や深麻酔下での化学的、あるいは物理的方法を推奨する。死に至る時間を考慮すると、マウスやラットなどの新生子では低酸素症に抵抗性があり、吸入麻酔薬単独等により死に至らすことは人道的ではない。げっ歯類の胎子・新生子の安楽死法は以下の順に推奨される。

- ペントバルビタールなどの腹腔内・胸腔内への過量投与
- 塩化カリウムの心臓内投与
- イソフルラン・セボフルランなどの吸入麻酔薬あるいは二酸化炭素（胎子及び 7 日齢未満のマウスやラットなどの新生子は適用外）
- 液体窒素への浸漬
- 深麻酔下にて固定液への浸漬
- 断頭
- 頚椎脱臼

表 20　動物種ごとの安楽死処置の方法

方法	バルビツール酸誘導体	注射麻酔液	吸入麻酔薬	二酸化炭素	塩化カリウム	局所麻酔薬	頚椎脱臼	断頭	貫通ボルト
条件等	静脈や心腔内への過剰投与。小型動物では、腹腔内や体腔内投与でもよい[a]。意識消失、麻酔下等では静脈以外の経路（骨・心臓・肝臓・脾臓・腎臓）による投与が容認される[b]。	混合麻酔薬等の過剰投与後、その他の方法で確実に安楽死させる。	吸入麻酔薬の過量剰投与後、その他の方法で確実に安楽死させる。	高圧容器から供給される高純度 CO_2 を用いた段階的注入法による。	意識消失、麻酔下で静脈内注射と心腔内注射が容認される。	塩酸ベンゾカインや、中性トリカインメタンサルフォネート（TMS; MS222）に浸漬または注射する	技術に習熟するまでは麻酔下が望ましい	技術に習熟するまでは麻酔下が望ましい	安楽死専用の貫通ボルトでない場合は、直ちに放血し脊髄穿刺する。
水生無脊椎動物						○			
両生類	○[a]	○	○		○	○		○	○
鳥類・家禽	○[a]		○	○	○		○	○	○
イヌ・ネコ	○[b]	○	○	○	○				
ウシ・ウマ・ヒツジ・ヤギ	○	○	○		○				○
ブタ	○	○	○	○	○				○
魚類	○				○	○		○	
海生哺乳類	○	○	○		○				
ヒト以外の霊長類	○	○	○	○	○				
爬虫類	○[a]	○	○	○	○			○	○
ウサギ	○	○	○	○	○		○	○	○
げっ歯類	○[a]	○	○	○	○		○	○	

米国獣医師会　動物の安楽死処置に関する指針 2013 年版 AVMA Guidelines for the Euthanasia of Animals: 2013 Edition を改変。

表 21　容認される、又は条件付きで容認される主な安楽死処置の方法とその条件

方　法	適する動物種	条　件
バルビツール酸誘導体	水生無脊椎動物以外のほとんどの動物種	動物が小さいために、静脈内投与が困難で危険な場合は、腹腔内や体腔内投与でもよい。また、意識消失、あるいは麻酔下等では静脈以外の経路による投与が容認される。
注射麻酔薬	水生無脊椎動物以外のほとんどの動物種	混合麻酔薬の過剰量投与後、その他の方法で確実に安楽死させる。
二酸化炭素（CO_2；高圧ボンベのみ）	伴侶動物を除くほとんどの鳥類、哺乳類	苦痛や忌避反応を減弱できる種では適用可能である。市販の高圧容器から供給される混入・夾雑物のない高純度 CO_2 を用いた段階的注入法を採用すること。減圧レギュレーターや流量計等の適正な装備が必須である。
頚椎脱臼	家禽、小型鳥類、マウス、幼若ラット（<200g）、ウサギ	頚椎や脊髄を押しつぶすことなく、適正な頚椎脱臼処置が実施されなければならない。熟練した技術が必要なため、それ以外では麻酔下での実施が望ましい。
断頭	実験用げっ歯類、小型ウサギ、家禽、鳥類、硬骨・軟骨魚類、両生類、爬虫類	動物種や利用法に相応しい市販のギロチン装置を使用すべきである。代替として鋭利なナイフを用いる場合は適正で熟練した技術が必要なため、それ以外では麻酔下での実施が望ましい。
吸入麻酔薬	家畜や硬骨・軟骨魚類、多くの両生類や爬虫類。	密閉容器（麻酔ボックス）やマスクを用いて対応できる。吸入麻酔薬の過量剰投与後、その他の方法で確実に安楽死させる。実施者への暴露を回避する措置が必要である。
塩化カリウム	ほとんどの動物種	意識消失、あるいは麻酔下でのみ静脈内注射と心腔内注射が認められている。意識のある脊椎動物では容認されない。
貫通ボルト	ウマ、反芻類、ブタや非家畜	安楽死専用の貫通ボルトでない場合は、直ちに放血し脊髄穿刺する。大型動物に使用する場合は、延長ボルトを使用しなければならない。見た目に不快な印象を与えるが、安全である。
塩酸ベンゾカイン	小型の硬骨・軟骨魚類、両生類	魚類は、鰓呼吸の停止後 10 分間は溶液中に放置しなければならない。
中性トリカインメタンサルフォネート（TMS; MS222, トリカイン）	硬骨・軟骨魚類、爬虫類、両生類、水生変温動物	溶液は重炭酸ナトリウムで中和したものを用いる。大型の魚類やアフリカツメガエル等では別の方法で死亡を確認することが推奨される。
2- フェノキシエタノール	硬骨・軟骨魚類	安楽死のために必要な用量や暴露期間に種差がある。硬骨・軟骨魚類の場合、鰓呼吸の停止後少なくとも 10 分間は浸漬する必要がある。
一酸化炭素（CO；高圧ボンベのみ）	伴侶動物を除くほとんどの小動物	適切に装備された機器を、正しく操作することが条件である。
窒素、アルゴン	ニワトリ、シチメンチョウ、ブタ	密閉容器を用い、急速にガスを注入する。換気が十分であれば安全である。厳密に管理され、混入・夾雑物のない高純度のガスを用いなければならない。減圧レギュレーターや流量計等が適正に装備されていること。
破砕	孵化したばかりの雛や家禽、死ごもり卵のみに適用される。	適正に管理され、正常に作動する専用の装置を使用しなければならない。

米国獣医師会　動物の安楽死処置に関する指針 2013 年版 AVMA Guidelines for the Euthanasia of Animals: 2013 Edition を改変。

4-2 実験動物を生産する施設[†3~8]

† 3～8 参考図書を章末に掲載

幼齢又は高齢の動物を繁殖の用に供さないこと。また、みだりに繁殖の用に供することによる動物への過度の負担を避けるため、繁殖の回数を適切なものとすること。ただし、系統の維持の目的で繁殖の用に供する等特別な事情がある場合については、この限りでない。また、実験動物の譲渡しに当たっては、その生理、生態、習性等、適正な飼養及び保管の方法、感染性の疾病等に関する情報を提供し、譲り受ける者に対する説明責任を果たすこと。

趣旨

ここでは、実験動物を生産、供給する施設に特有の遵守事項を示している。実験動物の供給等に携わる者は、繁殖に供する動物の年齢、繁殖回数を考慮して、動物に過度の負担を与えない方法で繁殖に供さなければならない。動物種により、繁殖適齢期、妊娠期間、交配効率、出生数、哺乳期間等は異なり、さらに実験動物では、系統の特性として妊娠率や出生数等が異なり、特定な遺伝疾患を発症するものもいる。系統の特性事情等により幼齢動物等を繁殖に供する場合もあり得るが、その場合も動物の状態をよく観察し、過度な負担を避けるべきである。

また、実験動物を譲渡[*33)]あるいは販売する場合、譲り受ける者あるいは購入者に対して、動物の生理、生態、習性、感染症等の病歴などの実験動物の飼養保管に必要な情報、研究目的に応じた動物の品質や特性情報を提供しなければならない。

*33) ここでいう譲渡は、研究機関間あるいは研究者間での動物の授受を指す。授受の方法、留意すべき事項については国動協ＨＰにある「実験動物の授受に関するガイドライン」に詳述されているので参照のこと。
http://www.kokudoukyou.org/index.php?page=kankoku_juju

解説

動物の生産、繁殖の現場では、交配、妊娠、出産、育成、品質管理など、動物の発育、成長段階に応じた細やかな対応が求められる。動物種あるいは系統の繁殖特性をよく理解し、産次間に十分な休憩期間を設けるなど、適切に管理し、経済性のみを追求し、動物に過度の負担を与えてはならない[*34)]。さらに、実験動物では、その利用の目的に合った特性や品質も確保しなければならない。これらを正しく理解したうえで、計画的に動物を生産する必要がある。特に、商業的生産施設では需要と供給のバランスを考慮して生産計画を立て、無用な繁殖を避けるよう努めなければな

*34) 追いかけ交配法:マウス・ラットでは分娩後に発情を伴う後分娩排卵があり、その時期に雄を同居させると泌乳中であっても妊娠する。この方法は母親への負担が大きいうえに妊娠末期に泌乳が阻害されるため乳仔の発育にも影響するため、行うべきではない。

序章
1章 一般原則
2章 定義
3章 共通基準
4章 個別基準
5章 準用及び適用除外
付録

らない。

繁殖供用時期については、いずれの動物種においても繁殖適齢*35)に達したものを用いることが原則である。

一般に、雌動物は第二次性徴期（春機発動期）を迎えたばかりで性周期や月経周期が安定しない時期の幼齢動物であっても、発情していれば雄を許容し、妊娠は成立する。しかし、この時期の動物を繁殖に供することは、母体への負担も大きく、その後の繁殖に影響を及ぼすこともあるので、原則として幼齢動物は繁殖に用いない。しかし、実験動物には、成熟と共に疾病を発症する系統があり、幼齢のうちに繁殖に供さないと子供が得られないことがある。このような場合は、繁殖への供用は許容される。

また、性周期や月経周期が加齢の影響により不規則となる高齢動物の繁殖への供用については、不妊、難産、低産子、哺育不能さらに子に異常が生ずるなど、繁殖上多くの問題が生じることから避けるべきである。希少性が高く、有用な動物であれば、ことさら高齢になる前に計画生産により次世代を得ておく必要がある。高齢等により不妊が続く場合には、卵巣移植、受精卵移植、顕微授精などの生殖補助手法により、産子を得る方法もある。

商業的生産施設は、飼育器具・器材等を開発・改良して動物の飼養環境の向上を図り適正飼養を心がけ、実験動物の需要状況に関する情報を収集して、需要予測に基づいた生産計画を立案し、生産数の適正化に努める必要がある*36)。また、動物の生理、生態、習性を考慮したうえで、適切な生産方式で、繁殖特性に応じた交配を行う。妊娠率や産子数が低下した個体は、退役させるのが原則である。

繁殖性を評価するものとして生産効率がある。生産効率は、通常、交配に用いた雌の総数で離乳子総数（商業的生産施設では離乳合格子数を用いる）を割った値を指数とし、その値が動物種あるいは系統が本来保有する産子数に近いほど、その個体や集団の生産効率は高いと評価する。生産効率に影響するものとして、産子数をはじめ妊娠率*37)、出産率*38)、離乳率*39)がある。また、雄側の要因や交配方式なども影響する。これらは、動物の遺伝性や年齢のほか、栄養や飼育条件などの環境要因によっても支配される。したがって、生産効率の向上には、動物種あるいは系統の特性を最大限に引き出すことができる適切な飼育環境下での適正飼養が条件となる。

生産供給施設が研究施設等への実験動物の販売に際して、動物

*35) 繁殖適齢：動物が性成熟に達すれば繁殖は可能であるが、人為的に繁殖の目的で交配させるときは、これから若干の期間が経過した後に行う。この供用開始の齢をいう。

*36) 実験動物飼養保管等基準では、委員会の設置あるいはそれに変わるものの設置を義務づけており、生産計画は、委員会がその適正性を審査する。また、預かり飼育、生物材料や外科処置動物の販売等を行う生産施設では、既存の委員会に動物実験計画を審査する機能を持たせるか、新たに動物実験委員会の設置が必要となる。

*37) 妊娠率：（妊娠総数／交配数）× 100

*38) 出産率：（生子を出産した雌数／妊娠数）× 100

*39) 離乳率：（離乳時子数／哺育数調整後の子数）× 100

の情報として提供すべきものには、系統名、生産方式、繁殖成績、微生物モニタリング成績、ワクチン接種や治療歴とその内容（サル類、イヌ、ネコなど）、系統の特性や形質に関する情報、その他実験成績に影響を及ぼす可能性のある情報、法や指針で必要な情報（狂犬病予防法、カルタヘナ法、外来生物法など）等があり、使用者の要望に応じて選択する。購入希望者が随時、情報を入手できるよう、主要な情報をカタログやホームページで公開してもよい。

なお、遺伝子組換え動物の譲渡・販売に当たっては、法に定められた輸送時の事前情報提供を遵守しなければならない（3章 共通基準 3-1-1 飼養及び保管の方法　ウ　1)実験動物の入手(p.41) 参照)。

参考図書

1) Humane Endpoints for Animals Used in Biomedical Research and Testing. ILAR Journal, **41** (2)：2000:58-123. 中井伸子訳："動物実験における人道的エンドポイント", アドスリー（2006).
2) 久和 茂編："実験動物学（獣医学教育モデル・コア・カリキュラム準拠)" 朝倉書店（2013).
3) 実験動物飼育保管研究会編："実験動物の飼養及び保管等に関する基準の解説", ぎょうせい（1980).
4) 日本実験動物学会監訳："実験動物の管理と使用に関する指針　第8版", アドスリー（2011).
5) 日本実験動物協会："実験動物の福祉に関する指針並びに運用の手引き", 日本実験動物協会（2015).
6) 大和田一雄監修・笠井一弘著："アニマルマネジメントⅢ", アドスリー（2015).
7) 藤原公策・宮嶌宏彰　他編："実験動物学事典", 朝倉書店（1989).
8) 家畜繁殖学会："新繁殖学辞典", 文永堂出版（1992).

5章 準用及び適用除外

趣旨

この基準は、動物実験に使うすべての動物にあてはめるべきであるが、ここでは哺乳類、鳥類及び爬虫類に属する動物を対象としている（2章 定義 2-3 実験動物〔p.25〕参照）。しかし、実験に使われる他の動物種が本基準に無関係であるということではない。

5-1　準　用

管理者等は、哺乳類、鳥類又は爬(は)虫類に属する動物以外の動物を実験等の利用に供する場合においてもこの基準の趣旨に沿って行うよう努めること。

解説

本基準では、動物愛護管理法における、動物の殺傷、虐待の罰則の対象となる愛護動物の範囲*1) である、哺乳類、鳥類及び爬虫類に属する動物に限定している。

哺乳類、鳥類及び爬虫類に適用範囲を限定しているが、本基準の考え方は実験に使うすべての動物種を対象としていることから、設けられた項である。哺乳類、鳥類及び爬虫類に属する動物以外の動物を使う場合も、この基準の趣旨に沿って行うことが望まれる。

*1）諸外国における指針等では、動物実験の対象動物種をすべての脊椎動物とするもの、すべての脊椎動物に加えて頭足類（タコ、イカ等）とするものもある。

5-2　適用除外

この基準は、畜産に関する飼養管理の教育若しくは試験研究又は畜産に関する育種改良を行うことを目的として実験動物の飼養又は保管をする管理者等及び生態の観察を行うことを目的として実験動物の飼養又は保管をする管理者等には適用しない。なお、生態の観察を行うことを目的とする動物の飼養及び保管については、家庭動物等の飼養及び保管に関する基準（平成 14 年５月環境省告示第 37 号）に準じて行うこと。

解説

本基準の定義（2-1 実験等〔p.23〕）に示されているように、実験等とは、動物を科学上の利用に供することをいい、多くの場合、動物は拘束され、何らかの苦痛を与える処置が行われる。しかし、実験等の中には、動物をある程度拘束はしても、苦痛を伴う処置はほとんど行わないものもある。例えば、畜産分野における実験や小・中学校等における生態観察などがこれに相当する。本基準は、これらの実験に使われる実験動物の管理者等には適用しない。

なお、医学、薬学、獣医学、農学、理学等の専門教育を行う大学等における研究、教育及び実習に供する動物は、原則、実験動物であって、これらの管理者等には本基準が適用される。

5-2-1　畜産分野における実験等

産業動物（産業等の利用に供するため、飼養し、又は保管している哺乳類及び鳥類）を用いた動物実験の管理者等は、「産業動物の飼養及び保管に関する基準（昭和 62 年総理府告示第 22 号）」*2) の規制を受けるため、本基準の適用外とされている。以下に適用外になる実験等について解説する。

この項で適用除外とする管理者等というのは、農業高校等において、産業動物の飼養管理法等を教育するために動物を飼養及び保管する管理者並びに国の独立行政法人、都道府県の畜産試験場等において動物の生産性向上を目的とする育種改良、試験研究等に供する実験動物の管理者等を指している。以下の例を引いて、適用除外の該当例と関連する非該当例について記述する。

*2) 文部科学省、厚生労働省の動物実験基本指針には適用除外はない。産業動物であっても、教育、試験研究又は生物製剤の製造の用そのほかの科学上の利用に供する場合は、この指針が適用される。すなわち、動物実験に関する機関内規程に従い動物実験計画の審査、承認、教育訓練、自己点検等を行わなければならない。

① 飼養管理の教育

農業高校等で産業動物の飼養法及び農業経営に関する知識と技術を教育する過程で、飼養及び保管に当たる管理者等は、産業動物の管理者等とみなされるので、本項の適用除外に該当する。

② 育種改良

畜産試験場等において、牛の産肉性、泌乳能力、繁殖能力等の向上を図るため、育種改良を目的として産業動物の飼養及び保管に当たる管理者等は本項の適用除外に該当する。

③ 試験研究

畜産試験場等における家畜の飼養管理及び栄養、畜産物の生産性の向上等の試験研究における産業動物の管理者等も本項の適用除外とする。

しかし、これらの目的のために血液の採取、人工繁殖や外科的な措置を行う場合*3)、あるいは薬理学的な実験を行う場合等は、それらの産業動物は実験動物となり、その管理者等は本基準の適用を受け、本項の適用除外には該当しない。

*3）家畜改良増殖法に基づき、獣医師又は家畜人工授精師が産業目的で行う家畜人工授精用精液、家畜体内及び体外受精卵の採取、生産、処理、移植及び注入の行為は適用除外である。

5-2-2 生態観察

この項で適用除外とする管理者等とは、小・中学校、幼稚園又は保育園等で、主として生徒及び児童等の情操教育を目的として飼育及び保管する実験動物の管理者等である。

例えば、小鳥、ニワトリ、アヒル、ウサギ、カメ等について、動物の種類によって異なる飼料、運動の仕方、繁殖や生育状況など、主としてそれらの生態を観察し、動物の生命の尊さ、生命現象の理解等の教育に資するために飼養及び保管に当たる管理者等については、「家庭動物等の飼養及び保管に関する基準（平成14年5月環境省告示第37号）」の適用を受ける。

また、学校で動物を飼育する場合は、文部科学省において「学校における望ましい動物飼育のあり方」が作成されており、参考とされたい。

付　録

表1　群飼育している実験用げっ歯類のための最小飼育スペースの推奨値

動　物	体重 (g)	床面積／匹[a] (cm^2)	高さ[b] (cm)	備　考
群飼している マウス	＜10 15まで 25まで ＞25	38.7 51.6 77.4 ≧96.7	12.7	より大きな動物には、これより広い飼育スペースが必要な場合がある。
雌マウス＋ 哺育子		330 （飼育群あたり）	12.7	繁殖形態によっては、これより広い飼育スペースが必要な場合がある。飼育スペースは、親動物及び哺育子の匹数、並びに子動物の大きさ及び齢によって決まる。
群飼している ラット	＜100 200まで 300まで 400まで 500まで ＞500	109.6 148.35 187.05 258.0 387.0 ≧451.5	17.8	より大きな動物には、これより広い飼育スペースが必要な場合がある。
雌ラット＋ 哺育子		800 （飼育群あたり）	17.8	繁殖形態によっては、これより広い飼育スペースが必要な場合がある。飼育スペースは、親動物及び哺育子の匹数、並びに子動物の大きさ及び齢によって決まる。
ハムスター	＜60 80まで 100まで ＞100	64.5 83.8 103.2 ≧122.5	15.2	より大きな動物には、これより広い飼育スペースが必要な場合がある。
モルモット	350まで ＞350	387.0 ≧651.5	17.8	より大きな動物には、これより広い飼育スペースが必要な場合がある。

[a] 単飼の動物及び小さい群の動物には、表に示されている1匹あたりの床面積に、該当する匹数を乗じた面積より広い面積が必要になる場合がある。
[b] ケージの床面からケージの上端まで。
日本実験動物学会監訳：“実験動物の管理と使用に関する指針”（Guide for the Care and Use of Laboratory Animals）、第8版、アドスリー（2011）、表3.2より一部改変。

表 2　ペア飼育又は群飼育しているウサギ、ネコ及びイヌのための最小飼育スペースの推奨値

動　物	体重 (kg)	床面積／匹[a] (m^2)	高さ[b] (cm)	備　考
ウサギ	＜2 4 まで 5.4 まで ＞5.4[c]	0.14 0.28 0.37 ≧0.46	40.5	より大きなウサギには、上半身を起こすことができるように、これより高いケージサイズが必要な場合がある。
ネコ	≦4 ＞4	0.28 ≧0.37	60.8	休息棚を設置した、垂直方向に広がりのある空間が望ましい。したがって、これより高いケージサイズが必要な場合がある。
イヌ	＜15 30 まで ＞30[c]	0.74 1.2 ≧2.4	高さ制限のない囲いが望ましい。	ケージは、イヌが肢を床面に置いて楽に直立できるよう、十分な高さがなければならない。

[a] 単飼の動物には、ペア飼育あるいは群飼育の動物にくらべて、表に示されている 1 匹あたりの数値より広い飼育スペースが必要になる場合がある。
[b] ケージの床面からケージの上端まで。
[c] より大きな動物には、これより広い飼育スペースが必要な場合がある。
日本実験動物学会監訳："実験動物の管理と使用に関する指針"（Guide for the Care and Use of Laboratory Animals)、第 8 版、アドスリー（2011)、表 3.3 より一部改変。

表 3　ペア飼育または群飼育している鳥類のための最小飼育スペースの推奨値

動　物	体重 (kg)	床面積／羽[a] (m^2)	高　さ
ハト	－	0.07	ケージは、動物が脚を床面に置いて楽に直立できるよう、十分な高さがなければならない。
ウズラ	－	0.023	
ニワトリ	＜0.25 0.5 まで 1.5 まで 3.0 まで ＞3.0[b]	0.023 0.046 0.093 0.186 ≧0.279	

[a] 単飼の鳥類には、ペア飼育あるいは群飼育の鳥類にくらべて、表に示されている 1 羽あたりの数値より広い飼育スペースが必要になる場合がある。
[b] より大きな動物には、これより広い飼育スペースが必要な場合がある。
日本実験動物学会監訳："実験動物の管理と使用に関する指針"（Guide for the Care and Use of Laboratory Animals)、第 8 版、アドスリー（2011)、表 3.4 より一部改変。

表 4　ペア飼育又は群飼育している霊長類のための最小飼育スペースの推奨値

動　物	体重 (kg)	床面積／頭[a] (m^2)	高さ[b] (cm)	備　考
サル類[c]	1.5 まで 3 まで 10 まで 15 まで 20 まで 25 まで 30 まで ＞30[d]	0.20 0.28 0.4 0.56 0.74 0.93 1.40 ≧2.32	76.2 76.2 76.2 81.3 91.4 116.8 116.8 152.4	ケージは、動物が後肢を床面に置いて楽に直立できるよう、十分な高さがなければならない。ヒヒ、パタスモンキー、その他の足の長いサル類は、より高い飼育スペースを必要とすることがある。新世界ザルや樹上性のサル類については、全体のケージ容積及び直線状の止まり木を高い位置に設置することなども考慮すべきである。枝にぶら下がるサル類については、ケージを十分に高くして、動物が腕を完全に伸ばした状態で、足が床面に触れることなく、ケージの天井からぶら下がることができるようにしなければならない。また、ぶら下がり運動がしやすいよう、ケージの設計を工夫しなければならない。
チンパンジー 幼獣 成獣[e]	10 まで ＞10	1.4 ≧2.32	152.4 213.4	その他の類人猿や枝にぶら下がる大型のサル類については、ケージを十分に高くして、動物が腕を完全に伸ばした状態で、足が床面に触れることなく、ケージの天井からぶら下がることができるようにしなければならない。また、ぶら下がり運動がしやすいよう、ケージの設計を工夫しなければならない。

[a] 単飼の霊長類には、群飼の霊長類にくらべて、表に示されている 1 匹あたりの数値より広い飼育スペースが必要になる場合がある。
[b] ケージの床面からケージの上端まで。
[c] マーモセット科、オマキザル科、オナガザル科、及びヒヒ属。
[d] より大きな動物には、これより広い飼育スペースが必要な場合がある。
[e] 体重 50kg を超える類人猿を飼育するためには、常設の石づくりの建造物、コンクリート製の建造物、あるいはワイヤーパネル製の建造物で飼育するとよい。
日本実験動物学会監訳："実験動物の管理と使用に関する指針"（Guide for the Care and Use of Laboratory Animals）、第 8 版、アドスリー（2011）、表 3.5 より一部改変。

表 5　家畜のための最小飼育スペースの推奨値

動　物	囲いの中の動物数	体重 (kg)	床面積／頭[a] (m^2)
ヒツジ及び ヤギ	1	＜ 25	0.9
		50 まで	1.35
		＞ 50[b]	≧ 1.8
	2 〜 5	＜ 25	0.76
		50 まで	1.12
		＞ 50[b]	≧ 1.53
	＞ 5	＜ 25	0.67
		50 まで	1.02
		＞ 50[b]	≧ 1.35
ブタ	1	＜ 15	0.72
		25 まで	1.08
		50 まで	1.35
		100 まで	2.16
		200 まで	4.32
		＞ 200[b]	≧ 5.4
	2 〜 5	＜ 25	0.54
		50 まで	0.9
		100 まで	1.8
		200 まで	3.6
		＞ 200[b]	≧ 4.68
	＞ 5	＜ 25	0.54
		50 まで	0.81
		100 まで	1.62
		200 まで	3.24
		＞ 200[b]	4.32
ウシ	1	＜ 75	2.16
		200 まで	4.32
		350 まで	6.48
		500 まで	8.64
		650 まで	11.16
		＞ 650[b]	≧ 12.96
	2 〜 5	＜ 75	1.8
		200 まで	3.6
		350 まで	5.4
		500 まで	7.2
		650 まで	9.45
		＞ 650[b]	≧ 10.8
	＞ 5	＜ 75	1.62
		200 まで	3.24
		350 まで	4.86
		500 まで	6.48
		650 まで	8.37
		＞ 650[b]	≧ 9.72
ウマ			12.96
ポニー （小型のウマ）	1 〜 4		6.48
	＞ 4	200 まで	5.4
		＞ 200[b]	≧ 6.48

[a] 床面の構造を決定するにあたっては、動物が給餌器や給水装置に触れることなく、向きを変えたり、自由に動いたり、いつでも飼料や飲水を摂取できる飼育スペースを提供する。さらに、尿や糞便で汚れた区域から離れて、快適に休息できるような十分な飼育スペースを提供する。

[b] より大きな動物には、向きを変えたり、自由に動いたりするのに十分な飼育スペースを含めて、これより広い飼育スペースが必要な場合がある。

日本実験動物学会監訳："実験動物の管理と使用に関する指針"（Guide for the Care and Use of Laboratory Animals)、第 8 版、アドスリー（2011)、表 3.6 より一部改変。

表６　実験動物施設（飼育室）における環境条件の基準値

<table>
<tr><th colspan="2"></th><th>マウス、ラット、ハムスター、モルモット</th><th>ウサギ</th><th>サル、ネコ、イヌ</th></tr>
<tr><td colspan="2">温度</td><td>20 ～ 26℃</td><td>18 ～ 24℃</td><td>18 ～ 28℃</td></tr>
<tr><td colspan="2">湿度</td><td colspan="3">40 ～ 60%（30% 以下 70% 以上になってはならない）</td></tr>
<tr><td rowspan="3">清浄度</td><td>塵埃</td><td colspan="3">ISO クラス７（NASA クラス 10,000）（動物を飼育していないバリア区域）</td></tr>
<tr><td>落下細菌</td><td colspan="3">３個以下※（動物を飼育していないバリア区域）
30 個以下（動物を飼育していない通常区域）</td></tr>
<tr><td>臭気</td><td colspan="3">アンモニア濃度で 20ppm を超えない</td></tr>
<tr><td colspan="2">気流速度</td><td colspan="3">動物の居住域において 0.2m/ 秒以下</td></tr>
<tr><td colspan="2">気圧</td><td colspan="3">周辺廊下よりも静圧差で 20Pa 高くする（SPF バリア区域）
周辺廊下よりも静圧差で 150Pa 高くする（アイソレータ）</td></tr>
<tr><td colspan="2">換気回数</td><td colspan="3">6 ～ 15 回／時（給排気の方式によって適正値を決定）</td></tr>
<tr><td colspan="2">照度</td><td colspan="3">150 ～ 300 ルクス（床上 40 ～ 85cm）</td></tr>
<tr><td colspan="2">騒音</td><td colspan="3">60dB（A）を超えない</td></tr>
</table>

※ 9cm 径シャーレ 30 分開放（血液寒天 48 時間培養）
日本建築学会編：“実験動物施設の建築及び設備”、アドスリー（2007）、表Ⅳ -9 より転載。

表７　一般的な実験動物に関するマクロ環境の推奨温度

動　物	温度（℃）
マウス、ラット、ハムスター、スナネズミ、モルモット	20 ～ 26
ウサギ	16 ～ 22
ネコ、イヌ、霊長類	18 ～ 29
家畜及び家禽	16 ～ 27

日本実験動物学会監訳：“実験動物の管理と使用に関する指針”（Guide for the Care and Use of Laboratory Animals）、第８版、アドスリー（2011）、表 3.1 より一部改変。

動物の愛護及び管理に関する法律

動物の愛護及び管理に関する法律

（昭和四十八年十月一日法律第百五号）

最終改正：平成二六年五月三〇日法律第四六号

第一章　総則

（目的）

第一条　この法律は、動物の虐待及び遺棄の防止、動物の適正な取扱いその他動物の健康及び安全の保持等の動物の愛護に関する事項を定めて国民の間に動物を愛護する気風を招来し、生命尊重、友愛及び平和の情操の涵養に資するとともに、動物の管理に関する事項を定めて動物による人の生命、身体及び財産に対する侵害並びに生活環境の保全上の支障を防止し、もつて人と動物の共生する社会の実現を図ることを目的とする。

（基本原則）

第二条　動物が命あるものであることにかんがみ、何人も、動物をみだりに殺し、傷つけ、又は苦しめることのないようにするのみでなく、人と動物の共生に配慮しつつ、その習性を考慮して適正に取り扱うようにしなければならない。

２　何人も、動物を取り扱う場合には、その飼養又は保管の目的の達成に支障を及ぼさない範囲で、適切な給餌及び給水、必要な健康の管理並びにその動物の種類、習性等を考慮した飼養又は保管を行うための環境の確保を行わなければならない。

（普及啓発）

第三条　国及び地方公共団体は、動物の愛護と適正な飼養に関し、前条の趣旨にのつとり、相互に連携を図りつつ、学校、地域、家庭等における教育活動、広報活動等を通じて普及啓発を図るように努めなければならない。

（動物愛護週間）

第四条　ひろく国民の間に命あるものである動物の愛護と適正な飼養についての関心と理解を深めるようにするため、動物愛護週間を設ける。

２　動物愛護週間は、九月二十日から同月二十六日までとする。

3　国及び地方公共団体は、動物愛護週間には、その趣旨にふさわしい行事が実施されるように努めなければならない。

第二章　基本指針等

（基本指針）

第五条　環境大臣は、動物の愛護及び管理に関する施策を総合的に推進するための基本的な指針（以下「基本指針」という。）を定めなければならない。

2　基本指針には、次の事項を定めるものとする。

一　動物の愛護及び管理に関する施策の推進に関する基本的な方向

二　次条第一項に規定する動物愛護管理推進計画の策定に関する基本的な事項

三　その他動物の愛護及び管理に関する施策の推進に関する重要事項

3　環境大臣は、基本指針を定め、又はこれを変更しようとするときは、あらかじめ、関係行政機関の長に協議しなければならない。

4　環境大臣は、基本指針を定め、又はこれを変更したときは、遅滞なく、これを公表しなければならない。

（動物愛護管理推進計画）

第六条　都道府県は、基本指針に即して、当該都道府県の区域における動物の愛護及び管理に関する施策を推進するための計画（以下「動物愛護管理推進計画」という。）を定めなければならない。

2　動物愛護管理推進計画には、次の事項を定めるものとする。

一　動物の愛護及び管理に関し実施すべき施策に関する基本的な方針

二　動物の適正な飼養及び保管を図るための施策に関する事項

三　災害時における動物の適正な飼養及び保管を図るための施策に関する事項

四　動物の愛護及び管理に関する施策を実施するために必要な体制の整備（国、関係地方公共団体、民間団体等との連携の確保を含む。）に関する事項

3　動物愛護管理推進計画には、前項各号に掲げる事項のほか、動物の愛護及び管理に関する普及啓発に関する事項その他動物の愛護及び管理に関する施策を推進するために必要な事項を定めるように努めるものとする。

4　都道府県は、動物愛護管理推進計画を定め、又はこれを変更しようとするときは、あらかじめ、関係市町村の意見を聴かなければならない。

5　都道府県は、動物愛護管理推進計画を定め、又はこれを変更したときは、遅滞なく、これを公表するように努めなければならない。

第三章　動物の適正な取扱い

第一節　総則

（動物の所有者又は占有者の責務等）

第七条　動物の所有者又は占有者は、命あるものである動物の所有者又は占有者として動物の愛護及び管理に関する責任を十分に自覚して、その動物をその種類、習性等に応じて適正に飼養し、又は保管することにより、動物の健康及び安全を保持するように努めるとともに、動物が人の生命、身体若しくは財産に害を加え、生活環境の保全上の支障を生じさせ、又は人に迷惑を及ぼすことのないように努めなければならない。

2　動物の所有者又は占有者は、その所有し、又は占有する動物に起因する感染性の疾病につい

て正しい知識を持ち、その予防のために必要な注意を払うように努めなければならない。
3　動物の所有者又は占有者は、その所有し、又は占有する動物の逸走を防止するために必要な措置を講ずるよう努めなければならない。
4　動物の所有者は、その所有する動物の飼養又は保管の目的等を達する上で支障を及ぼさない範囲で、できる限り、当該動物がその命を終えるまで適切に飼養すること（以下「終生飼養」という。）に努めなければならない。
5　動物の所有者は、その所有する動物がみだりに繁殖して適正に飼養することが困難とならないよう、繁殖に関する適切な措置を講ずるよう努めなければならない。
6　動物の所有者は、その所有する動物が自己の所有に係るものであることを明らかにするための措置として環境大臣が定めるものを講ずるように努めなければならない。
7　環境大臣は、関係行政機関の長と協議して、動物の飼養及び保管に関しよるべき基準を定めることができる。
（動物販売業者の責務）
第八条　動物の販売を業として行う者は、当該販売に係る動物の購入者に対し、当該動物の種類、習性、供用の目的等に応じて、その適正な飼養又は保管の方法について、必要な説明をしなければならない。
2　動物の販売を業として行う者は、購入者の購入しようとする動物の飼養及び保管に係る知識及び経験に照らして、当該購入者に理解されるために必要な方法及び程度により、前項の説明を行うよう努めなければならない。
（地方公共団体の措置）
第九条　地方公共団体は、動物の健康及び安全を保持するとともに、動物が人に迷惑を及ぼすことのないようにするため、条例で定めるところにより、動物の飼養及び保管について動物の所有者又は占有者に対する指導をすること、多数の動物の飼養及び保管に係る届出をさせることその他の必要な措置を講ずることができる。

第二節　第一種動物取扱業者

（第一種動物取扱業の登録）
第十条　動物（哺乳類、鳥類又は爬虫類に属するものに限り、畜産農業に係るもの及び試験研究用又は生物学的製剤の製造の用その他政令で定める用途に供するために飼養し、又は保管しているものを除く。以下この節から第四節までにおいて同じ。）の取扱業（動物の販売（その取次ぎ又は代理を含む。次項、第十二条第一項第六号及び第二十一条の四において同じ。）、保管、貸出し、訓練、展示（動物との触れ合いの機会の提供を含む。次項及び第二十四条の二において同じ。）その他政令で定める取扱いを業として行うことをいう。以下この節及び第四十六条第一号において「第一種動物取扱業」という。）を営もうとする者は、当該業を営もうとする事業所の所在地を管轄する都道府県知事（地方自治法（昭和二十二年法律第六十七号）第二百五十二条の十九第一項の指定都市（以下「指定都市」という。）にあつては、その長とする。以下この節から第五節まで（第二十五条第四項を除く。）において同じ。）の登録を受けなければならない。
2　前項の登録を受けようとする者は、次に掲げる事項を記載した申請書に環境省令で定める書類を添えて、これを都道府県知事に提出しなければならない。
一　氏名又は名称及び住所並びに法人にあつては代表者の氏名

二　事業所の名称及び所在地
三　事業所ごとに置かれる動物取扱責任者（第二十二条第一項に規定する者をいう。）の氏名
四　その営もうとする第一種動物取扱業の種別（販売、保管、貸出し、訓練、展示又は前項の政令で定める取扱いの別をいう。以下この号において同じ。）並びにその種別に応じた業務の内容及び実施の方法
五　主として取り扱う動物の種類及び数
六　動物の飼養又は保管のための施設（以下この節及び次節において「飼養施設」という。）を設置しているときは、次に掲げる事項
イ　飼養施設の所在地
ロ　飼養施設の構造及び規模
ハ　飼養施設の管理の方法
七　その他環境省令で定める事項
３　第一項の登録の申請をする者は、犬猫等販売業（犬猫等（犬又は猫その他環境省令で定める動物をいう。以下同じ。）の販売を業として行うことをいう。以下同じ。）を営もうとする場合には、前項各号に掲げる事項のほか、同項の申請書に次に掲げる事項を併せて記載しなければならない。
一　販売の用に供する犬猫等の繁殖を行うかどうかの別
二　販売の用に供する幼齢の犬猫等（繁殖を併せて行う場合にあつては、幼齢の犬猫等及び繁殖の用に供し、又は供する目的で飼養する犬猫等。第十二条第一項において同じ。）の健康及び安全を保持するための体制の整備、販売の用に供することが困難となつた犬猫等の取扱いその他環境省令で定める事項に関する計画（以下「犬猫等健康安全計画」という。）
（登録の実施）
第十一条　都道府県知事は、前条第二項の規定による登録の申請があつたときは、次条第一項の規定により登録を拒否する場合を除くほか、前条第二項第一号から第三号まで及び第五号に掲げる事項並びに登録年月日及び登録番号を第一種動物取扱業者登録簿に登録しなければならない。
２　都道府県知事は、前項の規定による登録をしたときは、遅滞なく、その旨を申請者に通知しなければならない。
（登録の拒否）
第十二条　都道府県知事は、第十条第一項の登録を受けようとする者が次の各号のいずれかに該当するとき、同条第二項の規定による登録の申請に係る同項第四号に掲げる事項が動物の健康及び安全の保持その他動物の適正な取扱いを確保するため必要なものとして環境省令で定める基準に適合していないと認めるとき、同項の規定による登録の申請に係る同項第六号ロ及びハに掲げる事項が環境省令で定める飼養施設の構造、規模及び管理に関する基準に適合していないと認めるとき、若しくは犬猫等販売業を営もうとする場合にあつては、犬猫等健康安全計画が幼齢の犬猫等の健康及び安全の確保並びに犬猫等の終生飼養の確保を図るため適切なものとして環境省令で定める基準に適合していないと認めるとき、又は申請書若しくは添付書類のうちに重要な事項について虚偽の記載があり、若しくは重要な事実の記載が欠けているときは、その登録を拒否しなければならない。
一　成年被後見人若しくは被保佐人又は破産者で復権を得ないもの
二　第十九条第一項の規定により登録を取り消され、その処分のあつた日から二年を経過しない者

三　第十条第一項の登録を受けた者（以下「第一種動物取扱業者」という。）で法人であるものが第十九条第一項の規定により登録を取り消された場合において、その処分のあつた日前三十日以内にその第一種動物取扱業者の役員であつた者でその処分のあつた日から二年を経過しないもの
四　第十九条第一項の規定により業務の停止を命ぜられ、その停止の期間が経過しない者
五　この法律の規定、化製場等に関する法律（昭和二十三年法律第百四十号）第十条第二号（同法第九条第五項 において準用する同法第七条 に係る部分に限る。）若しくは第三号 の規定又は狂犬病予防法（昭和二十五年法律第二百四十七号）第二十七条第一号 若しくは第二号 の規定により罰金以上の刑に処せられ、その執行を終わり、又は執行を受けることがなくなつた日から二年を経過しない者
六　動物の販売を業として営もうとする場合にあつては、絶滅のおそれのある野生動植物の種の保存に関する法律（平成四年法律第七十五号）第五十七条の二（同法第十二条第一項（希少野生動植物種の個体等である動物の個体の譲渡し又は引渡しに係る部分に限る。）に係る部分に限る。以下同じ。）、第五十八条第一号（同法第十八条（希少野生動植物種の個体等である動物の個体に係る部分に限る。）に係る部分に限る。以下同じ。）若しくは第二号（同法第十七条（希少野生動植物種の個体等である動物の個体に係る部分に限る。）に係る部分に限る。以下同じ。）、第六十三条第六号（同法第二十一条第一項（国際希少野生動植物種の個体等である動物の個体に係る部分に限る。）、第二項（国際希少野生動植物種の個体等である動物の個体に係る部分に限る。）又は第三項（国際希少野生動植物種の個体等である動物の個体の譲渡し又は引渡しに係る部分に限る。）に係る部分に限る。以下同じ。）若しくは第六十五条第一項（同法第五十七条の二 、第五十八条第一号若しくは第二号又は第六十三条第六号に係る部分に限る。）の規定、鳥獣の保護及び管理並びに狩猟の適正化に関する法律（平成十四年法律第八十八号）第八十四条第一項第五号（同法第二十条第一項（譲渡し又は引渡しに係る部分に限る。）、第二十三条（加工品又は卵に係る部分を除く。）、第二十六条第六項（譲渡し等のうち譲渡し又は引渡しに係る部分に限る。）又は第二十七条（譲渡し又は引渡しに係る部分に限る。）に係る部分に限る。以下同じ。）、第八十六条第一号（同法第二十四条第七項 に係る部分に限る。以下同じ。）若しくは第八十八条（同法第八十四条第一項第五号 又は第八十六条第一号 に係る部分に限る。）の規定又は特定外来生物による生態系等に係る被害の防止に関する法律（平成十六年法律第七十八号）第三十二条第一号（特定外来生物である動物に係る部分に限る。以下同じ。）若しくは第四号（特定外来生物である動物に係る部分に限る。以下同じ。）、第三十三条第一号（同法第八条（特定外来生物である動物の譲渡し又は引渡しに係る部分に限る。）に係る部分に限る。以下同じ。）若しくは第三十六条（同法第三十二条第一号 若しくは第四号 又は第三十三条第一号 に係る部分に限る。）の規定により罰金以上の刑に処せられ、その執行を終わり、又は執行を受けることがなくなつた日から二年を経過しない者
七　法人であつて、その役員のうちに前各号のいずれかに該当する者があるもの
２　都道府県知事は、前項の規定により登録を拒否したときは、遅滞なく、その理由を示して、その旨を申請者に通知しなければならない。
（登録の更新）
第十三条　第十条第一項の登録は、五年ごとにその更新を受けなければ、その期間の経過によつて、その効力を失う。
２　第十条第二項及び第三項並びに前二条の規定は、前項の更新について準用する。

3　第一項の更新の申請があつた場合において、同項の期間（以下この条において「登録の有効期間」という。）の満了の日までにその申請に対する処分がされないときは、従前の登録は、登録の有効期間の満了後もその処分がされるまでの間は、なおその効力を有する。
4　前項の場合において、登録の更新がされたときは、その登録の有効期間は、従前の登録の有効期間の満了の日の翌日から起算するものとする。
（変更の届出）
第十四条　第一種動物取扱業者は、第十条第二項第四号若しくは第三項第一号に掲げる事項の変更（環境省令で定める軽微なものを除く。）をし、飼養施設を設置しようとし、又は犬猫等販売業を営もうとする場合には、あらかじめ、環境省令で定めるところにより、都道府県知事に届け出なければならない。
2　第一種動物取扱業者は、前項の環境省令で定める軽微な変更があつた場合又は第十条第二項各号（第四号を除く。）若しくは第三項第二号に掲げる事項に変更（環境省令で定める軽微なものを除く。）があつた場合には、前項の場合を除き、その日から三十日以内に、環境省令で定める書類を添えて、その旨を都道府県知事に届け出なければならない。
3　第十条第一項の登録を受けて犬猫等販売業を営む者（以下「犬猫等販売業者」という。）は、犬猫等販売業を営むことをやめた場合には、第十六条第一項に規定する場合を除き、その日から三十日以内に、環境省令で定める書類を添えて、その旨を都道府県知事に届け出なければならない。
4　第十一条及び第十二条の規定は、前三項の規定による届出があつた場合に準用する。
（第一種動物取扱業者登録簿の閲覧）
第十五条　都道府県知事は、第一種動物取扱業者登録簿を一般の閲覧に供しなければならない。
（廃業等の届出）
第十六条　第一種動物取扱業者が次の各号のいずれかに該当することとなつた場合においては、当該各号に定める者は、その日から三十日以内に、その旨を都道府県知事に届け出なければならない。
一　死亡した場合　その相続人
二　法人が合併により消滅した場合　その法人を代表する役員であつた者
三　法人が破産手続開始の決定により解散した場合　その破産管財人
四　法人が合併及び破産手続開始の決定以外の理由により解散した場合　その清算人
五　その登録に係る第一種動物取扱業を廃止した場合　第一種動物取扱業者であつた個人又は第一種動物取扱業者であつた法人を代表する役員
2　第一種動物取扱業者が前項各号のいずれかに該当するに至つたときは、第一種動物取扱業者の登録は、その効力を失う。
（登録の抹消）
第十七条　都道府県知事は、第十三条第一項若しくは前条第二項の規定により登録がその効力を失つたとき、又は第十九条第一項の規定により登録を取り消したときは、当該第一種動物取扱業者の登録を抹消しなければならない。
（標識の掲示）
第十八条　第一種動物取扱業者は、環境省令で定めるところにより、その事業所ごとに、公衆の見やすい場所に、氏名又は名称、登録番号その他の環境省令で定める事項を記載した標識を掲げなければならない。
（登録の取消し等）
第十九条　都道府県知事は、第一種動物取扱業者が次の各号のいずれかに該当するときは、その登録を取り消し、又は六月以内の期間を定めてその業務の全部若しくは一部の停止を命ずることができる。
一　不正の手段により第一種動物取扱業者の登録を受けたとき。
二　その者が行う業務の内容及び実施の方法が第十二条第一項に規定する動物の健康及び安全の保持その他動物の適正な取扱いを確保するため必要なものとして環境省令で定める基準に適合しなくなつたとき。
三　飼養施設を設置している場合において、その者の飼養施設の構造、規模及び管理の方法が第十二条第一項に規定する飼養施設の構造、規模及び管理に関する基準に適合しなくなつたとき。
四　犬猫等販売業を営んでいる場合において、犬猫等健康安全計画が第十二条第一項に規定する幼齢の犬猫等の健康及び安全の確保並びに犬猫等の終生飼養の確保を図るため適切なものとして環境省令で定める基準に適合しなくなつたとき。
五　第十二条第一項第一号、第三号又は第五号から第七号までのいずれかに該当することとなつたとき。
六　この法律若しくはこの法律に基づく命令又はこの法律に基づく処分に違反したとき。
２　第十二条第二項の規定は、前項の規定による処分をした場合に準用する。
（環境省令への委任）
第二十条　第十条から前条までに定めるもののほか、第一種動物取扱業者の登録に関し必要な事項については、環境省令で定める。
（基準遵守義務）
第二十一条　第一種動物取扱業者は、動物の健康及び安全を保持するとともに、生活環境の保全上の支障が生ずることを防止するため、その取り扱う動物の管理の方法等に関し環境省令で定める基準を遵守しなければならない。
２　都道府県又は指定都市は、動物の健康及び安全を保持するとともに、生活環境の保全上の支障が生ずることを防止するため、その自然的、社会的条件から判断して必要があると認めるときは、条例で、前項の基準に代えて第一種動物取扱業者が遵守すべき基準を定めることができる。
（感染性の疾病の予防）
第二十一条の二　第一種動物取扱業者は、その取り扱う動物の健康状態を日常的に確認すること、必要に応じて獣医師による診療を受けさせることその他のその取り扱う動物の感染性の疾病の予防のために必要な措置を適切に実施するよう努めなければならない。
（動物を取り扱うことが困難になつた場合の譲渡し等）
第二十一条の三　第一種動物取扱業者は、第一種動物取扱業を廃止する場合その他の業として動物を取り扱うことが困難になつた場合には、当該動物の譲渡しその他の適切な措置を講ずるよう努めなければならない。
（販売に際しての情報提供の方法等）
第二十一条の四　第一種動物取扱業者のうち犬、猫その他の環境省令で定める動物の販売を業として営む者は、当該動物を販売する場合には、あらかじめ、当該動物を購入しようとする者（第一種動物取扱業者を除く。）に対し、当該販売に係る動物の現在の状態を直接見せるとともに、対面（対面によることが困難な場合として環境省令で定める場合には、対面に相当する方法として環境省令で定めるものを含む。）により書面又は電磁的記録（電子的方式、磁気的方式その他人の知覚によつては認識することができない方式で作られる記録であつて、電子計算機による情報処理の用に供されるものをいう。）を用いて当該動物の飼養又は保管の方法、生年月日、当該動物に係る繁殖を行つた者の氏名その他の適正な飼養又は保管のために必要な情報として環境省令で定めるものを提供しなければならない。

（動物取扱責任者）

第二十二条　第一種動物取扱業者は、事業所ごとに、環境省令で定めるところにより、当該事業所に係る業務を適正に実施するため、動物取扱責任者を選任しなければならない。

２　動物取扱責任者は、第十二条第一項第一号から第六号までに該当する者以外の者でなければならない。

３　第一種動物取扱業者は、環境省令で定めるところにより、動物取扱責任者に動物取扱責任者研修（都道府県知事が行う動物取扱責任者の業務に必要な知識及び能力に関する研修をいう。）を受けさせなければならない。

（犬猫等健康安全計画の遵守）

第二十二条の二　犬猫等販売業者は、犬猫等健康安全計画の定めるところに従い、その業務を行わなければならない。

（獣医師等との連携の確保）

第二十二条の三　犬猫等販売業者は、その飼養又は保管をする犬猫等の健康及び安全を確保するため、獣医師等との適切な連携の確保を図らなければならない。

（終生飼養の確保）

第二十二条の四　犬猫等販売業者は、やむを得ない場合を除き、販売の用に供することが困難となつた犬猫等についても、引き続き、当該犬猫等の終生飼養の確保を図らなければならない。

（幼齢の犬又は猫に係る販売等の制限）

第二十二条の五　犬猫等販売業者（販売の用に供する犬又は猫の繁殖を行う者に限る。）は、その繁殖を行つた犬又は猫であつて出生後五十六日を経過しないものについて、販売のため又は販売の用に供するために引渡し又は展示をしてはならない。

（犬猫等の個体に関する帳簿の備付け等）

第二十二条の六　犬猫等販売業者は、環境省令で定めるところにより、帳簿を備え、その所有する犬猫等の個体ごとに、その所有するに至つた日、その販売若しくは引渡しをした日又は死亡した日その他の環境省令で定める事項を記載し、これを保存しなければならない。

２　犬猫等販売業者は、環境省令で定めるところにより、環境省令で定める期間ごとに、次に掲げる事項を都道府県知事に届け出なければならない。

一　当該期間が開始した日に所有していた犬猫等の種類ごとの数

二　当該期間中に新たに所有するに至つた犬猫等の種類ごとの数

三　当該期間中に販売若しくは引渡し又は死亡の事実が生じた犬猫等の当該区分ごと及び種類ごとの数

四　当該期間が終了した日に所有していた犬猫等の種類ごとの数

五　その他環境省令で定める事項
3　都道府県知事は、犬猫等販売業者の所有する犬猫等に係る死亡の事実の発生の状況に照らして必要があると認めるときは、環境省令で定めるところにより、犬猫等販売業者に対して、期間を指定して、当該指定期間内にその所有する犬猫等に係る死亡の事実が発生した場合には獣医師による診療中に死亡したときを除き獣医師による検案を受け、当該指定期間が満了した日から三十日以内に当該指定期間内に死亡の事実が発生した全ての犬猫等の検案書又は死亡診断書を提出すべきことを命ずることができる。
（勧告及び命令）
第二十三条　都道府県知事は、第一種動物取扱業者が第二十一条第一項又は第二項の基準を遵守していないと認めるときは、その者に対し、期限を定めて、その取り扱う動物の管理の方法等を改善すべきことを勧告することができる。
2　都道府県知事は、第一種動物取扱業者が第二十一条の四若しくは第二十二条第三項の規定を遵守していないと認めるとき、又は犬猫等販売業者が第二十二条の五の規定を遵守していないと認めるときは、その者に対し、期限を定めて、必要な措置をとるべきことを勧告することができる。
3　都道府県知事は、前二項の規定による勧告を受けた者がその勧告に従わないときは、その者に対し、期限を定めて、その勧告に係る措置をとるべきことを命ずることができる。
（報告及び検査）
第二十四条　都道府県知事は、第十条から第十九条まで及び第二十一条から前条までの規定の施行に必要な限度において、第一種動物取扱業者に対し、飼養施設の状況、その取り扱う動物の管理の方法その他必要な事項に関し報告を求め、又はその職員に、当該第一種動物取扱業者の事業所その他関係のある場所に立ち入り、飼養施設その他の物件を検査させることができる。
2　前項の規定により立入検査をする職員は、その身分を示す証明書を携帯し、関係人に提示しなければならない。
3　第一項の規定による立入検査の権限は、犯罪捜査のために認められたものと解釈してはならない。

第三節　第二種動物取扱業者

（第二種動物取扱業の届出）
第二十四条の二　飼養施設（環境省令で定めるものに限る。以下この節において同じ。）を設置して動物の取扱業（動物の譲渡し、保管、貸出し、訓練、展示その他第十条第一項の政令で定める取扱いに類する取扱いとして環境省令で定めるもの（以下この条において「その他の取扱い」という。）を業として行うことをいう。以下この条において「第二種動物取扱業」という。）を行おうとする者（第十条第一項の登録を受けるべき者及びその取り扱おうとする動物の数が環境省令で定める数に満たない者を除く。）は、第三十五条の規定に基づき同条第一項に規定する都道府県等が犬又は猫の取扱いを行う場合その他環境省令で定める場合を除き、飼養施設を設置する場所ごとに、環境省令で定めるところにより、環境省令で定める書類を添えて、次の事項を都道府県知事に届け出なければならない。
一　氏名又は名称及び住所並びに法人にあつては代表者の氏名
二　飼養施設の所在地
三　その行おうとする第二種動物取扱業の種別（譲渡し、保管、貸出し、訓練、展示又はその他

の取扱いの別をいう。以下この号において同じ。）並びにその種別に応じた事業の内容及び実施の方法
四　主として取り扱う動物の種類及び数
五　飼養施設の構造及び規模
六　飼養施設の管理の方法
七　その他環境省令で定める事項
（変更の届出）
第二十四条の三　前条の規定による届出をした者（以下「第二種動物取扱業者」という。）は、同条第三号から第七号までに掲げる事項の変更をしようとするときは、環境省令で定めるところにより、その旨を都道府県知事に届け出なければならない。ただし、その変更が環境省令で定める軽微なものであるときは、この限りでない。
２　第二種動物取扱業者は、前条第一号若しくは第二号に掲げる事項に変更があつたとき、又は届出に係る飼養施設の使用を廃止したときは、その日から三十日以内に、その旨を都道府県知事に届け出なければならない。
（準用規定）
第二十四条の四　第十六条第一項（第五号に係る部分を除く。）、第二十条、第二十一条、第二十三条（第二項を除く。）及び第二十四条の規定は、第二種動物取扱業者について準用する。この場合において、第二十条中「第十条から前条まで」とあるのは「第二十四条の二、第二十四条の三及び第二十四条の四において準用する第十六条第一項（第五号に係る部分を除く。）」と、「登録」とあるのは「届出」と、第二十三条第一項中「第二十一条第一項又は第二項」とあるのは「第二十四条の四において準用する第二十一条第一項又は第二項」と、同条第三項中「前二項」とあるのは「第一項」と、第二十四条第一項中「第十条から第十九条まで及び第二十一条から前条まで」とあるのは「第二十四条の二、第二十四条の三並びに第二十四条の四において準用する第十六条第一項（第五号に係る部分を除く。）、第二十一条及び第二十三条（第二項を除く。）」と、「事業所」とあるのは「飼養施設を設置する場所」と読み替えるものとするほか、必要な技術的読替えは、政令で定める。

第四節　周辺の生活環境の保全等に係る措置

第二十五条　都道府県知事は、多数の動物の飼養又は保管に起因した騒音又は悪臭の発生、動物の毛の飛散、多数の昆虫の発生等によつて周辺の生活環境が損なわれている事態として環境省令で定める事態が生じていると認めるときは、当該事態を生じさせている者に対し、期限を定めて、その事態を除去するために必要な措置をとるべきことを勧告することができる。
２　都道府県知事は、前項の規定による勧告を受けた者がその勧告に係る措置をとらなかつた場合において、特に必要があると認めるときは、その者に対し、期限を定めて、その勧告に係る措置をとるべきことを命ずることができる。
３　都道府県知事は、多数の動物の飼養又は保管が適正でないことに起因して動物が衰弱する等の虐待を受けるおそれがある事態として環境省令で定める事態が生じていると認めるときは、当該事態を生じさせている者に対し、期限を定めて、当該事態を改善するために必要な措置をとるべきことを命じ、又は勧告することができる。
４　都道府県知事は、市町村（特別区を含む。）の長（指定都市の長を除く。）に対し、前三項の

規定による勧告又は命令に関し、必要な協力を求めることができる。

第五節　動物による人の生命等に対する侵害を防止するための措置

（特定動物の飼養又は保管の許可）

第二十六条　人の生命、身体又は財産に害を加えるおそれがある動物として政令で定める動物（以下「特定動物」という。）の飼養又は保管を行おうとする者は、環境省令で定めるところにより、特定動物の種類ごとに、特定動物の飼養又は保管のための施設（以下この節において「特定飼養施設」という。）の所在地を管轄する都道府県知事の許可を受けなければならない。ただし、診療施設（獣医療法（平成四年法律第四十六号）第二条第二項 に規定する診療施設をいう。）において獣医師が診療のために特定動物を飼養又は保管する場合その他の環境省令で定める場合は、この限りでない。

2　前項の許可を受けようとする者は、環境省令で定めるところにより、次に掲げる事項を記載した申請書に環境省令で定める書類を添えて、これを都道府県知事に提出しなければならない。

一　氏名又は名称及び住所並びに法人にあつては代表者の氏名

二　特定動物の種類及び数

三　飼養又は保管の目的

四　特定飼養施設の所在地

五　特定飼養施設の構造及び規模

六　特定動物の飼養又は保管の方法

七　特定動物の飼養又は保管が困難になつた場合における措置に関する事項

八　その他環境省令で定める事項

（許可の基準）

第二十七条　都道府県知事は、前条第一項の許可の申請が次の各号に適合していると認めるときでなければ、同項の許可をしてはならない。

一　その申請に係る前条第二項第五号から第七号までに掲げる事項が、特定動物の性質に応じて環境省令で定める特定飼養施設の構造及び規模、特定動物の飼養又は保管の方法並びに特定動物の飼養又は保管が困難になつた場合における措置に関する基準に適合するものであること。

二　申請者が次のいずれにも該当しないこと。

イ　この法律又はこの法律に基づく処分に違反して罰金以上の刑に処せられ、その執行を終わり、又は執行を受けることがなくなつた日から二年を経過しない者

ロ　第二十九条の規定により許可を取り消され、その処分のあつた日から二年を経過しない者

ハ　法人であつて、その役員のうちにイ又はロのいずれかに該当する者があるもの

2　都道府県知事は、前条第一項の許可をする場合において、特定動物による人の生命、身体又は財産に対する侵害の防止のため必要があると認めるときは、その必要の限度において、その許可に条件を付することができる。

（変更の許可等）

第二十八条　第二十六条第一項の許可（この項の規定による許可を含む。）を受けた者（以下「特定動物飼養者」という。）は、同条第二項第二号又は第四号から第七号までに掲げる事項を変更しようとするときは、環境省令で定めるところにより都道府県知事の許可を受けなければならない。ただし、その変更が環境省令で定める軽微なものであるときは、この限りでない。

２　前条の規定は、前項の許可について準用する。

３　特定動物飼養者は、第一項ただし書の環境省令で定める軽微な変更があつたとき、又は第二十六条第二項第一号若しくは第三号に掲げる事項その他環境省令で定める事項に変更があつたときは、その日から三十日以内に、その旨を都道府県知事に届け出なければならない。

（許可の取消し）

第二十九条　都道府県知事は、特定動物飼養者が次の各号のいずれかに該当するときは、その許可を取り消すことができる。

一　不正の手段により特定動物飼養者の許可を受けたとき。

二　その者の特定飼養施設の構造及び規模並びに特定動物の飼養又は保管の方法が第二十七条第一項第一号に規定する基準に適合しなくなつたとき。

三　第二十七条第一項第二号ハに該当することとなつたとき。

四　この法律若しくはこの法律に基づく命令又はこの法律に基づく処分に違反したとき。

（環境省令への委任）

第三十条　第二十六条から前条までに定めるもののほか、特定動物の飼養又は保管の許可に関し必要な事項については、環境省令で定める。

（飼養又は保管の方法）

第三十一条　特定動物飼養者は、その許可に係る飼養又は保管をするには、当該特定動物に係る特定飼養施設の点検を定期的に行うこと、当該特定動物についてその許可を受けていることを明らかにすることその他の環境省令で定める方法によらなければならない。

（特定動物飼養者に対する措置命令等）

第三十二条　都道府県知事は、特定動物飼養者が前条の規定に違反し、又は第二十七条第二項（第二十八条第二項において準用する場合を含む。）の規定により付された条件に違反した場合において、特定動物による人の生命、身体又は財産に対する侵害の防止のため必要があると認めるときは、当該特定動物に係る飼養又は保管の方法の改善その他の必要な措置をとるべきことを命ずることができる。

（報告及び検査）

第三十三条　都道府県知事は、第二十六条から第二十九条まで及び前二条の規定の施行に必要な限度において、特定動物飼養者に対し、特定飼養施設の状況、特定動物の飼養又は保管の方法その他必要な事項に関し報告を求め、又はその職員に、当該特定動物飼養者の特定飼養施設を設置する場所その他関係のある場所に立ち入り、特定飼養施設その他の物件を検査させることができる。

２　第二十四条第二項及び第三項の規定は、前項の規定による立入検査について準用する。

第六節　動物愛護担当職員

第三十四条　地方公共団体は、条例で定めるところにより、第二十四条第一項（第二十四条の四において読み替えて準用する場合を含む。）又は前条第一項の規定による立入検査その他の動物の愛護及び管理に関する事務を行わせるため、動物愛護管理員等の職名を有する職員（次項及び第四十一条の四において「動物愛護担当職員」という。）を置くことができる。

２　動物愛護担当職員は、当該地方公共団体の職員であつて獣医師等動物の適正な飼養及び保管に関し専門的な知識を有するものをもつて充てる。

第四章　都道府県等の措置等

（犬及び猫の引取り）

第三十五条　都道府県等（都道府県及び指定都市、地方自治法第二百五十二条の二十二第一項 の中核市（以下「中核市」という。）その他政令で定める市（特別区を含む。以下同じ。）をいう。以下同じ。）は、犬又は猫の引取りをその所有者から求められたときは、これを引き取らなければならない。ただし、犬猫等販売業者から引取りを求められた場合その他の第七条第四項の規定の趣旨に照らして引取りを求める相当の事由がないと認められる場合として環境省令で定める場合には、その引取りを拒否することができる。

2　前項本文の規定により都道府県等が犬又は猫を引き取る場合には、都道府県知事等（都道府県等の長をいう。以下同じ。）は、その犬又は猫を引き取るべき場所を指定することができる。

3　第一項本文及び前項の規定は、都道府県等が所有者の判明しない犬又は猫の引取りをその拾得者その他の者から求められた場合に準用する。

4　都道府県知事等は、第一項本文（前項において準用する場合を含む。次項、第七項及び第八項において同じ。）の規定により引取りを行つた犬又は猫について、殺処分がなくなることを目指して、所有者がいると推測されるものについてはその所有者を発見し、当該所有者に返還するよう努めるとともに、所有者がいないと推測されるもの、所有者から引取りを求められたもの又は所有者の発見ができないものについてはその飼養を希望する者を募集し、当該希望する者に譲り渡すよう努めるものとする。

5　都道府県知事は、市町村（特別区を含む。）の長（指定都市、中核市及び第一項の政令で定める市の長を除く。）に対し、第一項本文の規定による犬又は猫の引取りに関し、必要な協力を求めることができる。

6　都道府県知事等は、動物の愛護を目的とする団体その他の者に犬及び猫の引取り又は譲渡しを委託することができる。

7　環境大臣は、関係行政機関の長と協議して、第一項本文の規定により引き取る場合の措置に関し必要な事項を定めることができる。

8　国は、都道府県等に対し、予算の範囲内において、政令で定めるところにより、第一項本文の引取りに関し、費用の一部を補助することができる。

（負傷動物等の発見者の通報措置）

第三十六条　道路、公園、広場その他の公共の場所において、疾病にかかり、若しくは負傷した犬、猫等の動物又は犬、猫等の動物の死体を発見した者は、速やかに、その所有者が判明しているときは所有者に、その所有者が判明しないときは都道府県知事等に通報するように努めなければならない。

2　都道府県等は、前項の規定による通報があつたときは、その動物又はその動物の死体を収容しなければならない。

3　前条第七項の規定は、前項の規定により動物を収容する場合に準用する。

（犬及び猫の繁殖制限）

第三十七条　犬又は猫の所有者は、これらの動物がみだりに繁殖してこれに適正な飼養を受ける機会を与えることが困難となるようなおそれがあると認める場合には、その繁殖を防止するため、生殖を不能にする手術その他の措置をするように努めなければならない。

2　都道府県等は、第三十五条第一項本文の規定による犬又は猫の引取り等に際して、前項に規定する措置が適切になされるよう、必要な指導及び助言を行うように努めなければならない。

（動物愛護推進員）

第三十八条　都道府県知事等は、地域における犬、猫等の動物の愛護の推進に熱意と識見を有する者のうちから、動物愛護推進員を委嘱することができる。

2　動物愛護推進員は、次に掲げる活動を行う。

一　犬、猫等の動物の愛護と適正な飼養の重要性について住民の理解を深めること。

二　住民に対し、その求めに応じて、犬、猫等の動物がみだりに繁殖することを防止するための生殖を不能にする手術その他の措置に関する必要な助言をすること。

三　犬、猫等の動物の所有者等に対し、その求めに応じて、これらの動物に適正な飼養を受ける機会を与えるために譲渡のあつせんその他の必要な支援をすること。

四　犬、猫等の動物の愛護と適正な飼養の推進のために国又は都道府県等が行う施策に必要な協力をすること。

五　災害時において、国又は都道府県等が行う犬、猫等の動物の避難、保護等に関する施策に必要な協力をすること。

（協議会）

第三十九条　都道府県等、動物の愛護を目的とする一般社団法人又は一般財団法人、獣医師の団体その他の動物の愛護と適正な飼養について普及啓発を行つている団体等は、当該都道府県等における動物愛護推進員の委嘱の推進、動物愛護推進員の活動に対する支援等に関し必要な協議を行うための協議会を組織することができる。

第五章　雑則

（動物を殺す場合の方法）

第四十条　動物を殺さなければならない場合には、できる限りその動物に苦痛を与えない方法によつてしなければならない。

2　環境大臣は、関係行政機関の長と協議して、前項の方法に関し必要な事項を定めることができる。

（動物を科学上の利用に供する場合の方法、事後措置等）

第四十一条　動物を教育、試験研究又は生物学的製剤の製造の用その他の科学上の利用に供する場合には、科学上の利用の目的を達することができる範囲において、できる限り動物を供する方法に代わり得るものを利用すること、できる限りその利用に供される動物の数を少なくすること等により動物を適切に利用することに配慮するものとする。

2　動物を科学上の利用に供する場合には、その利用に必要な限度において、できる限りその動物に苦痛を与えない方法によつてしなければならない。

3　動物が科学上の利用に供された後において回復の見込みのない状態に陥つている場合には、その科学上の利用に供した者は、直ちに、できる限り苦痛を与えない方法によつてその動物を処分しなければならない。

4　環境大臣は、関係行政機関の長と協議して、第二項の方法及び前項の措置に関しよるべき基準を定めることができる。

（獣医師による通報）

第四十一条の二　獣医師は、その業務を行うに当たり、みだりに殺されたと思われる動物の死体又はみだりに傷つけられ、若しくは虐待を受けたと思われる動物を発見したときは、都道府県知事その他の関係機関に通報するよう努めなければならない。

（表彰）

第四十一条の三　環境大臣は、動物の愛護及び適正な管理の推進に関し特に顕著な功績があると認められる者に対し、表彰を行うことができる。

（地方公共団体への情報提供等）

第四十一条の四　国は、動物の愛護及び管理に関する施策の適切かつ円滑な実施に資するよう、動物愛護担当職員の設置、動物愛護担当職員に対する動物の愛護及び管理に関する研修の実施、動物の愛護及び管理に関する業務を担当する地方公共団体の部局と都道府県警察の連携の強化、動物愛護推進員の委嘱及び資質の向上に資する研修の実施等に関し、地方公共団体に対する情報の提供、技術的な助言その他の必要な施策を講ずるよう努めるものとする。

（経過措置）

第四十二条　この法律の規定に基づき命令を制定し、又は改廃する場合においては、その命令で、その制定又は改廃に伴い合理的に必要と判断される範囲内において、所要の経過措置（罰則に関する経過措置を含む。）を定めることができる。

（審議会の意見の聴取）

第四十三条　環境大臣は、基本指針の策定、第七条第七項、第十二条第一項、第二十一条第一項（第二十四条の四において準用する場合を含む。）、第二十七条第一項第一号若しくは第四十一条第四項の基準の設定、第二十五条第一項若しくは第三項の事態の設定又は第三十五条第七項（第三十六条第三項において準用する場合を含む。）若しくは第四十条第二項の定めをしようとするときは、中央環境審議会の意見を聴かなければならない。これらの基本指針、基準、事態又は定めを変更し、又は廃止しようとするときも、同様とする。

第六章　罰則

第四十四条　愛護動物をみだりに殺し、又は傷つけた者は、二年以下の懲役又は二百万円以下の罰金に処する。

２　愛護動物に対し、みだりに、給餌若しくは給水をやめ、酷使し、又はその健康及び安全を保持することが困難な場所に拘束することにより衰弱させること、自己の飼養し、又は保管する愛護動物であつて疾病にかかり、又は負傷したものの適切な保護を行わないこと、排せつ物の堆積した施設又は他の愛護動物の死体が放置された施設であつて自己の管理するものにおいて飼養し、又は保管することその他の虐待を行つた者は、百万円以下の罰金に処する。

３　愛護動物を遺棄した者は、百万円以下の罰金に処する。

４　前三項において「愛護動物」とは、次の各号に掲げる動物をいう。

一　牛、馬、豚、めん羊、山羊、犬、猫、いえうさぎ、鶏、いえばと及びあひる

二　前号に掲げるものを除くほか、人が占有している動物で哺乳類、鳥類又は爬虫類に属するもの

第四十五条　次の各号のいずれかに該当する者は、六月以下の懲役又は百万円以下の罰金に処する。

一　第二十六条第一項の規定に違反して許可を受けないで特定動物を飼養し、又は保管した者

二　不正の手段によつて第二十六条第一項の許可を受けた者

三　第二十八条第一項の規定に違反して第二十六条第二項第二号又は第四号から第七号までに掲

げる事項を変更した者

第四十六条　次の各号のいずれかに該当する者は、百万円以下の罰金に処する。

一　第十条第一項の規定に違反して登録を受けないで第一種動物取扱業を営んだ者

二　不正の手段によつて第十条第一項の登録（第十三条第一項の登録の更新を含む。）を受けた者

三　第十九条第一項の規定による業務の停止の命令に違反した者

四　第二十三条第三項又は第三十二条の規定による命令に違反した者

第四十六条の二　第二十五条第二項又は第三項の規定による命令に違反した者は、五十万円以下の罰金に処する。

第四十七条　次の各号のいずれかに該当する者は、三十万円以下の罰金に処する。

一　第十四条第一項から第三項まで、第二十四条の二、第二十四条の三第一項又は第二十八条第三項の規定による届出をせず、又は虚偽の届出をした者

二　第二十二条の六第三項の規定による命令に違反して、検案書又は死亡診断書を提出しなかつた者

三　第二十四条第一項（第二十四条の四において読み替えて準用する場合を含む。）又は第三十三条第一項の規定による報告をせず、若しくは虚偽の報告をし、又はこれらの規定による検査を拒み、妨げ、若しくは忌避した者

四　第二十四条の四において読み替えて準用する第二十三条第三項の規定による命令に違反した者

第四十八条　法人の代表者又は法人若しくは人の代理人、使用人その他の従業者が、その法人又は人の業務に関し、第四十四条から前条までの違反行為をしたときは、行為者を罰するほか、その法人に対して次の各号に定める罰金刑を、その人に対して各本条の罰金刑を科する。

一　第四十五条　五千万円以下の罰金刑

二　第四十四条又は前三条　各本条の罰金刑

第四十九条　次の各号のいずれかに該当する者は、二十万円以下の過料に処する。

一　第十六条第一項（第二十四条の四において準用する場合を含む。）、第二十二条の六第二項又は第二十四条の三第二項の規定による届出をせず、又は虚偽の届出をした者

二　第二十二条の六第一項の規定に違反して、帳簿を備えず、帳簿に記載せず、若しくは虚偽の記載をし、又は帳簿を保存しなかつた者

第五十条　第十八条の規定による標識を掲げない者は、十万円以下の過料に処する。

附　則　抄

（施行期日）

1　この法律は、公布の日から起算して六月を経過した日から施行する。

（罰則に関する経過措置）

5　この法律の施行前にした行為に対する罰則の適用については、なお従前の例による。

附　則　（昭和五八年一二月二日法律第八〇号）　抄

（施行期日）

1　この法律は、総務庁設置法（昭和五十八年法律第七十九号）の施行の日から施行する。

（経過措置）

６　この法律に定めるもののほか、この法律の施行に関し必要な経過措置は、政令で定めることができる。

附　則　（平成一一年七月一六日法律第八七号）　抄

（施行期日）

第一条　この法律は、平成十二年四月一日から施行する。ただし、次の各号に掲げる規定は、当該各号に定める日から施行する。

一　第一条中地方自治法第二百五十条の次に五条、節名並びに二款及び款名を加える改正規定（同法第二百五十条の九第一項に係る部分（両議院の同意を得ることに係る部分に限る。）に限る。）、第四十条中自然公園法附則第九項及び第十項の改正規定（同法附則第十項に係る部分に限る。）、第二百四十四条の規定（農業改良助長法第十四条の三の改正規定に係る部分を除く。）並びに第四百七十二条の規定（市町村の合併の特例に関する法律第六条、第八条及び第十七条の改正規定に係る部分を除く。）並びに附則第七条、第十条、第十二条、第五十九条ただし書、第六十条第四項及び第五項、第七十三条、第七十七条、第百五十七条第四項から第六項まで、第百六十条、第百六十三条、第百六十四条並びに第二百二条の規定　公布の日

（国等の事務）

第百五十九条　この法律による改正前のそれぞれの法律に規定するもののほか、この法律の施行前において、地方公共団体の機関が法律又はこれに基づく政令により管理し又は執行する国、他の地方公共団体その他公共団体の事務（附則第百六十一条において「国等の事務」という。）は、この法律の施行後は、地方公共団体が法律又はこれに基づく政令により当該地方公共団体の事務として処理するものとする。

（処分、申請等に関する経過措置）

第百六十条　この法律（附則第一条各号に掲げる規定については、当該各規定。以下この条及び附則第百六十三条において同じ。）の施行前に改正前のそれぞれの法律の規定によりされた許可等の処分その他の行為（以下この条において「処分等の行為」という。）又はこの法律の施行の際現に改正前のそれぞれの法律の規定によりされている許可等の申請その他の行為（以下この条において「申請等の行為」という。）で、この法律の施行の日においてこれらの行為に係る行政事務を行うべき者が異なることとなるものは、附則第二条から前条までの規定又は改正後のそれぞれの法律（これに基づく命令を含む。）の経過措置に関する規定に定めるものを除き、この法律の施行の日以後における改正後のそれぞれの法律の適用については、改正後のそれぞれの法律の相当規定によりされた処分等の行為又は申請等の行為とみなす。

２　この法律の施行前に改正前のそれぞれの法律の規定により国又は地方公共団体の機関に対し報告、届出、提出その他の手続をしなければならない事項で、この法律の施行の日前にその手続がされていないものについては、この法律及びこれに基づく政令に別段の定めがあるもののほか、これを、改正後のそれぞれの法律の相当規定により国又は地方公共団体の相当の機関に対して報告、届出、提出その他の手続をしなければならない事項についてその手続がされていないものとみなして、この法律による改正後のそれぞれの法律の規定を適用する。

（不服申立てに関する経過措置）

第百六十一条　施行日前にされた国等の事務に係る処分であって、当該処分をした行政庁（以下

この条において「処分庁」という。）に施行日前に行政不服審査法に規定する上級行政庁（以下この条において「上級行政庁」という。）があったものについての同法による不服申立てについては、施行日以後においても、当該処分庁に引き続き上級行政庁があるものとみなして、行政不服審査法の規定を適用する。この場合において、当該処分庁の上級行政庁とみなされる行政庁は、施行日前に当該処分庁の上級行政庁であった行政庁とする。

2　前項の場合において、上級行政庁とみなされる行政庁が地方公共団体の機関であるときは、当該機関が行政不服審査法の規定により処理することとされる事務は、新地方自治法第二条第九項第一号に規定する第一号法定受託事務とする。

（手数料に関する経過措置）

第百六十二条　施行日前においてこの法律による改正前のそれぞれの法律（これに基づく命令を含む。）の規定により納付すべきであった手数料については、この法律及びこれに基づく政令に別段の定めがあるもののほか、なお従前の例による。

（罰則に関する経過措置）

第百六十三条　この法律の施行前にした行為に対する罰則の適用については、なお従前の例による。

（その他の経過措置の政令への委任）

第百六十四条　この附則に規定するもののほか、この法律の施行に伴い必要な経過措置（罰則に関する経過措置を含む。）は、政令で定める。

2　附則第十八条、第五十一条及び第百八十四条の規定の適用に関して必要な事項は、政令で定める。

（検討）

第二百五十条　新地方自治法第二条第九項第一号に規定する第一号法定受託事務については、できる限り新たに設けることのないようにするとともに、新地方自治法別表第一に掲げるもの及び新地方自治法に基づく政令に示すものについては、地方分権を推進する観点から検討を加え、適宜、適切な見直しを行うものとする。

第二百五十一条　政府は、地方公共団体が事務及び事業を自主的かつ自立的に執行できるよう、国と地方公共団体との役割分担に応じた地方税財源の充実確保の方途について、経済情勢の推移等を勘案しつつ検討し、その結果に基づいて必要な措置を講ずるものとする。

第二百五十二条　政府は、医療保険制度、年金制度等の改革に伴い、社会保険の事務処理の体制、これに従事する職員の在り方等について、被保険者等の利便性の確保、事務処理の効率化等の視点に立って、検討し、必要があると認めるときは、その結果に基づいて所要の措置を講ずるものとする。

附　則　（平成一一年七月一六日法律第一〇二号）　抄

（施行期日）

第一条　この法律は、内閣法の一部を改正する法律（平成十一年法律第八十八号）の施行の日から施行する。ただし、次の各号に掲げる規定は、当該各号に定める日から施行する。

二　附則第十条第一項及び第五項、第十四条第三項、第二十三条、第二十八条並びに第三十条の規定　公布の日

（職員の身分引継ぎ）

第三条　この法律の施行の際現に従前の総理府、法務省、外務省、大蔵省、文部省、厚生省、農林水産省、通商産業省、運輸省、郵政省、労働省、建設省又は自治省（以下この条において「従前の府省」という。）の職員（国家行政組織法（昭和二十三年法律第百二十号）第八条の審議会等の会長又は委員長及び委員、中央防災会議の委員、日本工業標準調査会の会長及び委員並びにこれらに類する者として政令で定めるものを除く。）である者は、別に辞令を発せられない限り、同一の勤務条件をもって、この法律の施行後の内閣府、総務省、法務省、外務省、財務省、文部科学省、厚生労働省、農林水産省、経済産業省、国土交通省若しくは環境省（以下この条において「新府省」という。）又はこれに置かれる部局若しくは機関のうち、この法律の施行の際現に当該職員が属する従前の府省又はこれに置かれる部局若しくは機関の相当の新府省又はこれに置かれる部局若しくは機関として政令で定めるものの相当の職員となるものとする。

（別に定める経過措置）

第三十条　第二条から前条までに規定するもののほか、この法律の施行に伴い必要となる経過措置は、別に法律で定める。

附　則（平成一一年一二月二二日法律第一六〇号）　抄

（施行期日）

第一条　この法律（第二条及び第三条を除く。）は、平成十三年一月六日から施行する。

附　則（平成一一年一二月二二日法律第二二一号）　抄

（施行期日）

第一条　この法律は、公布の日から起算して一年を超えない範囲内において政令で定める日から施行する。ただし、附則第三条の規定は、公布の日から施行する。

（検討）

第二条　政府は、この法律の施行後五年を目途として、国、地方公共団体等における動物の愛護及び管理に関する各種の取組の状況等を勘案して、改正後の動物の愛護及び管理に関する法律の施行の状況について検討を加え、動物の適正な飼養及び保管の観点から必要があると認めるときは、その結果に基づいて所要の措置を講ずるものとする。

（施行前の準備）

第三条　改正後の第十一条第一項の基準の設定及び改正後の第十五条第一項の事態の設定については、内閣総理大臣は、この法律の施行前においても動物保護審議会に諮問することができる。

（経過措置）

第四条　この法律の施行の際現に改正後の第八条第一項に規定する飼養施設を設置して同項に規定する動物取扱業を営んでいる者は、当該飼養施設を設置する事業所ごとに、この法律の施行の日から六十日以内に、総理府令で定めるところにより、同条第二項に規定する書類を添付して、同条第一項各号に掲げる事項を都道府県知事（地方自治法（昭和二十二年法律第六十七号）第二百五十二条の十九第一項の指定都市にあっては、その長とする。）に届け出なければならない。

2　前項の規定による届出をした者は、改正後の第八条第一項の規定による届出をした者とみなす。

3　第一項の規定による届出をせず、又は虚偽の届出をした者は、二十万円以下の罰金に処する。

4　法人の代表者又は法人若しくは人の代理人、使用人その他の従業者が、その法人又は人の業務に関し、前項の違反行為をしたときは、行為者を罰するほか、その法人又は人に対して同項の刑を科する。

附　則　**（平成一七年六月二二日法律第六八号）**

（施行期日）

第一条　この法律は、公布の日から起算して一年を超えない範囲内において政令で定める日から施行する。ただし、次条及び附則第三条の規定は、公布の日から施行する。

（施行前の準備）

第二条　環境大臣は、この法律の施行前においても、この法律による改正後の動物の愛護及び管理に関する法律（以下「新法」という。）第五条第一項から第三項まで及び第四十三条の規定の例により、動物の愛護及び管理に関する施策を総合的に推進するための基本的な指針を定めることができる。

２　環境大臣は、前項の基本的な指針を定めたときは、遅滞なく、これを公表しなければならない。

３　第一項の規定により定められた基本的な指針は、この法律の施行の日（以下「施行日」という。）において新法第五条第一項及び第二項の規定により定められた基本指針とみなす。

第三条　新法第十二条第一項、第二十一条第一項及び第二十七条第一項第一号の基準の設定については、環境大臣は、この法律の施行前においても、中央環境審議会の意見を聴くことができる。

（経過措置）

第四条　この法律の施行の際現に新法第十条第一項に規定する動物取扱業（以下単に「動物取扱業」という。）を営んでいる者（次項に規定する者及びこの法律による改正前の動物の愛護及び管理に関する法律（以下「旧法」という。）第八条第一項の規定に違反して同項の規定による届出をしていない者（旧法第十四条の規定に基づく条例の規定に違反して同項の規定による届出に代わる措置をとっていない者を含む。）を除く。）は、施行日から一年間（当該期間内に新法第十二条第一項の規定による登録を拒否する処分があったときは、当該処分のあった日までの間）は、新法第十条第一項の登録を受けないでも、引き続き当該業を営むことができる。その者がその期間内に当該登録の申請をした場合において、その期間を経過したときは、その申請について登録又は登録の拒否の処分があるまでの間も、同様とする。

２　前項の規定は、この法律の施行の際現に動物の飼養又は保管のための施設を設置することなく動物取扱業を営んでいる者について準用する。この場合において、同項中「引き続き当該業」とあるのは、「引き続き動物の飼養又は保管のための施設を設置することなく当該業」と読み替えるものとする。

３　第一項（前項において準用する場合を含む。）の規定により引き続き動物取扱業を営むことができる場合においては、その者を当該業を営もうとする事業所の所在地を管轄する都道府県知事（地方自治法（昭和二十二年法律第六十七号）第二百五十二条の十九第一項の指定都市にあっては、その長とする。次条第三項において同じ。）の登録を受けた動物取扱業者とみなして、新法第十九条第一項（登録の取消しに係る部分を除く。）及び第二項、第二十一条、第二十三条第一項及び第三項並びに第二十四条の規定（これらの規定に係る罰則を含む。）を適用する。

第五条　この法律の施行の際現に旧法第十六条の規定に基づく条例の規定による許可を受けて新法第二十六条第一項に規定する特定動物（以下単に「特定動物」という。）の飼養又は保管を行っている者は、施行日から一年間（当該期間内に同項の許可に係る申請について不許可の処分があったときは、当該処分のあった日までの間）は、同項の許可を受けないでも、引き続き当該特定動物の飼養又は保管を行うことができる。その者がその期間内に当該許可の申請をした場合において、その期間を経過したときは、その申請について許可又は不許可の処分があるまでの間も、同様とする。
２　前項の規定は、同項の規定により引き続き特定動物の飼養又は保管を行うことができる者が当該特定動物の飼養又は保管のための施設の構造又は規模の変更（環境省令で定める軽微なものを除く。）をする場合その他環境省令で定める場合には、適用しない。
３　第一項の規定により引き続き特定動物の飼養又は保管を行うことができる場合においては、その者を当該特定動物の飼養又は保管のための施設の所在地を管轄する都道府県知事の許可を受けた者とみなして、新法第三十一条、第三十二条（第三十一条の規定に係る部分に限る。）及び第三十三条の規定（これらの規定に係る罰則を含む。）を適用する。
（罰則に関する経過措置）
第六条　この法律の施行前にした行為に対する罰則の適用については、なお従前の例による。
（政令への委任）
第七条　前三条に定めるもののほか、この法律の施行に関し必要となる経過措置は、政令で定める。
（条例との関係）
第八条　地方公共団体の条例の規定で、新法第三章第二節及び第四節で規制する行為で新法第六章で罰則が定められているものを処罰する旨を定めているものの当該行為に係る部分については、この法律の施行と同時に、その効力を失うものとする。
２　前項の規定により条例の規定がその効力を失う場合において、当該地方公共団体が条例で別段の定めをしないときは、その失効前にした違反行為の処罰については、その失効後も、なお従前の例による。
（検討）
第九条　政府は、この法律の施行後五年を目途として、新法の施行の状況について検討を加え、必要があると認めるときは、その結果に基づいて所要の措置を講ずるものとする。

附　則　（平成一八年六月二日法律第五〇号）

この法律は、一般社団・財団法人法の施行の日から施行する。

附　則　（平成二三年六月二四日法律第七四号）　抄

（施行期日）
第一条　この法律は、公布の日から起算して二十日を経過した日から施行する。

附　則　（平成二三年八月三〇日法律第一〇五号）　抄

（施行期日）
第一条　この法律は、公布の日から施行する。
（罰則に関する経過措置）
第八十一条　この法律（附則第一条各号に掲げる規定にあっては、当該規定。以下この条において同じ。）の施行前にした行為及びこの附則の規定によりなお従前の例によることとされる場合におけるこの法律の施行後にした行為に対する罰則の適用については、なお従前の例による。
（政令への委任）
第八十二条　この附則に規定するもののほか、この法律の施行に関し必要な経過措置（罰則に関する経過措置を含む。）は、政令で定める。

附　則（平成二四年九月五日法律第七九号）　抄

（施行期日）
第一条　この法律は、公布の日から起算して一年を超えない範囲内において政令で定める日から施行する。ただし、次条及び附則第十二条の規定は、公布の日から施行する。
（施行前の準備）
第二条　この法律による改正後の動物の愛護及び管理に関する法律（以下「新法」という。）第十二条第一項及び第二十四条の四において準用する第二十一条第一項の基準の設定並びに第二十五条第三項の事態の設定については、環境大臣は、この法律の施行前においても、中央環境審議会の意見を聴くことができる。
（経過措置）
第三条　この法律の施行の際現にこの法律による改正前の動物の愛護及び管理に関する法律（以下「旧法」という。）第十条第一項の登録を受けている者は、当該登録に係る業務の範囲内において、この法律の施行の日（以下「施行日」という。）に新法第十条第一項の登録を受けたものとみなす。
2　前項の規定により新法第十条第一項の登録を受けたものとみなされる者のうちこの法律の施行の際現に同条第三項に規定する犬猫等販売業を営んでいる者は、施行日から起算して三月以内に、環境省令で定めるところにより、同項各号に掲げる事項を記載した書類を都道府県知事（地方自治法（昭和二十二年法律第六十七号）第二百五十二条の十九第一項の指定都市にあっては、その長とする。附則第八条第一項において同じ。）に届け出なければならない。
3　前項の規定による届出は、新法第十四条第一項の規定によりされたものとみなして、同条第四項の規定を適用する。
4　第二項の規定に違反した者は、新法第十四条第一項の規定に違反した者とみなして、新法第十九条第一項第六号の規定を適用する。
第四条　旧法第十条第一項の登録（旧法第十三条第一項の登録の更新を含む。）の申請をした者（登録の更新にあっては、この法律の施行後に旧法第十三条第三項に規定する登録の有効期間が満了する者を除く。）の当該申請に係る登録の基準については、なお従前の例による。
第五条　新法第十三条の規定の適用については、この法律の施行の際現に旧法第十条第一項の登録を受けている者は、附則第三条第一項の規定にかかわらず、その登録を受けた日において、新法第十条第一項の登録を受けたものとみなす。
第六条　この法律の施行の際現に旧法第十条第一項の登録を受けている者又はこの法律の施行前にした登録（旧法第十三条第一項の登録の更新を含む。）の申請に基づきこの法律の施行後に新法第十条第一項の登録を受けた者（登録の更新の場合にあっては、この法律の施行後に旧法第十三条第三項に規定する登録の有効期間が満了する者を除く。）に対する登録の取消しに関しては、この法律の施行前に生じた事由については、なお従前の例による。

第七条　施行日から起算して三年を経過する日までの間は、新法第二十二条の五中「五十六日」とあるのは、「四十五日」と読み替えるものとする。
２　前項に規定する期間を経過する日の翌日から別に法律で定める日までの間は、新法第二十二条の五中「五十六日」とあるのは、「四十九日」と読み替えるものとする。
３　前項の別に法律で定める日については、犬猫等販売業者（新法第十四条第三項に規定する犬猫等販売業者をいう。以下この項において同じ。）の業務の実態、マイクロチップを活用した調査研究の実施等による科学的知見の更なる充実を踏まえた犬や猫と人間が密接な社会的関係を構築するための親等から引き離す理想的な時期についての社会一般への定着の度合い及び犬猫等販売業者へのその科学的知見の浸透の状況、犬や猫の生年月日を証明させるための担保措置の充実の状況等を勘案してこの法律の施行後五年以内に検討するものとし、その結果に基づき、速やかに定めるものとする。
第八条　この法律の施行の際現に新法第十条第二項第六号に規定する飼養施設（新法第二十四条の二の環境省令で定めるものに限る。）を設置して新法第二十四条の二に規定する第二種動物取扱業を行っている者（新法第十条第一項の登録を受けるべき者及びこの法律の施行の際現に旧法第十条第一項の登録を受けている者並びにその取り扱っている動物の数が新法第二十四条の二の環境省令で定める数に満たない者を除く。）は、環境省令で定める場合を除き、当該飼養施設を設置している場所ごとに、施行日から六十日以内に、環境省令で定めるところにより、環境省令で定める書類を添えて、同条各号に掲げる事項を都道府県知事に届け出なければならない。
２　前項の規定による届出をした者は、新法第二十四条の二の規定による届出をした者とみなす。
第九条　附則第三条第二項又は前条第一項の規定による届出をせず、又は虚偽の届出をした者は、三十万円以下の罰金に処する。
２　法人の代表者又は法人若しくは人の代理人、使用人その他の従業者が、その法人又は人の業務に関し、前項の違反行為をしたときは、行為者を罰するほか、その法人又は人に対して同項の刑を科する。
第十条　この法律の施行前に旧法又はこれに基づく命令の規定によりした処分、手続その他の行為は、この附則に別段の定めがあるものを除き、新法又はこれに基づく命令の相当の規定によりした処分、手続その他の行為とみなす。
第十一条　この法律の施行前にした行為に対する罰則の適用については、なお従前の例による。
第十二条　附則第二条から前条までに定めるもののほか、この法律の施行に関して必要な経過措置は、政令で定める。
（マイクロチップの装着等）
第十四条　国は、販売の用に供せられる犬、猫等にマイクロチップを装着することが当該犬、猫等の健康及び安全の保持に寄与するものであること等に鑑み、犬、猫等が装着すべきマイクロチップについて、その装着を義務付けることに向けて研究開発の推進及びその成果の普及、装着に関する啓発並びに識別に係る番号に関連付けられる情報を管理する体制の整備等のために必要な施策を講ずるものとする。
２　国は、販売の用に供せられる犬、猫等にマイクロチップを装着させるために必要な規制の在り方について、この法律の施行後五年を目途として、前項の規定により講じた施策の効果、マイクロチップの装着率の状況等を勘案し、その装着を義務付けることに向けて検討を加え、その結果に基づき、必要な措置を講ずるものとする。

（検討）

第十五条　政府は、この法律の施行後五年を目途として、新法の施行の状況について検討を加え、必要があると認めるときは、その結果に基づいて所要の措置を講ずるものとする。

附　則　（平成二五年六月一二日法律第三七号）　抄

（施行期日）

第一条　この法律は、公布の日から起算して一年を超えない範囲内において政令で定める日から施行する。ただし、次の各号に掲げる規定は、当該各号に定める日から施行する。

一　第一条中絶滅のおそれのある野生動植物の種の保存に関する法律第一条、第二条第一項、第四十七条第二項及び第五十三条の改正規定並びに附則第五条、第六条及び第九条の規定　公布の日

附　則　（平成二五年六月一二日法律第三八号）　抄

（施行期日）

第一条　この法律は、公布の日から起算して一年を超えない範囲内において政令で定める日から施行する。

附　則　（平成二六年五月三〇日法律第四六号）　抄

（施行期日）

第一条　この法律は、公布の日から起算して一年を超えない範囲内において政令で定める日から施行する。

実験動物の飼養及び保管並びに
苦痛の軽減に関する基準の解説

2017年11月30日　初版発行

編　集…環境省自然環境局総務課動物愛護管理室
執　筆…実験動物飼養保管等基準解説書研究会

発　行…株式会社アドスリー
〒164-0003　東京都中野区東中野4-27-37
TEL：03-5925-2840
FAX：03-5925-2913
E-mail：principal@adthree.com
URL：http://www.adthree.com

発　売…丸善出版株式会社
〒101-0051　東京都千代田区神田神保町2-17
神田神保町ビル6F
TEL：03-3512-3256
FAX：03-3512-3270
URL：http://pub.maruzen.co.jp

印刷製本……日経印刷株式会社

ISBN978-4-904419-72-4 C3047